挥发性有机物污染控制系列丛书

美国燃烧源排放估算协议

闵 健 吕 巍 沙 莎 郭 森 庄思源 等编译

梁 鹏 崔积山 审校

中国环境出版社 · 北京

图书在版编目（CIP）数据

美国燃烧源排放估算协议/闵健等编译. —北京：中国环境出版社，2017.8

（挥发性有机物污染控制系列丛书）

ISBN 978-7-5111-3253-6

Ⅰ. ①美… Ⅱ. ①闵… Ⅲ. ①燃烧产物—污染物排放标准—美国 Ⅳ. ①X-652

中国版本图书馆 CIP 数据核字（2017）第 152713 号

出 版 人　王新程
责任编辑　李兰兰
责任校对　尹　芳
封面设计　宋　瑞

更多信息，请关注
中国环境出版社
第一分社

出版发行　中国环境出版社
（100062　北京市东城区广渠门内大街 16 号）
网　　址：http：//www.cesp.com.cn
电子邮箱：bjgl@cesp.com.cn
联系电话：010-67112765（编辑管理部）
010-67112735（第一分社）
发行热线：010-67125803，010-67113405（传真）

印　　刷　北京中科印刷有限公司
经　　销　各地新华书店
版　　次　2017 年 8 月第 1 版
印　　次　2017 年 8 月第 1 次印刷
开　　本　787×960　1/16
印　　张　15
字　　数　300 千字
定　　价　52.00 元

序

近几年，我国大部分地区均出现了持续性大面积灰霾天气，特别是经济发达地区，臭氧浓度也在持续上升，这一系列问题尤为突出。臭氧及 $PM_{2.5}$ 引起了人民群众的高度重视，对其主要前体物——挥发性有机物（Volatile Organic Compounds，VOCs）的控制已成为现阶段我国大气环境治理领域中的热点问题。

由于 VOCs 以无组织排放为主，自 2014 年起，在固定源的管控中，我国从石化行业入手，参考美国对 VOCs 的管控经验，以源项解析的思路进行全过程精细化管理。VOCs 的排放量与工艺选用、设备选材选型、过程控制、物料性质、外部环境等诸多因素有关，与单位产品并非简单线性关系。

经过多年的摸索和实践，我国在有组织排放源研究方面取得了较为成熟的经验，通过现场实测、类比监测、物料衡算等方法可以较为准确地掌握污染物排放规律，采取有效措施控制污染物的产生和排放；而在无组织排放源研究方面相对薄弱，在污染物的产生排放规律、有效控制措施方面尚不能满足环境管理的要求。

美国是最早开展 VOCs 污染治理的国家，在 VOCs 定义与表征、监测方法、排放量估算方法以及污染控制标准体系方面的研究较为全面和深入，是 VOCs 管理研究的首要借鉴对象。2008 年，美国对各个行业的 VOCs 排放总量进行统计，火电行业排在造纸、炼油、海上采油采气等行业之后位居第四大排放行业，排放总量约为 40 000 t。我国的电力工业始于 1882 年，截至 2008 年年底，我国发电装机容量达到 79 253 万 kW，其中，火电总装机容量达 60 132 万 kW，约占总容量的 75.87%，发电总量达到 34 334 亿 kW · h。但我国对火电行业的污染物排放管控主要集中在二氧化硫（SO_2）、氮氧化物（NO_x）、烟尘（PM）和汞及其化合物等，对 VOCs 的管控尚属空白。

本书为“挥发性有机物污染控制系列丛书”之一，其中包括美国国家环境保护局发布的《外部燃烧源污染物排放研究》（*External Combustion Sources*，EPA，AP-42，第五版，第一卷）和《内部燃烧固定源污染物排放研究》（*Stationary Internal Combustion Sources*，EPA，AP-42，第五版，第三卷）的中文译本。本书对各种燃烧物料的废气污染源进行分类归纳，总结了不同污染源排放规律和各种污染因子（其中包括了 SO_2、NO_x、PM、CO、VOCs、微量金属等）的处理技术及措施，并分门别类地给出了大量的归纳性排放系数。

AP-42 燃料燃烧部分的内容为美国国家环境保护局 1995 年 1 月发布的第五版。本书的翻译出版，将为我国企业、事业单位、环保部门的环境管理人员，科研院校的研究、教学人员，设计院、环境影响评价编制单位的技术管理人员等提供有益的帮助，对挥发性有机物在污染源归类分析、环境影响评价、排污许可、环境执法、科研课题等方向的工作开展具有参考和借鉴意义。

前　言

为贯彻落实《大气污染防治行动计划》（国发〔2013〕37 号），环境保护部环境工程评估中心组织翻译了《外部燃烧源污染物排放研究》（*External Combustion Sources*，EPA，AP-42，第五版，第一卷）和《内部燃烧固定源污染物排放研究》（*Stationary Internal Combustion Sources*，EPA，AP-42，第五版，第三卷）。主要内容为：第 1 章烟煤和次烟煤的燃烧，第 2 章无烟煤燃烧，第 3 章燃油燃烧，第 4 章天然气燃烧，第 5 章液化石油气燃烧，第 6 章木质废料在锅炉中的燃烧，第 7 章褐煤燃烧，第 8 章糖厂蔗渣的燃烧，第 9 章家用壁炉，第 10 章家用柴火炉，第 11 章废油燃烧，第 12 章固定式燃气涡轮发动机，第 13 章燃烧天然气的往复式发动机，第 14 章汽油和柴油工业发动机，第 15 章大型固定式柴油发动机和所有固定式双燃料发动机。本次翻译版本为第五版（1995 年 1 月发布），本中文译本在该版本基础上对 1996 年 2 月、1996 年 10 月及 1998 年 9 月等发布的删减或增补内容进行了相应的更新，更多详细内容可在 EFIG 主页（http://www.epa.gov/oar/oaqps/efig/）查阅相关文档。

燃料燃烧一直以来都是大气污染物排放大户，排放的污染物主要为二氧化硫（SO_2）、氮氧化物（NO_x）、烟尘、一氧化碳（CO）以及挥发性有机物（VOCs）等，排放形式包括有组织排放和无组织排放。因此，本书针对燃料燃烧污染物排放规律和水平的分析研究是极其重要的，特别是对 VOCs 和微量金属排放的研究。

燃料燃烧大气污染物的控制方法一般有燃料处理/替代、燃烧改良和燃烧后控制。燃料处理/替代包括煤炭的清洗、清洁能源替代（如气代煤等）；燃烧改良主要是指提高锅炉的燃烧效率等；燃烧后控制主要是指通过相应的装置（如脱硫装置、脱硝装置和除尘装置等）对标准污染物产生后进行控制，非标准污染物（如颗粒相金属）的排放也得到了控制［译者注：非标准污染物是指除化学气体污染物 CACs 以外的全部污染物，包括其他有毒和有害污染物。其中大部分污染物尚未深入研究，但与人体健康息息相关，例如，铅、苯、二噁英、呋喃、多氯联苯（PCBs）、农药、氨、硫化氢、花粉和孢子等］。

燃料燃烧大气污染物排放数据相对比较全面，因此，获得其工艺过程污染物的排放因子相对较容易。

参与本书翻译的人员有：闵健、吕巍、刘志学、郭森、庄思源、沙莎、王赫婧、冉丽君、梁睿和罗霂。本书审校由梁鹏、崔积山完成。

本书的翻译得到了环境保护部相关领导的帮助与支持。

本书的翻译工作十分复杂，我们尽了最大努力，力求忠于原文，并尽量试图表述清晰达意。另外，原文为 20 世纪文稿，选用的多为历史数据，本书的国际单位制和美制数据取值均和原文保持一致，供读者参考。

鉴于译校者的知识面和水平有限，仍会有不当之处，望广大读者不吝指正，以供再版时修改。

目　录

1 烟煤和次烟煤的燃烧

1.1 简述

煤是有机物和无机矿物质组成的复杂混合物，由植物埋藏地下经过漫长年代不断层层堆积而成。根据煤的天然变质程度，可将其按从褐煤到无烟煤的煤阶进行分类。煤阶不是按照单一指标，而是根据挥发分、固定碳、内在水分和氧含量等多个指标进行定义。一般而言，煤阶随着固定碳含量的增加而升高，随着挥发分和水分含量的减少而降低。

目前，烟煤是数量最多的一种煤，其特点为固定碳含量低于无烟煤，挥发分含量高于无烟煤。烟煤最突出的特点是挥发分和含硫量相对较高，而且易结渣、有黏性。次烟煤的水分和挥发分含量高于烟煤，含硫量低于烟煤，它可以代替烟煤作为某些烟煤锅炉的燃煤[1]。烟煤的无矿物湿基热值一般为 10 500～14 000 Btu/lb（英热单位每磅，1 Btu=1 055.06 J，1 lb=0.453 592 kg）[2]，典型美国烟煤的原矿热值为 10 720～14 730 Btu/lb[3]。次烟煤的无矿物湿基热值为 8 300～11 500 Btu/lb，原矿热值为 9 420～10 130 Btu/lb[3]。煤的分类公式及表格可参见参考文献 2。

1.2 燃烧装置[4]

燃煤锅炉按类型、燃料和结构进行分类。锅炉类型可以通过以下方式确定：传热方式（水管锅炉、火管锅炉、铸铁锅炉）、传热表面的布置（立式锅炉、卧式锅炉、直管式锅炉、弯管式锅炉）以及燃烧方式（悬浮燃烧锅炉、层燃锅炉、流化床锅炉）。燃煤锅炉最常见的传热方式是水管传热，即锅炉的热烟气在传热管外燃烧，而水、汽在管内流动。

燃煤水管锅炉包括煤粉锅炉、旋风锅炉、层燃锅炉、流化床锅炉和手动加煤锅炉。在层燃系统和大多数手动加煤装置中，燃煤主要在熔炉底部或炉排上燃烧。在流化床燃烧炉（Fluidized Bed Combustor，FBC）中，燃煤被送入含有吸附剂或惰性物质（通常为沙子）的床层，然后向上的气流使这些物质流化。在煤粉锅炉中，燃煤磨至与滑石粉类似的粉碎度（即至少70%的煤粒能通过200目筛网），然后在空气作用下通过燃烧器将其喷入熔炉内。由于煤粉悬浮在炉膛内，因此几乎可以在煤粉锅炉中完全燃烧。根据排出的灰渣是固体状态还是熔融状态，煤粉锅炉分为固态排渣炉和液态排渣炉。在固态排渣炉中，高熔点燃煤燃烧后产生干灰。在液态排渣炉中，低熔点燃煤燃烧后产生熔灰或熔渣。

按照燃烧器的类型和位置以及燃煤喷入熔炉的方向，煤粉锅炉分为两种不同的燃烧类型：墙式燃烧和四角切圆式燃烧。墙式燃烧锅炉包括：单面墙燃烧，即燃烧器安装在炉膛一面水平燃烧；前后墙对冲燃烧，即燃烧器安装在相对的两面墙上。四角切圆（或四角燃烧）式锅炉的燃烧器安装在炉膛的四个角，燃煤和空气沿切线喷入锅炉平面内的假想圆。旋风炉的燃煤粉碎后最大约为4目，但通常也将其归类为煤粉燃烧系统。旋风炉的煤粉在一次风的作用下切向进入卧式圆筒炉膛，较小的煤粒在悬浮中燃烧，较大的煤粒附着在燃烧室壁的熔渣层上。旋风锅炉属于高温液态排渣炉。

工业、商业和机构的绝大多数燃煤水管锅炉采用的都是层燃系统。燃煤配套的层燃单元多为小型设备，可分为三类：下部加料机、上部加料机和抛煤机。下部加料机通常采用水平加料单侧排灰或重力自动加料后侧排灰。上部加料机采用转动的炉排装置：将煤从炉斗加到不断转动的炉排上，炉排再将燃煤送入炉膛中。而抛煤机则使用机械或气动加煤装置将燃煤均匀散布到转动炉排的表面。燃煤喷入炉膛内或炉排上之后，悬浮燃烧的粉煤就会与快速燃烧的稀薄粉煤床层混合。悬浮燃烧的粉煤数量主要取决于粉煤颗粒的大小、成分和空气流速。一般而言，粉煤颗粒越细小、挥发分含量越高、水分越少，床层上悬浮的粉煤燃烧就会越充分，释放的热量也就相对越多。

虽然FBC在整个锅炉家族中的占有率不高，但是它近十年来发展迅猛，主要用于为工业、热电联供装置、独立发电厂和公共设施生成蒸汽。FBC主要有两种：（1）常压流化床锅炉，在常压或接近常压下运行；（2）加压流化床锅炉，在4～30个标准大气压下运行。目前，常压流化床比加压流化床先进（或商业化），主要包括鼓泡流化床和循环流化床两种类型，两者最根本的区别在于流化速度。鼓泡流化床流化速度相对较低，目的是减少固体从燃烧室的携带或淘析。循环流化床流化速度较高，从而可以增加固体的携带或循环。所有循环流化床锅炉和部分鼓泡流化床锅炉都是通过高温旋风捕获固体燃煤和床层材料，然后返回主燃烧室。相对于鼓泡流化床而言，循环流化床能够保持恒定的大容积循环率，减少停留时间。因此，循环流化床通常比鼓泡流化床燃烧效率更高，吸附性更好。

小型燃煤锅炉和熔炉广泛应用于工业、商业、机构或居民住宅，有时还可以手动加煤。最常见的燃煤火管锅炉有卧式火管锅炉（Horizontal Return Tubular，HRT）、苏格兰火管锅炉、立式火管锅炉和火室火管锅炉。有时铸铁锅炉也使用煤炭作为燃料，但需要手动给料。HRT 一般不使用煤而使用天然气或油作为燃料。苏格兰式火管锅炉或锅壳式锅炉的锅壳内同时包含锅炉和熔炉。立式火管锅炉通常为小型单烟道锅炉，多根火管与位于锅炉底部的水冷式燃烧室直接相通。火室火管锅炉内部是由外包钢的水套式燃烧室构成。火室火管锅炉也称为机车锅炉、短火室锅炉或紧凑型火室锅炉，采用机械加煤或手动加煤。

1.3 排放物[4]

煤炭燃烧后的排放物性质取决于煤阶、燃煤成分、锅炉类型、锅炉大小、燃烧条件、负荷率、控制技术类型和设施维护水平。烟煤和次烟煤燃烧的主要相关污染物为颗粒物（PM）、硫氧化物（SO_x）和氮氧化物（NO_x）。即使操作适当，锅炉一般也会排放一些未燃烧的可燃物，如一氧化碳（CO）和多种有机化合物。

1.3.1 颗粒物[4]

颗粒物成分和排放水平呈复变函数式变化，由锅炉燃烧方式、锅炉操作状况、污染控制设施和燃煤性质决定。燃煤锅炉中有些颗粒物排放无法控制，如煤炭燃烧后产生的灰渣以及未完全燃烧后产生的余碳。在煤粉锅炉系统中，煤炭几乎完全燃烧，因此排放颗粒物的主要成分是无机灰渣。

煤灰可以沉积在锅炉中（底灰），也可以夹带在烟灰中（飞灰）。底灰和飞灰的分布比例直接影响颗粒物排放率，该比例取决于锅炉燃烧方法和炉膛类型（液态排渣或固态排渣）。锅炉负荷也直接影响颗粒物的排放，降低负荷可以减少颗粒物排放，但减少的幅度相差很大，这取决于锅炉类型、燃料和锅炉操作状况。

吹灰也是造成燃煤锅炉颗粒物间歇性排放的罪魁祸首，因为锅炉会定期采用蒸汽吹灰或空气吹灰的方法，去除炉膛、对流段、省煤器及空气预热器传热表面上的煤灰。

颗粒排放物可以分为滤过性颗粒物和冷凝性颗粒物。滤过性颗粒物通常是可由玻璃纤维滤网捕获的颗粒（滤网位于方法 5 或方法 17 中取样器的前半部分）[译者注：方法 5 为采用等速采样法，并恒定温度（120±14）℃，将颗粒物收集至玻璃纤维过滤器中。脱除未结合水后，获取颗粒物的质量，其中包括过滤温度以上凝结的任何物质。方法 17 为采用等速采样法，并维持堆温度，将颗粒物收集至玻璃纤维过滤器中。脱除未结合水后，获取颗粒物的质量。具体内容参考 EPA 关于该方法的相关文献]，通过滤网的蒸汽和颗粒直径一般小于 0.3 μm。冷凝性颗粒物通常以气态排出，之后凝结成同相或异相气溶性粒子。从本质上讲，燃煤或燃油锅炉排出的冷凝性颗粒主要为无机物。

1.3.2 硫氧化物[4]

煤炭燃烧释放的气态 SO_x 主要是二氧化硫（SO_2），另伴有少量三氧化硫（SO_3）和气态硫酸盐。这些混合物是有机硫和黄铁矿硫在煤炭的燃烧过程中氧化形成的。一般情况下，烟煤中约 95%的硫会以气态 SO_x 的形式排放，而次烟煤在燃烧过程中释放的 SO_x 相对较少。一些次烟煤的煤灰偏碱性，因此一些硫分会在炉膛中发生反应，生成各种硫酸盐，留存在锅炉内或飞灰中。

1.3.3 氮氧化物[5-6]

煤炭燃烧释放的 NO_x 排放物主要是一氧化氮（NO），另伴有少量的二氧化氮（NO_2）和百万分之几的一氧化二氮（N_2O）。NO_x 是大气氮在燃烧火焰中热固化以及煤炭中的氮经过氧化形成的。高温下形成 NO_x 的实验检测表明，NO_x 的浓度与温度呈指数关系，并且与火焰中的氮气浓度、火焰中氧气浓度的平方根以及气体停留时间成正比[7]。旋风锅炉中氮气形成 NO_x 的转化率很高，但一般而言，燃料中只有 20%～60%的氮气能够转化为 NO_x。烟煤和次烟煤含氮量的重量百分比为 0.5%～2%，主要存在于芳香环结构的物质中。煤炭燃烧产生的 NO_x，80%来自燃料中自带的氮元素。

1.3.4 一氧化碳

燃烧源的 CO 排放率取决于燃料的氧化效率。精心控制燃烧过程可将 CO 排放率降至最低。因此，如果燃烧装置操作失误或维护不当，排放的一氧化碳（以及有机化合物）浓度会增加若干个数量级。小型锅炉、加热器和熔炉排放的 CO 和有机物，一般高于大型燃烧器。这是因为小型装置的高温停留时间较短，因此进行完全燃烧的时间也比大型燃烧器少。如果改良技术实施错误或装置设计失误，那么用于减少 NO_x 排放的燃烧改良技术和设备会使 CO 的排放量增高。

1.3.5 有机化合物

与 CO 排放类似，有机化合物的排放率也取决于锅炉燃烧效率。因此，燃烧方式改良，即改变燃烧停留时间、温度或紊流，会增加或降低烟气中有机化合物的浓度。

有机排放物包括挥发性、半挥发性和冷凝性有机化合物，有些存在于煤炭中，有些则是不完全燃烧的产物（Product of Incomplete Combustion，PIC）。有机排放物主要是未燃烧气相烃类的标准污染物，包括烷烃、烯烃、乙醛、乙醇、取代苯（如苯、甲苯、二甲苯和乙苯）[8-9]。

多氯二苯并二噁英和多氯二苯并呋喃（Polychlorinated Dibenzo-p-dioxins / Polychlorinated Dibenzofurans，PCDD/PCDF）的排放也来自煤炭燃烧，主要对环境造成影响的是四氯到八氯二噁英和呋喃。二噁英和呋喃的排放与燃烧过程中有机物的分解程度以及大气污染控制设施内的反应有关。大气污染控制设备中，PCDD/PCDF 的形成主要取决于烟气的温度，通常在温度达到 450～650℉时最有可能形成。

其余有机排放物大多来自燃烧源的凝聚相化合物。这些化合物几乎都归类于多环有机物（Polycyclic Organic Matter，POM），其中包括多环芳烃（Polynuclear Aromatic Hydrocarbons，PNA 或 PAH）。由于煤炭的结构较为复杂，所以煤炭燃烧的排放物中，多环有机物比较常见。

1.3.6 微量金属

煤炭燃烧过程中还会排放微量金属，排放量通常取决于以下几个因素：

- 金属本身的物理和化学特性；

- 金属离子在燃煤中的浓度；
- 燃烧条件；
- 所用颗粒控制装置的类型及其按颗粒大小的除尘效率。

一些微量金属集中在燃烧器释放的特定颗粒流（如底灰、集灰或烟气颗粒）中，另一些微量金属则不在这些颗粒流中[10]。根据这种分配规律，微量金属可划分为不同类别[10-12]，通常包含以下三大类：

- 1类：基本集中在飞灰和底灰中的元素；含有少量或不含小颗粒的元素。如锰、铍、钴、铬。
- 2类：相对于底灰，在飞灰中含量更高的元素；颗粒越小含量越高的元素。如砷、镉、铅、锑。
- 3类：气相中排出的元素，主要是汞，有些情况下是硒。

对1类金属排放的控制与颗粒物总排放量的控制相关，对2类金属排放的控制则取决于细颗粒的采集。由于颗粒控制装置的效率各不相同，因此这两类金属的排放率也大相径庭。3类金属易挥发，所以颗粒控制对这类金属的排放控制效果不明显。

1.3.7 酸性气体

除了排放 SO_2 和 NO_x 外，煤炭燃烧过程中还会排放氯和氟，其中以氯化氢（HCl）和氟化氢（HF）为主，另有少量的氯气和氟气。燃料中含有的部分氯离子和氟离子会被飞灰或底灰吸收。HCl 和 HF 都溶于水，因此通过酸性气体净化系统很容易控制。

1.3.8 无组织排放

无组织排放是指工业生产方法中，由于泄漏、材料搬运、操作控制不当、转换不充分及存储不足而造成的污染物。大多数现代工业设施和燃烧源产生的飞灰，都可以通过气动系统和封闭系统进行处理，方法是采用小型织物过滤器或其他除尘装置将飞灰排出，因此可将无组织颗粒物排放量降至最低。粉煤灰从筒仓运送到卡车或火车车厢的过程中，有时也会发生无组织颗粒的排放。

1.3.9 温室气体[13-18]

CO_2、CH_4 和 N_2O 都是煤炭燃烧过程中生成的排放物。燃煤中几乎所有的

（99%）燃料碳都会在燃烧过程中转化为二氧化碳，这种转换与燃烧装置无关。尽管形成 CO 可减少 CO_2 的排放量，但是与产生的 CO_2 相比，CO 的量实在微不足道。未转换为 CO_2 的大部分燃料碳夹带在底灰中。燃煤的 CO_2 排放量随着碳含量而变化。碳含量与烟煤及次烟煤类别相关，而且矿藏地理位置不同，煤炭的类别就会不同，碳含量也随之变化。

煤炭在燃烧过程中经过一系列复杂的反应形成 N_2O，其形成取决于多种因素。燃烧温度保持 1 575℉以上的高温，过量空气控制在少于 1%，形成的 N_2O 就会降至最少。煤炭燃烧只排放少量的 N_2O，但由于流化床是低温燃烧区，因此与其他燃煤类型相比，FBC 的 N_2O 排放量要高两个数量级。

甲烷的排放量取决于燃煤类型和锅炉燃烧方式，它在燃煤的不完全燃烧阶段（如燃煤锅炉的启动和停炉）排放量最高。通常，在易于生成 N_2O 的条件下也容易造成 CH_4 的排放。

1.4 污染物控制 [4]

煤炭燃烧标准污染物控制技术大概分为三大类：燃料处理/替代、燃烧改良和燃烧后控制。通过对标准污染物燃烧后的处理控制，非标准污染物（如颗粒相金属）的排放也得到了控制。燃料处理可减少 SO_2 的排放，其中包括采用物理、化学或生物处理的方法进行洗煤；燃料替代是指燃烧清洁燃料。燃烧改良包括对熔炉或锅炉的结构性或操作性进行更改，主要用于控制 NO_x 的排放，而对于小型设备，改善燃烧方式可以减少颗粒物的排放。燃烧后控制是煤炭燃烧后使用相应的装置实现的，主要用于控制燃烧过程中 PM、SO_2 和 NO_x 的排放。

1.4.1 颗粒物控制 [4]

主要用于颗粒物控制的技术是燃烧改良法（适用于小型层燃锅炉）和二次燃烧法（适用于大多数规格和类型的锅炉）。良好的燃烧方式，如在推荐的负荷范围内操作、控制负荷变化率、确保燃料供给稳定统一，可将小型层燃锅炉和手动加煤燃烧源产生的非可控 PM 排放降至最低。同样，正确设计和操作燃烧供风系统也可以将 PM 排放降至最低。使用以下颗粒控制装置中的一个或多个，可以完成对燃煤型燃烧源颗粒物排放燃烧后处理的控制：

- 静电除尘器（Electrostatic Precipitator，ESP）；
- 织物过滤器（Fabric Filter，FF）或袋式除尘器（baghouse）；
- 湿式洗涤器；
- 旋风除尘器或多管式旋风除尘器；
- 侧流式分离器。

静电除尘器技术适用于多种煤炭燃烧源，模块化的设计使其可以广泛应用于不同规模的燃烧设备，并且不会对设备性能造成不良影响。影响 ESP 性能的操作指标包括飞灰质量负荷、颗粒大小分布、飞灰电阻系数、除尘器电压和除尘器电流。确定 ESP 除尘效率的因素还有除尘盘的面积、气体流速和清洗周期。煤炭燃烧源静电除尘数据表明，对于直径小于 0.1 μm 的细颗粒和直径大于 10 μm 的粗颗粒，分级除尘效率大于 99%；对于直径在 0.1～10 μm 的颗粒，除尘效率则会有所降低。

织物过滤自 20 世纪 70 年代初就已经广泛应用于煤炭燃烧源，它是由过滤元件（滤袋）及滤袋清洗系统组成，外面是与灰斗一体的防尘罩结构。织物过滤器的除尘效率取决于颗粒的种类和操作特点。粒度分布、凝聚特性、电阻系数等特点会影响织物过滤器的除尘效率；气布比、操作压损失、清洗顺序、清洗时间间隔、清洗方法及清洗强度等操作指标也会影响除尘效率。此外，颗粒除尘效率和大小分布还会受到某些织物特性的影响，如织物的结构、织物的成分以及滤袋的特性。织物过滤器的除尘效率可高达 99.9%。

湿式洗涤器（如文丘里洗涤器、淹没式圆盘洗涤器、托盘式洗涤器、塔式洗涤器、紊流接触吸收器或高压喷射冲击式洗涤器）用于控制煤炭燃烧源释放的 PM 和 SO_2，其除尘效率取决于颗粒大小分布、通过洗涤器的烟气侧压降、水压和洗涤液压力。对于直径 2 μm 的颗粒，湿式洗涤器的除尘效率一般为 95%～99%。

旋风分离器可以单独或串联安装，也可以组合安装为多管式旋风除尘器。旋风除尘器采用机械式除尘，通常用作预除尘，随后 ESP、织物过滤器和湿式洗涤器除尘时的颗粒负荷率就会降低，从而减少资本成本和运营成本。机械除尘器的除尘效率完全取决于气动颗粒直径是否有效。这些设备可以减少煤炭燃烧产生的颗粒物排放，但对于直径小于 10 μm 的颗粒（PM_{10}）除尘效果甚微。一般而言，机械除尘器的除尘效率为 90%～95%。

侧流式分离器将多管式旋风除尘器与脉冲袋式除尘器组合在一起，对机械除尘器难以单独捕获的小直径颗粒进行有效除尘。目前，侧流式分离器大多应用于小型层燃锅炉。

常压流化床燃烧（Atmospheric Fluidized Bed Combustion，AFBC）锅炉的颗粒控制装置一般负担较重，因为其颗粒质量浓度比普通煤粉锅炉高 2～4 倍。相较于煤粉灰渣，AFBC 的颗粒直径较小，形状也不规则（表面凸起更高且孔隙率较高），这样压降就会更大。与煤粉灰渣相比，AFBC 产生的灰渣更难去除，因为这种灰渣的电阻系数更大，而且多管式旋风除尘器（常压流化床燃烧过程自带）在回收灰渣时会造成出口气体流的颗粒直径减小。

1.4.2 硫氧化物的控制[4]

减少煤炭燃烧时 SO_x 的排放有多种方法，表 1-1 介绍了几种最常用的方法。还有一种方法是使用硫含量较低的燃煤，因为 SO_x 的排放量与燃煤中硫的含量成正比。但这种方法不太现实，因为硫含量较低的燃煤不容易找到，不同密度级的煤炭燃烧程度也未必能尽如人意。在某些情况下，多种洗煤工艺可减少燃料中硫的含量。物理洗煤工艺可去除无机硫（如黄铁矿），但对于去除有机硫无效。要去除有机硫，则需要使用化学洗煤和溶剂精制工艺。

燃烧后处理烟气脱硫（Flue Gas Desulfurization，FGD）技术是通过碱性试剂吸收烟气中的 SO_2，去除煤炭燃烧过程中产生的 SO_2。烟气可以采用湿式、干式或半干式脱硫工艺进行处理，这些工艺分为抛弃型和回收/再生型，抛弃型是指所有废液流都被丢弃，而回收/再生型是指将 SO_2 吸收剂再生使用或重新使用。到目前为止，湿式系统是最常用的脱硫工艺。这种工艺通常是将碱性料浆作为吸收 SO_2 的介质，SO_2 的去除率在 90%以上。石灰/石灰石洗涤器、钠洗涤器和双碱洗涤器都是很有商业价值的烟气脱硫 FGD 设备，它们的效益不仅取决于控制设备的设计，还取决于生产操作变量。湿式洗涤器能够使颗粒物的排放率降低 99%，但飞灰通常还是要靠 ESP 或袋式除尘器来去除，这样不仅可以减少脱硫设施的磨损，还可以避免对烟气脱硫 FGD 过程的反应造成干扰。而且单独清除飞灰可大大减少洗涤器淤渣的体积，防止对碱性试剂和副产物的污染。

石灰或石灰石湿式洗涤工艺使用生石灰料浆或石灰石料浆吸收湿式洗涤器中的 SO_2。经过较长的一段时间后，石灰料浆吸收的 SO_2 可超过 91%，石灰石料浆吸收的 SO_2 可超过 94%。钠洗涤工艺一般使用氢氧化钠或碳酸钠洗涤溶液吸收烟气中的 SO_2。由于试剂成本高，因此钠洗涤工艺仅限于在小型设备中使用，其 SO_2 去除率可达 96.2%。双碱洗涤器先使用石灰或石灰石回收钠碱，生成亚硫酸钙和硫酸料浆，然后再用干净的钠碱溶液去除 SO_2，这种方法的 SO_2 去除率在 90%～96%。

1.4.3 氮氧化物的控制[4]

表 1-2 总结了几种用于减少煤炭燃烧时排放 NO_x 的技术。这些减排方法主要分为两类：燃烧控制法和燃烧后处理法。燃烧控制法通过抑制 NO_x 在燃烧过程的形成来减少 NO_x 的排放，而燃烧后处理法是在 NO_x 形成后减少其排放。在控制 NO_x 的形成方面，燃烧控制法是各类锅炉最广泛使用的方法，其中包括低过剩空气法（Low Excess Air，LEA）、燃烧器停用法（Burners Out Of Service，BOOS）、偏压燃烧器燃烧法、燃尽风法（Overfire Air，OFA）、低氮氧化物燃烧器/低氮燃烧器法（Low NO_x Burners，LNB）和再燃技术等。燃烧后处理法包括选择性非催化还原（Selective Noncatalytic Reduction，SNCR）和选择性催化还原（Selective Catalytic Reduction，SCR）。要大大减少锅炉流化床燃烧器释放的 NO_x，可以分别单独使用燃烧控制法或燃烧后处理法，也可以将两种方法结合使用。

在 LEA 的条件下操作会将燃烧空气的数量减到最少，使锅炉的操作不仅有效而且环保。燃烧区的氧少了，就会抑制 NO_x 的生成。使用 BOOS 的方法，会阻挡燃料流量进入最上面一行燃烧器（全部或部分），这样就只有空气可以通过。这种方法与空气分级或 OFA 相似，都是通过降低燃烧器区域的氧含量来抑制 NO_x 的生成。偏压燃烧器在下排燃烧器的燃烧比上排燃烧器更加富燃料。这种方法是空气分级的一种形式，通过降低燃烧区域的氧含量来削减 NO_x 的生成。这些方法可能会改变锅炉的正常操作，具体的效果也因锅炉而异。减排技术的实施虽然会造成操作灵活性下降，但也能使原本非可控水平的 NO_x 排放量减少 10%～20%。

OFA 是指将燃烧器输送的一部分燃烧空气通过燃烧器上方的炉口送入炉膛。OFA 通过以下方法抑制氮氧化物的生成：（1）适当延迟和延长燃烧过程，减少充分燃烧，冷却火焰温度，抑制热力型 NO_x 生成；（2）降低容易形成挥发性燃料氮的燃烧区的空气浓度，抑制燃料型/动力型 NO_x 生成。OFA 适用于四角切圆式、墙式、涡轮增压式和层燃式等各种类型的锅炉，可使原本非可控水平的 NO_x 排放量减少 20%～30%。

通过控制燃烧过程在每个燃烧器区域中的化学当量和温度分布，LNB 可抑制 NO_x 的形成。LNB 设计上的独特性会产生以下结果：（1）燃烧区的氧含量降低，生成的燃料型 NO_x 相应减少；（2）火焰温度下降，生成的热力型 NO_x 相应减少；

（3）在峰值温度的停留时间减少，生成的热力型 NO_x 也相应减少。

LNB 适用于各种规格的四角切圆式锅炉和墙式锅炉，但不适用于旋风炉或层燃锅炉等其他类型的锅炉。这种燃烧器可用于改善现有锅炉 NO_x 排放量的控制，使原本非可控水平的氮氧化物减少 35%～55%；还可用于符合《新污染源行为标准》（NSPS）的新型锅炉。LNB 与 OFA 配合使用，可大大减少 NO_x 排放量（原本非可控水平的氮氧化物减少 40%～60%）。

再燃技术是对燃烧硬件进行修正，这样主燃区中产生的 NO_x 就会在二次燃烧区下游有所减少。这种技术将 40%左右（满负荷下）的热输入保留到主燃区，然后将第一行燃烧器上方输入的热量引入，建立再燃区。通过空气或烟气将再燃燃料（天然气、油或粉煤）喷入，形成富燃料区域，主燃区中产生的 NO_x 就可以还原为氮气和水蒸气。在再燃区上方喷入燃尽风，富燃料的燃烧气体就会完全燃烧。再燃技术适用于燃料主要是燃煤的多种锅炉类型，如四角切圆式锅炉、墙式锅炉和旋风锅炉。但每种锅炉的设计原本是为了满足特定蒸汽参数和蒸汽量（由于再燃而变化），因此再燃技术的应用和效用取决于锅炉安装的地点。虽然并未广泛投入商业运用，但已用案例表明再燃技术可使原本非可控水平的 NO_x 排放量减少 50%～60%。

SNCR 是一种燃烧后处理技术，其原理是将氨气（NH_3）与尿素喷入上层炉膛或对流通路的特定温度区，与烟气中的 NO_x 反应生成氮气和水。SNCR 的效用取决于还原剂喷射位置的温度、还原剂在烟气中的混合程度、还原剂在最佳温度窗口的停留时间、还原剂与 NO_x 的比率以及燃料的含硫量（会生成硫化合物沉积在下游设备中）。考虑到各种类型锅炉的效率，SNCR 并未广泛投入商业运用，但已用案例表明这种方法可使 NO_x 排放量减少 25%～40%。

SCR 也是一种燃烧后处理技术，其原理是将 NH_3 喷入烟气，然后在催化剂的作用下与 NO_x 反应生成氮气和水。SCR 反应器可以安装在反应过程中的不同位置，例如，空气预热器和颗粒控制装置/除尘器之前，或者空气预热器、颗粒控制装置和烟气脱硫设备的下游。烟气温度、燃料含硫量、氨气与 NO_x 的比率、入口 NO_x 的浓度、空速和催化剂条件等因素都会影响 SCR 的效果。尽管目前只有美国将 SCR 技术运用在燃煤锅炉中，但实验数据证明该技术可使 NO_x 排放量减少 75%～86%。

1.5 排放系数

SO_x、NO_x和 CO 的排放系数见表 1-3。本章的表格中有按重量计算的排放系数单位（lb/ton）和按能量计算的排放系数单位（lb/Btu），要将 lb/ton 转换为 lb/MMBtu（MMBtu 为百万 Btu），用 lb/ton 除以热值 26.0 MMBtu/ton 即可。由于 FBC 本身具有 NO_x排放量低的特点，而且床层内的 SO_2可能会被钙基吸附剂捕获，因此这类燃烧源的非可控排放系数与其他类型燃烧源的系数意义不同。如果没有运行其他 NO_x 附加控制装置（如氨气喷射装置），那么测试报告收集的数据将作为 NO_x的非可控排放的基础数据。对 FBC 的研究报告表明，SO_2的排放与燃煤硫含量以及流化床床层中的钙硫比有关。

滤过性颗粒物和直径小于等于 10 μm 颗粒物（PM_{10}）的排放系数见表 1-4。冷凝性颗粒物的排放系数见表 1-5。累积粒度分布和特定尺寸颗粒物的排放系数见表 1-6 至表 1-11。特定尺寸颗粒物排放系数的图解形式见图 1-1 至图 1-6。

PCDD/PCDF 和 PAH 的可控排放系数分别见表 1-12 和表 1-13。其他有机化合物的可控排放系数见表 1-14。氯化氢和氟化氢的排放系数见表 1-15。

表 1-16 列出了 9 种微量金属的排放系数方程式。表 1-17 列出了表 1-16 所示 9 种微量金属中的 7 种金属以及汞、POM、甲醛的非可控排放系数。表 1-18 列出了 13 种微量金属的可控排放系数，其中包括表 1-16 和表 1-17 所列的金属。表 1-16 中的排放系数方程式是基于煤炭中微量金属的测定浓度、煤炭中灰分的测定分数和测定颗粒物排放系数这三方面的统计对比。这些都是影响煤炭燃烧时微量金属排放的主要指标，因此如果污染物的这些指标可以检测，建议使用表 1-16 中的排放系数方程式；如果这些指标无法检测，则建议使用表 1-17 和表 1-18 中所列的排放系数。

CH_4、非甲烷有机化合物（Non-methane Organic Compounds，NMOC）和 N_2O 等温室气体的排放系数见表 1-19；CO_2的排放系数见表 1-20。

表 1-1 煤炭燃烧源 SO_2 燃烧后控制

控制技术	工序	一般控制效率	备注
湿式洗涤器	石灰/石灰石	80%～95%+	适用于含硫量高的燃料，可生成湿式料浆反应物
	碳酸钠	80%～98%	5～430 MMBtu/h，一般应用范围，试剂成本高
	氧化镁/氢氧化镁	80%～95%+	可再生
	双碱法	90%～96%	用石灰重新生成钠基洗涤液
喷雾干燥法	氢氧化钙料浆，在喷洒容器中蒸发	70%～90%	适用于含硫量低或含硫量中等的燃料，可生成干式料浆反应物
炉内喷射法	在上层炉腔喷入干燥的碳酸钙/氢氧化钙	25%～50%	几个欧美示范工程已投入商业运用
烟道喷射法	将干燥的吸附剂喷入烟道，有时可配合水雾一起喷入	25%～50%+	启动的研究开发示范项目，尚未在美国投入商业运用

表 1-2 燃煤锅炉 NO_x 控制方案[a]

控制技术	技术说明	适用的锅炉设计	NO_x 可能减少的量[b]/%	商业化效用/发展现状	注释
燃烧控制法					
负荷降低	减少燃煤和空气	层燃锅炉	最小	有效	适用于层燃锅炉，可降低负荷而不增加过量空气；可能会降低锅炉效率；NO_x 的减少量与负荷降低的百分比相关
操作修正（BOOS、LEA、BF 或燃烧）	在主燃区重新布置空气或燃料	煤粉锅炉（某些设计）；层燃锅炉（仅 LEA）	10～20	有效	操作必须足够灵活才能减少 NO_x 排放量而不降低锅炉性能
燃尽风	在主燃区上方喷入空气	煤粉锅炉和层燃锅炉	20～30	有效	第一行燃烧器上方炉膛高度必须足够才能将此技术应用于现有的锅炉
低氮燃烧器	控制空气与燃料混合程度的新型燃烧器	煤粉锅炉	35～55	有效	可用于新型锅炉设计，也可应用于现有锅炉

控制技术	技术说明	适用的锅炉设计	NO_x可能减少的量[b]/%	商业化效用/发展现状	注释
伴有 OFA 的低氮燃烧器（LNB）	新型燃烧器与在主燃区上方喷入空气两者相结合	煤粉锅炉	40～60	有效	可用于新型锅炉设计，如果第一行燃烧器上方炉膛高度足够，也可应用于现有的锅炉
再燃技术	在主燃区上方喷入再燃烧料和完全混合气	煤粉锅炉，旋风炉	50～60	可以投入商业运用，但未广泛应用	再燃燃料可以为天然气、燃油或煤粉。第一行燃烧器上方炉膛高度必须足够才能将此技术应用于现有的锅炉
燃烧后处理法					
SNCR	将 NH_3 或尿素喷入对流通路	煤粉锅炉、旋风炉、层燃锅炉、流化床锅炉	30～60	可以投入商业运用，但未广泛应用	适用于新型锅炉，也可以用作改造技术；在最佳温度（1 750±90）℉的停留时间必须充足；还原剂喷射系统必须精密；对锅炉负荷可能会有所限制；硫酸氢铵可能会腐蚀空气预热器
SCR	配合催化剂材料喷入 NH_3	煤粉锅炉、旋风炉	75～85	可以投入商业运用，但未广泛应用	适用于新型锅炉，也可以用作改造技术（如果提供的空间充足）；热侧 SCR 最好用于含硫量高的燃料和飞灰量低的设施；如果配备了上游二次燃烧烟气脱硫（FGD）装置，则可以在高硫分/高灰分的设施中使用冷侧 SCR
带有 SCR 装置的低氮燃烧器（LNB）	新型燃烧器设计与喷入 NH_3 或尿素两者相结合	煤粉锅炉	50～80	可以投入商业运用，但未作为复合技术广泛应用	与单独使用低氮氧化物燃烧器（LNB）或 SNCR 相同

控制技术	技术说明	适用的锅炉设计	NO_x可能减少的量[b]/%	商业化效用/发展现状	注释
带有 OFA 和 SCR 装置的低氮燃烧器（LNB）	新型燃烧器设计与 NH_3 上方喷入空气及 NH_3 或尿素三者相结合	煤粉锅炉	85～95	可以投入商业运用，但未作为复合技术广泛应用	与单独使用低氮氧化物燃烧器（LNB）、OFA 或 SCR 相同

[a] 参见参考文献 20-21。

[b] 非可控水平 NO_x 可能的减少量。

表 1-3　烟煤和次烟煤燃烧 SO_x、NO_x 和 CO 的排放系数[a]

（译者注：美国 EPA 对 AP-42 颁布的排放系数依据估算的可靠性定性地划分了 A 至 E 五个等级，A 为可靠性最强，E 为最差。）

燃烧方式	SCC	SO_x[b]		NO_x[c]		CO[d, e]	
		排放系数/（lb/ton）	系数等级	排放系数/（lb/ton）	系数等级	排放系数/（lb/ton）	系数等级
粉煤，固态排渣，墙式燃烧[f]，烟煤，NSPS 之前[g]	1-01-002-02 1-02-002-02 1-03-002-06	38*S*	A	22	A	0.5	A
粉煤，固态排渣，墙式燃烧[f]，烟煤，NSPS 之前[g]（装有低氮氧化物燃烧器）	1-01-002-02 1-02-002-02 1-03-002-06	38*S*	A	11	A	0.5	A
粉煤，固态排渣，墙式燃烧[f]，烟煤，NSPS[g]	1-01-002-02 1-02-002-02 1-03-002-06	38*S*	A	12	A	0.5	A
粉煤，固态排渣，墙式燃烧[f]，次烟煤，NSPS 之前[g]	1-01-002-22 1-02-002-22 1-03-002-22	35*S*	A	12	C	0.5	A
粉煤，固态排渣，墙式燃烧[f]，次烟煤 NSPS[g]	1-01-002-22 1-02-002-22 1-03-002-22	35*S*	A	7.4	A	0.5	A
粉煤，固态排渣，格状燃烧器[h]，烟煤	1-01-002-15	38*S*	A	31	A	0.5	A
粉煤，固态排渣，格状燃烧器，次烟煤	1-01-002-35	35*S*	A	14	E	0.5	A
粉煤，固态排渣，四角切圆式燃烧，烟煤，NSPS 之前[g]	1-01-002-12 1-02-002-12 1-03-002-16	38*S*	A	15	A	0.5	A

燃烧方式	SCC	SO_x[b]		NO_x[c]		CO[d，e]	
		排放系数/（lb/ton）	系数等级	排放系数/（lb/ton）	系数等级	排放系数/（lb/ton）	系数等级
粉煤，固态排渣，四角切圆式燃烧，烟煤，NSPS 之前[g]，带有低氮氧化物燃烧器	1-01-002-12 1-02-002-12 1-03-002-16	38*S*	A	9.7	A	0.5	A
粉煤，固态排渣，四角切圆式燃烧，烟煤，NSPS[g]	1-01-002-12 1-02-002-12 1-03-002-16	38*S*		10	A	0.5	A
粉煤，固态排渣，四角切圆式燃烧，次烟煤，NSPS 之前[g]	1-01-002-26 1-02-002-26 1-03-002-26	35*S*	A	8.4	A	0.5	A
粉煤，固态排渣，四角切圆式燃烧，次烟煤，NSPS[g]	1-01-002-26 1-02-002-26 1-03-002-26	35*S*	A	7.2	A	0.5	A
粉煤，液态排渣，墙式燃烧[f]，烟煤，NSPS 之前[g]	1-01-002-01 1-02-002-01 1-03-002-05	38*S*	A	31	D	0.5	A
粉煤，液态排渣，四角切圆式燃烧，烟煤，NSPS[g]	1-01-002-11	38*S*	A	14	E	0.5	A
粉煤，液态排渣，墙式燃烧，次烟煤	1-01-002-21 1-02B002-21 1-03-002-21	35*S*	A	24	E	0.5	A
旋风炉，烟煤	1-01-002-03 1-02-002-03 1-03-002-03	38*S*	A	33	A	0.5	A
旋风炉，次烟煤	1-01-002-23 1-02-002-23 1-03-002-23	35*S*	A	17	C	0.5	A
抛煤机，烟煤	1-01-002-04 1-02-002-04 1-03-002-09	38*S*	B	11	B	5	A
抛煤机，次烟煤	1-01-002-24 1-02-002-24 1-03-002-24	35*S*	B	8.8	B	5	A

燃烧方式	SCC	SO_x[b]		NO_x[c]		CO[d, e]	
		排放系数/（lb/ton）	系数等级	排放系数/（lb/ton）	系数等级	排放系数/（lb/ton）	系数等级
上部加料机[i]	1-01-002-05/25 1-02-002-05/25 1-03-002-07/25	38*S* （35*S*）	B	7.5	A	6	B
下部加料机	1-02-002-06 1-03-002-08	31*S*	B	9.5	A	11	B
手动加料设备	1-03-002-14	31*S*	D	9.1	E	275	E
FBC，循环流化床	1-01-002-18 1-02-002-18 1-03-002-18	*C*[j]	E	5.0	D	18	E
FBC，鼓泡流化床	1-01-002-17 1-02-002-17 1-03-002-17	*C*[j]	E	15.2	D	18	D

[a] 除非另行说明，否则此处的系数都表示非可控排放，适用于燃煤原料（应用基/收到基）。SCC 表示源分类代码。要将单位 lb/ton 转换为 kg/Mg，需乘以 0.5。

[b] 可表示为 SO_2，也可以是 SO_3 或其他气态硫酸盐。括号里的系数用于估算次烟煤气态 SO_x 的排放。不管什么情况，*S* 都表示煤炭含硫量的重量百分比（应用基/收到基）。排放系数的计算方法：煤炭中硫分的重量百分比乘以 *S* 之前的数值。例如，燃料的含硫量为 1.2%，那么 S=1.2。一般对于烟煤而言，燃料中 95%的硫分会转化为 SO_2 排放物，只有大约 0.7%的硫分会转化为 SO_3 和气态硫酸盐，同样极小百分比的硫分会转化为硫酸盐颗粒（参见参考文献 22-23），还有少量硫分会积存在底灰中。对于次烟煤而言，由于煤灰偏碱性，因此会有 10%以上的硫分积存在底灰和颗粒中。对于烟煤而言，气态硫的转化率是相同的。

[c] 可表示为 NO_2。一般而言，燃烧废气中 95%的 NO_x 是 NO，其余为 NO_2，可参见参考文献 6。要将系数表示为 NO，将系数乘以 0.66 即可。所有系数都代表在基本操作环境下的排放量（如 60%～110%的负荷，且没有氮氧化物控制措施）。

[d] 表示正常运行条件下可以达到的额定值。燃烧不完全时数值会高一个或两个数量级。

[e] 煤炭燃烧时 CO_2 排放系数的计算公式是：CO_2 磅数/燃煤吨数=72.6*C*，其中 *C* 是煤炭含量的重量百分比。例如，碳含量为 85%，那么 *C* 就等于 85。

[f] 墙式燃烧包括前墙燃烧、后墙燃烧以及前后墙对冲燃烧设备。

[g] NSPS 之前的锅炉不属于任何 NSPS。NSPS 锅炉属于子分类 D 或子分类 Da。子分类 D 的锅炉是 1971 年 8 月 17 日之后建造、热功率高于 250 MMBtu/h（百万英热单位/小时）的锅炉。子分类 Da 的锅炉是 1978 年 9 月 18 日之后建造、热功率高于 250 MMBtu/h 的锅炉。

[h] 参见参考文献 24-27。

[i] 包括链条炉排、振动炉排和链带式炉排。

[j] 流化床燃烧锅炉的 SO_2 排放系数是燃料含硫量与钙硫比例的函数。不论对于鼓泡流化床还是循环流化床，计算公式都是：SO_2 磅数/燃煤吨数=39.6S×（Ca/S）−1.9。在这个等式中，*S* 代表燃料中硫分的重量百分比；Ca/S 代表床层的钙硫摩尔比，Ca/S 为 1.5～7 时可使用此等式。如果不使用钙基吸附剂并且床层材料对于固硫剂是惰性的，那么应使用下部加料机的排放系数估算 SO_2 的排放量。在这种情况下，鼓泡流化床和循环流化床设备的排放系数等级均为 E。

表 1-4 烟煤和次烟煤燃烧 PM 和 PM_{10} 非可控排放系数 [a]

燃烧方式	SCC	滤过性 PM[b]		滤过性 PM_{10}	
		排放系数/（lb/ton）	排放系数等级	排放系数/（lb/ton）	排放系数等级
粉煤，固态排渣，墙式燃烧	1-01-002-02/22 1-02-002-02/22 1-03-002-06/22	10*A*	A	2.3*A*	E
粉煤，固态排渣，四角切圆式燃烧	1-01-002-12/26 1-02-002-12/26 1-03-002-16/26	10*A*	B	2.3*A*[c]	E
粉煤，液态排渣	1-01-002-01/21 1-02-002-01/21 1-03-002-05/21	7*A*[d]	D	2.6*A*	E
旋风炉	1-01-002-03/23 1-02-002-03/23 1-03-002-03/23	2*A*[d]	E	0.26*A*	E
抛煤机	1-01-002-04/24 1-02-002-04/24 1-03-002-09/24	66[e]	B	13.2	E
抛煤机，有多个旋风口和复燃口	1-01-002-04/24 1-02-002-04/24 1-03-002-09/24	17	B	12.4	E
抛煤机，有多个旋风口，无复燃口	1-01-002-04/24 1-02-002-04/24 1-03-002-09/24	12	A	7.8	E
上部加料机[f]	1-01-002-05/25 1-02-002-05/25 1-03-002-07/25	16[g]	C	6.0	E
上部加料机，有多个旋风口[f]	1-01-002-05/25 1-02-002-05/25 1-03-002-07/25	9[h]	C	5.0	E

燃烧方式	SCC	滤过性 PM[b]		滤过性 PM_{10}	
		排放系数/（lb/ton）	排放系数等级	排放系数/（lb/ton）	排放系数等级
下部加料机	1-02-002-06 1-03-002-08	15[j]	D	6.2	E
下部加料机，有多个旋风口	1-02-002-06 1-03-002-08	11[h]	D	6.2[j]	E
手动加料设备	1-03-002-14	15	E	6.2[k]	E
FBC，鼓泡流化床	1-01-002-17 1-02-002-17 1-03-002-17	[m]	E	[m]	E
FBC，循环流化床	1-01-002-18 1-02-002-18 1-03-002-18	[m]	E	[m]	E

[a] 除非另行说明，否则此处都表示非可控排放系数，应用于燃烧时的加煤装置。要将 lb/ton 转换为 kg/Mg，需乘以 0.5。SCC 表示源分类代码。

[b] 基于 EPA Method 5（前半部分捕获）测定，请参见参考文献 28 中的说明。颗粒是按煤炭灰分来表示，*A* 表示煤炭中灰分（应用基/收到基）的重量百分比，排放系数的计算方法：煤炭中灰分（应用基/收到基）的重量百分比乘以 *A* 之前的数值。例如，灰分 8%的煤炭在 PC 固态排渣炉中燃烧，那么 PM 排放系数就是 10×8 lb/ton 或 80 lb/ton。

[c] 未找到数据；可使用固态排渣煤粉锅炉的排放系数。

[d] 无飞灰复燃时，即为非可控颗粒物排放。如果安装了控制设备，集中的飞灰在锅炉中复燃，那么到达控制装置的颗粒系数最多可以增加到 2。

[e] 说明飞灰沉积在省煤器、空气预热器，或是控制设备的烟道上游或烟囱。正对着锅炉出口位置的颗粒通常是这个标准的 2 倍。即使空气预热器或省煤器灰斗中的飞灰在锅炉中复燃，也应使用这些系数。

[f] 包括链条炉排、振动炉排和链带式炉排。

[g] 说明飞灰沉积在烟道或是烟囱底部。正对着锅炉出口位置的颗粒负荷通常会高出 50%。

[h] 有关多旋风控制导致效率相当低下的非可控排放问题，请参见参考文献 4。

[j] 说明飞灰沉积在锅炉出口的烟道下游。

[k] 未找到数据；可使用下部加料机的排放系数。

[m] 未找到数据；可使用带有多旋风口和复燃口的抛煤机的排放系数。

表 1-5 烟煤和次烟煤燃烧冷凝性颗粒物排放系数[a]

<table>
<tr><th rowspan="2">燃烧方式[b]</th><th rowspan="2">污染物控制[c]</th><th rowspan="2">SCC</th><th colspan="2">CPM-TOT[d, e]</th><th colspan="2">CPM-IOR[d, e]</th><th colspan="2">CPM-ORG[d, e]</th></tr>
<tr><th>排放系数/（lb/MMBtu）</th><th>排放系数等级</th><th>排放系数/（lb/MMBtu）</th><th>排放系数等级</th><th>排放系数/（lb/MMBtu）</th><th>排放系数等级</th></tr>
<tr><td rowspan="10">所有煤粉锅炉</td><td rowspan="10">所有 PM 控制（FGD 控制除外）</td><td>1-01-002-01/21</td><td rowspan="10">$0.1S-0.03$[f, g]</td><td rowspan="10">B</td><td rowspan="10">CPM-TOT 排放系数的 80%[e]</td><td rowspan="10">E</td><td rowspan="10">CPM-TOT 排放系数的 20%[e]</td><td rowspan="10">E</td></tr>
<tr><td>1-01-002-02/22</td></tr>
<tr><td>1-01-002-12/26</td></tr>
<tr><td>1-02-002-01/21</td></tr>
<tr><td>1-02-002-02/22</td></tr>
<tr><td>1-02-002-12/26</td></tr>
<tr><td>1-03-002-05/06</td></tr>
<tr><td>1-03-002-16</td></tr>
<tr><td>1-03-002-21/22</td></tr>
<tr><td>1-03-002-26</td></tr>
<tr><td rowspan="10">所有煤粉锅炉</td><td rowspan="10">所有 PM 控制（包括 FGD 控制）</td><td>1-01-002-01/21</td><td rowspan="10">0.02[h]</td><td rowspan="10">E</td><td rowspan="10">ND</td><td rowspan="10"></td><td rowspan="10">ND</td><td rowspan="10"></td></tr>
<tr><td>1-01-002-02/22</td></tr>
<tr><td>1-01-002-12/26</td></tr>
<tr><td>1-02-002-01/21</td></tr>
<tr><td>1-02-002-02/22</td></tr>
<tr><td>1-02-002-12/26</td></tr>
<tr><td>1-03-002-05/06</td></tr>
<tr><td>1-03-002-16</td></tr>
<tr><td>1-03-002-21/22</td></tr>
<tr><td>1-03-002-26</td></tr>
<tr><td rowspan="9">抛煤机，链条炉排式上部加料机，链条炉排式下部加料机</td><td rowspan="9">所有 PM 控制或非可控 PM</td><td>1-01-002-04/24</td><td rowspan="9">0.04[i]</td><td rowspan="9">C</td><td rowspan="9">CPM-TOT 排放系数的系数[g]</td><td rowspan="9">E</td><td rowspan="9">CPM-TOT 排放系数的系数[g]</td><td rowspan="9">E</td></tr>
<tr><td>1-01-002-05/25</td></tr>
<tr><td>1-02-002-04/24</td></tr>
<tr><td>1-02-002-05/25</td></tr>
<tr><td>1-02-002-06</td></tr>
<tr><td>1-03-002-07/08</td></tr>
<tr><td>1-03-002-09/11</td></tr>
<tr><td>1-03-002-16</td></tr>
<tr><td>1-03-002-24/25</td></tr>
</table>

[a] 假定所有冷凝性 PM 的直径都小于 1.0 μm。

[b] 旋风锅炉（SCC 为 1-01-002-03/23、1-02-002-03/23、1-03-002-23）和常压流化床燃烧（AFBC）锅炉（SCC 为

1-01B002-17、1-02-002-17、1-03-002-17）无可用数据。对于旋风锅炉，请使用煤粉锅炉及相应控制设备的系数。对于 AFBC 锅炉，请使用带有 PM 和 FGD 控制的煤粉锅炉系数。

[c] FGD 表示烟气脱硫。

[d] CPM-TOT 表示冷凝性颗粒物总数。

CPM-IOR 表示无机冷凝性颗粒物。

CPM-ORG 表示有机冷凝性颗粒物。

ND 表示无数据。

[e] 系数应乘以燃料消耗率（热功率应用基，MMBtu）。要转换为烟煤的 lb/ton，需乘以 26 MMBtu/ton。要转换为次烟煤的 lb/ton，需乘以 20 MMBtu/ton。

[f] S 表示煤炭含硫量的重量百分比（应用基）。例如，含硫量为 1.04%，那么 $S = 1.04$。如果煤炭含硫量小于等于 0.4%，则无须使用排放方程式，直接使用默认排放系数 0.01 lb/MMBtu 即可。

[g] 参见参考文献 78-94。

[h] 参见参考文献 95-96。

[i] 参见参考文献 97-104。

表 1-6 以粉烟煤和粉次烟煤为燃料的固态排渣锅炉的累积粒度分布和特定尺寸颗粒物的排放系数[a]

颗粒大小[b]/μm	累积分布（质量百分比）≤规定尺寸					累积排放系数[c]/(lb/ton)				
	非可控	可控				非可控[d]	可控[e]			
		多旋风	洗涤器	ESP	袋式除尘器		多旋风[f]	洗涤器[g]	ESP[g]	袋式除尘器[f]
15	32	54	81	79	97	$3.2A$	$1.08A$	$0.48A$	$0.064A$	$0.02A$
10	23	29	71	67	92	$2.3A$	$0.58A$	$0.42A$	$0.054A$	$0.02A$
6	17	14	62	50	77	$1.7A$	$0.28A$	$0.38A$	$0.024A$	$0.02A$
2.5	6	3	51	29	53	$0.6A$	$0.06A$	$0.3A$	$0.024A$	$0.01A$
1.25	2	1	35	17	31	$0.2A$	$0.02A$	$0.22A$	$0.01A$	$0.006A$
1.00	2	1	31	14	25	$0.2A$	$0.02A$	$0.18A$	$0.01A$	$0.006A$
0.625	1	1	20	12	14	$0.10A$	$0.02A$	$0.12A$	$0.01A$	$0.002A$
总计	100	100	100	100	100	$10A$	$2A$	$0.6A$	$0.08A$	$0.02A$

[a] 参见参考文献 33。适用的源分类代码为 1-01-002-02、1-02-002-02、1-03-002-06、1-01-002-12、1-02-002-12 和 1-03-002-16。要将 lb/ton 转换为 kg/Mg，需乘以 0.5。排放系数的单位是：污染物磅数/燃煤吨数（应用基）。ESP 表示静电除尘器。

[b] 可表示为气体动力学当量直径。

[c] A 表示煤灰重量百分比（应用基）。例如，煤灰重量百分比为 8.2%，那么 $A = 8.2$。

[d] 排放系数等级为 C。

[e] 控制效率的估算值：多旋风为 80%，洗涤器为 94%，ESP 为 99.2%，袋式除尘器为 99.8%。

[f] 排放系数等级为 E。

[g] 排放系数等级为 D。

表 1-7　以粉烟煤为燃料的液态排渣锅炉的累积粒度分布和特定尺寸颗粒物的排放系数[a]

排放系数等级：E

颗粒大小[b]/μm	累积分布（质量百分比）≤规定尺寸			累积排放系数[c]/（lb/ton）		
	非可控	可控		非可控	可控[d]	
		多旋风	ESP		多旋风	ESP
15	40	99	83	2.8*A*	1.38*A*	0.046*A*
10	37	93	75	2.6*A*	1.3*A*	0.042*A*
6	33	84	63	2.32*A*	1.18*A*	0.036*A*
2.5	21	61	40	1.48*A*	0.86*A*	0.022*A*
1.25	6	31	17	0.42*A*	0.44*A*	0.01*A*
1.00	4	19	8	0.28*A*	0.26*A*	0.004*A*
0.625	2	—[e]	—[e]	0.14*A*	—[e]	—[e]
总计	100	100	100	7.0*A*	1.4*A*	0.056*A*

[a] 参见参考文献 33。适用的源分类代码为 1-01-002-01、1-02-002-01 和 1-03-002-05。要将 lb/ton 转换为 kg/Mg，需乘以 0.5。排放系数的单位是：污染物磅数/燃煤吨数（应用基）。ESP 表示静电除尘器。

[b] 可表示为气体动力学当量直径。

[c] *A* 表示煤灰重量百分比（应用基）。例如，煤灰重量百分比为 2.4%，那么 $A = 2.4$。

[d] 控制效率的估算值：多旋风为 94%，ESP 为 99.2%。

[e] 数据不足。

表 1-8　以烟煤为燃料的旋风炉的累积粒度分布和特定尺寸颗粒物的排放系数[a]

排放系数等级：E

颗粒大小[b]/μm	累积分布（质量百分比）≤规定尺寸			累积排放系数[c]/（lb/ton）		
	非可控	可控		不可控	可控[d]	
		多旋风	ESP		多旋风	ESP
15	33	95	90	0.66*A*	0.114*A*	0.013*A*
10	13	94	68	0.26*A*	0.112*A*	0.011*A*
6	8	93	56	0.16*A*	0.112*A*	0.009*A*
2.5	5.5	92	36	0.11*A*[e]	0.11*A*	0.006*A*
1.25	5	85	22	0.10*A*[e]	0.10*A*	0.004*A*
1.00	5	82	17	0.10*A*[e]	0.10*A*	0.003*A*
0.625	0	—[f]	—[f]	0	—[f]	—[f]
总计	100	100	100	2*A*	0.12*A*	0.016*A*

[a] 参见参考文献 33。适用的源分类代码为 1-01-002-03、1-02-002-03 和 1-03-002-03。要将 lb/ton 转换为 kg/Mg，需乘以 0.5。排放系数的单位是：污染物磅数/燃煤吨数（应用基）。

[b] 可表示为气体动力学当量直径。

[c] *A* 表示煤灰重量百分比（应用基）。例如，煤灰重量百分比为 2.4%，那么 $A = 2.4$。

[d] 控制效率的估算值：多旋风为 94%，ESP 为 99.2%。

[e] 这些数值是根据可控燃烧源的数据估算的。

[f] 数据不足。

表 1-9 以烟煤为燃料的抛煤机的累积粒度分布和特定尺寸颗粒物的排放系数[a]

颗粒大小[b]/μm	累积分布（质量百分比）≤规定尺寸					累积排放系数/（lb/ton）				
	非可控	可控				非可控[e]	可控			
		多旋风[c]	多旋风[d]	ESP	袋式除尘器		多旋风[c,f]	多旋风[d,e]	ESP[f,g]	袋式除尘器[e,g]
15	28	86	74	97	72	18.5	14.6	8.8	0.46	0.086
10	20	73	65	90	60	13.2	12	7.8	0.44	0.072
6	14	51	52	82	46	9.2	8.6	6.2	0.40	0.056
2.5	7	8	27	61	26	4.6	1.4	3.2	0.30	0.032
1.25	5	2	16	46	18	3.3	0.4	2.0	0.22	0.022
1.00	5	2	14	41	15	3.3	0.4	1.6	0.20	0.018
0.625	4	1	9	—[h]	7	2.6	0.2	1.0	—[h]	0.006
总计	100	100	100	100	100	66.0	17.0	12.0	0.48	0.12

[a] 参见参考文献 33。适用的源分类代码为 1-01-002-04、1-02-002-04 和 1-03-002-09。要将 lb/ton 转换为 kg/Mg，需乘以 0.5。排放系数的单位是：污染物磅数/燃煤吨数（应用基）。

[b] 可表示为气体动力学当量直径。

[c] 有飞灰复燃装置。

[d] 无飞灰复燃装置。

[e] 排放系数等级为 C。

[f] 排放系数等级为 E。

[g] 控制效率的估算值：ESP 为 99.2%，袋式除尘器为 99.8%。

[h] 数据不足。

表 1-10 以烟煤为燃料的上部加料机的累积粒度分布和特定尺寸颗粒物的排放系数[a]

颗粒大小[b]/μm	累积分布（质量百分比）≤规定尺寸		累积排放系数/（lb/ton）			
	非可控	多旋风可控	非可控		多旋风可控[c]	
			排放系数	排放系数等级	排放系数	排放系数等级
15	49	60	7.8	C	5.4	E
10	37	55	6.0	C	5.0	E
6	24	49	3.8	C	4.4	E
2.5	14	43	2.2	C	3.8	E
1.25	13	39	2.0	C	3.6	E
1.00	12	39	2.0	C	3.6	E
0.625	—[d]	16	—[d]	C	1.4	E
总计	100	100	16.0	C	9.0	E

[a] 参见参考文献 33。适用的源分类代码为 1-01-002-05、1-02-002-05 和 1-03-002-07。要将 lb/ton 转换为 kg/Mg，需乘以 0.5。排放系数的单位是：污染物磅数/燃煤吨数（应用基）。

[b] 可表示为气体动力学当量直径。

[c] 控制效率的估算值：多级旋风为 80%。

[d] 数据不足。

表 1-11 以烟煤为燃料的下部加料机的累积粒度分布和特定尺寸颗粒物的排放系数[a]

排放系数等级：C

颗粒大小[b]/μm	累积分布（质量百分比）≤规定尺寸	非可控累积排放系数[c]/（lb/ton）
5	50	7.6
10	41	6.2
6	32	4.8
2.5	25	3.8
1.25	22	3.4
1.00	21	3.2
0.625	18	2.7
总计	100	15.0

[a] 参见参考文献 33。适用的源分类代码为 1-02-002-06 和 1-03-002-08。要将 lb/ton 转换为 kg/Mg，需乘以 0.5。排放系数的单位是：污染物磅数/燃煤吨数（应用基）。

[b] 可表示为气体动力学当量直径。

[c] 也可用于非可控手动加煤装置。

表 1-12 可控烟煤和次烟煤燃烧时多氯二苯并二噁英和多氯二苯并呋喃的排放系数

污染物控制	伴有 FF 的 FGD-SDA[a]		ESP 或 FF[b]	
同类物	排放系数[c]/（lb/ton）	排放系数等级	排放系数[c]/（lb/ton）	排放系数等级
2,3,7,8-TCDD	无数据	—	1.43×10^{-11}	E
全部 TCDD	3.93×10^{-10}	E	9.28×10^{-11}	D
全部 PeCDD	7.06×10^{-10}	E	4.47×10^{-11}	D
全部 HxCDD	3.00×10^{-9}	E	2.87×10^{-11}	D
全部 HpCDD	1.00×10^{-8}	E	8.34×10^{-11}	D
全部 OCDD	2.87×10^{-8}	E	4.16×10^{-10}	D
全部 PCDD[d]	4.28×10^{-8}	E	6.66×10^{-10}	D
2,3,7,8-TCDF	无数据	—	5.10×10^{-11}	D
全部 TCDF	2.49×10^{-9}	E	4.04×10^{-10}	D
全部 PeCDF	4.84×10^{-9}	E	3.53×10^{-10}	D
全部 HxCDF	1.27×10^{-8}	E	1.92×10^{-10}	D
全部 HpCDF	4.39×10^{-8}	E	7.68×10^{-11}	D
全部 OCDF	1.37×10^{-7}	E	6.63×10^{-11}	D
全部 PCDF[d]	2.01×10^{-7}	E	1.09×10^{-9}	D
全部 PCDD/PCDF	2.44×10^{-7}	E	1.76×10^{-9}	D

[a] 参见参考文献 34。这些系数适用于同时配备有烟气脱硫喷雾干燥吸收器（Flue Gas Desulfurization Spray Dryer Absorber，FGD-SDA）和织物过滤器（Fabric Filter，FF）的锅炉。源分类代码（SCC）为 1-01-002-02/22、

1-02-002-02/22、1-03-002-06/22 的适用于固态排渣的煤粉锅炉。

[b] 参见参考文献 35-37。这些系数适用于配备有 ESP 或 FF 的锅炉。源分类代码（SCC）为 1-01-002-02/22、1-02-002-02/22、1-03-002-06/22，适用于固态排渣的煤粉锅炉；源分类代码（SCC）为 1-01-002-03/23、1-02-002-03/23、1-03-002-03/23，适用于旋风锅炉。

[c] 排放系数适用于燃煤原料（应用基）。要将 lb/ton 转换为 kg/Mg，需乘以 0.5。排放系数的单位是：污染物磅数/燃煤吨数。

[d] 全部 PCDD（多氯二苯并二噁英）是全部 TCDD（四氯二苯并二噁英）+全部 PeCDD（五氯二苯并二噁英）+全部 HxCDD（六氯二苯并二噁英）+全部 HpCDD（七氯二苯并二噁英）+全部 OCDD（八氯二苯并二噁英）的总和。全部 PCDF（多氯二苯并呋喃）是全部 TCDF（四氯二苯并二呋喃）到全部 OCDF（八氯二苯并呋喃）的总和。

表 1-13 可控煤炭燃烧 PAH 的排放系数[a]

污染物	排放系数[b]/（lb/ton）	排放系数等级
联苯	1.7×10^{-6}	D
苊	5.1×10^{-7}	B
苊烯	2.5×10^{-7}	B
蒽	2.1×10^{-7}	B
苯并[*a*]蒽	8.0×10^{-8}	B
苯并[*a*]芘	3.8×10^{-8}	D
苯并[*b,j,k*]荧蒽	1.1×10^{-7}	B
苯并[*g,h,i*]苝	2.7×10^{-8}	D
䓛	1.0×10^{-7}	C
荧蒽	7.1×10^{-7}	B
芴	9.1×10^{-7}	B
茚并[1,2,3-*cd*]芘	6.1×10^{-8}	C
萘	1.3×10^{-5}	C
菲	2.7×10^{-6}	B
芘	3.3×10^{-7}	B
5-甲基䓛	2.2×10^{-8}	D

[a] 参见参考文献 35-45。这些系数是根据从 6 个烟煤燃烧地点、4 个次烟煤燃烧地点和 1 个褐煤燃烧地点收集的排放数据计算出来的，适用于同时配备湿式石灰石洗涤器/喷雾干燥器和 ESP/FF 的锅炉，也适用于只配备了 ESP 或 FF 的锅炉。烟煤/次烟煤的源分类代码（SCC）为 1-01-002-02/22、1-02-002-02/22、1-03-002-06，适用于固态排渣的煤粉锅炉；源分类代码（SCC）为 1-01-002-12/26、1-02-002-12/26、1-03-002-16/26，适用于固态排渣四角切圆式煤粉锅炉；源分类代码（SCC）为 1-01-002-03/23、1-02-002-03/23、1-03-002-03/23，适用于旋风锅炉。

[b] 排放系数适用于燃煤原料（应用基）。要将 lb/ton 转换为 kg/Mg，需乘以 0.5。排放系数的单位是：污染物磅数/燃煤吨数。

表 1-14 可控煤炭燃烧各种有机化合物的排放系数[a]

污染物[b]	排放系数[c]/（lb/ton）	排放系数等级
乙醛	5.7×10^{-4}	C
乙酰苯	1.5×10^{-5}	D
丙烯醛	2.9×10^{-4}	D
苯	1.3×10^{-3}	A
苄基氯	7.0×10^{-4}	D
邻苯二甲酸二（2-乙基己）酯（DEHP）	7.3×10^{-5}	D
三溴甲烷	3.9×10^{-5}	E
二硫化碳	1.3×10^{-4}	D
邻氯苯乙酮	7.0×10^{-6}	E
氯苯	2.2×10^{-5}	D
三氯甲烷	5.9×10^{-5}	D
异丙苯	5.3×10^{-6}	E
氰化物	2.5×10^{-3}	D
2,4-二硝基甲苯	2.8×10^{-7}	D
硫酸二甲酯	4.8×10^{-5}	E
乙苯	9.4×10^{-5}	D
氯乙烷	4.2×10^{-5}	D
二氯乙烷	4.0×10^{-5}	E
二溴乙烷	1.2×10^{-6}	E
甲醛	2.4×10^{-4}	A
己烷	6.7×10^{-5}	D
异佛尔酮	5.8×10^{-4}	D
溴甲烷	1.6×10^{-4}	D
氯甲烷	5.3×10^{-4}	D
甲基乙基酮	3.9×10^{-4}	D
甲基肼	1.7×10^{-4}	E
甲基丙烯酸甲酯	2.0×10^{-5}	E
甲基叔丁基醚	3.5×10^{-5}	E
二氯甲烷	2.9×10^{-4}	D
苯酚	1.6×10^{-5}	D
丙醛	3.8×10^{-4}	D
四氯乙烯	4.3×10^{-5}	D
甲苯	2.4×10^{-4}	A
1,1,1-三氯乙烷	2.0×10^{-5}	E

污染物[b]	排放系数[c]/（lb/ton）	排放系数等级
苯乙烯	2.5×10^{-5}	D
二甲苯	3.7×10^{-5}	C
醋酸乙烯酯	7.6×10^{-6}	E

[a] 参见参考文献 35-53。这些系数是根据从 10 个烟煤燃烧地点、8 个次烟煤燃烧地点和 1 个褐煤燃烧地点收集的排放数据计算出来的，适用于同时配备湿式石灰石洗涤器/喷雾干燥器和 ESP/FF 的锅炉，也适用于只配备了 ESP 或 FF 的锅炉。源分类代码（SCC）为 1-01-002-02/22、1-02-002-02/22、1-03-002-06/22，适用于固态排渣的煤粉锅炉；源分类代码（SCC）为 1-01-002-12/26、1-02-002-12/26、1-03-002-16/26，适用于固态排渣四角切圆式煤粉锅炉；源分类代码（SCC）为 1-01-002-03/23、1-02-002-03/23、1-03-002-03/23，适用于旋风锅炉；源分类代码（SCC）为 1-01-002-18/38、1-02-002-18、1-03-002-18，适用于常压流化床燃烧的循环流化床锅炉。

[b] 对其进行采样但未在采样过程中进行监测的污染物包括：四氯化碳—2 个采样点；1,3-二氯丙烯—2 个采样点；*N*-亚硝基二甲胺—2 个采样点；二氯乙烷—2 个采样点；六氯丁二烯—1 个采样点；六氯乙烷—1 个采样点；二氯丙烷—2 个采样点；1,1,1,2-四氯乙烷—2 个采样点；1,1,2-三氯乙烷—2 个采样点；氯乙烯—2 个采样点；六氯苯—2 个采样点。

[c] 排放系数适用于燃煤原料（应用基）。要将 lb/ton 转换为 kg/Mg，需乘以 0.5。

表 1-15 煤炭燃烧时氯化氢（HCl）和氟化氢（HF）的排放系数[a]

排放系数等级：B

燃烧方式	SCC	HCl	HF
		排放系数/（lb/ton）	排放系数/（lb/ton）
粉煤，固态排渣	1-01-002-02/22 1-02-002-02/22 1-03-002-06/22	1.2	0.15
粉煤，固态排渣，四角切圆式燃烧	1-01-002-12/26 1-02-002-12/26 1-03-002-16/26	1.2	0.15
粉煤，液态排渣	1-01-002-01/21 1-02-002-01/21 1-03-002-05/21	1.2	0.15
旋风炉	1-01-002-03/23 1-02-002-03/23 1-03-002-03/23	1.2	0.15
抛煤机	1-01-002-04/24 1-02-002-04/24 1-03-002-09/24	1.2	0.15

燃烧方式	SCC	HCl	HF
		排放系数/（lb/ton）	排放系数/（lb/ton）
上部加料机	1-01-002-05/25	1.2	0.15
	1-02-002-05/25		
	1-03-002-07/25		
下部加料机	1-02-002-06	1.2	0.15
	1-03-002-08		
FBC，鼓泡流化床	1-01-002-17	1.2	0.15
	1-02-002-17		
	1-03-002-17		
FBC，循环流化床	1-01-002-18/38	1.2	0.15
	1-02-002-18		
	1-03-002-18		
手动加煤	1-03-002-14	1.2	0.15

[a] 参见参考文献 54。这些系数是根据烟煤燃烧、次烟煤燃烧和褐煤燃烧的排放数据计算出来的。要将 lb/ton 转换为 kg/Mg，需乘以 0.5。对于可控和非可控燃烧源，这些系数都适用。

表 1-16 煤炭燃烧时微量元素的排放系数方程式[a]

排放系数等级方程式：A[b]

污染物	排放方程式/（$lb/10^{12}$ Btu）[c]
锑	$0.92\times(C/A\times \mathrm{PM})^{0.63}$
砷	$3.1\times(C/A\times \mathrm{PM})^{0.85}$
铍	$1.2\times(C/A\times \mathrm{PM})^{1.1}$
镉	$3.3\times(C/A\times \mathrm{PM})^{0.5}$
铬	$3.7\times(C/A\times \mathrm{PM})^{0.58}$
钴	$1.7\times(C/A\times \mathrm{PM})^{0.69}$
铅	$3.4\times(C/A\times \mathrm{PM})^{0.80}$
锰	$3.8\times(C/A\times \mathrm{PM})^{0.60}$
镍	$4.4\times(C/A\times \mathrm{PM})^{0.48}$

[a] 参见参考文献 55。这些方程式是根据烟煤燃烧、次烟煤燃烧和褐煤燃烧的排放数据计算出来的，可用于生成可控和非可控锅炉的系数。排放系数方程式适用于发电厂锅炉、工业用锅炉、工商用锅炉（燃料为烟煤、次烟煤和褐煤）的所有典型燃烧方式。因此，所有锅炉的系数都指定了源分类代码（SCC）。

[b] AP-42 标准（对排放参数进行分级）用于对方程式进行分级。

[c] 方程式生成的系数适用于热功率。要将 $lb/10^{12}$ Btu 转换为 kg/J（公斤/焦耳），需乘以 4.31×10^{-16}。

C 表示煤炭中的金属浓度，计量单位是 ppmwt（按重计百万分率）。

A 表示煤炭中灰分的小数形式（按重计）。例如，10% 煤灰即灰分含量为 0.1。

PM 表示具体地点所有颗粒物的排放系数，单位是 $lb/10^6$ Btu。

表 1-17 非可控烟煤和次烟煤燃烧微量金属、POM 和 HCOH 的排放系数 [a]

排放系数等级：E

燃烧方式（SCC）	排放系数/（lb/10^{12} Btu）									
	As	Be	Cd	Cr	Pb[b]	Mn	Hg	Ni	POM	HCOH
粉煤，燃烧方式不详（无 SCC）	ND	ND	ND	1 922	ND	ND	ND	ND	ND	112[c]
粉煤，液态排渣（1-01-002-01/21、1-02-002-01/21、1-03-002-05/21）	538	81	44～70	1 020～1 570	507	808～2 980	16	840～1 290	ND	ND
粉煤，固态排渣（1-01-002-02/22、1-02-002-06/22、1-03-002-06/22）	684	81	44.4	1 250～1 570	507	228～2 980	16	1 030～1 290	2.08	ND
粉煤，固态排渣，四角切圆式燃烧（1-01-002-12/26、1-02-002-12/26、1-03-002-16/26）	ND	ND	ND	ND	ND	ND	ND	ND	2.4	ND
旋风炉（1-01-002-03/23、1-02-002-03/23、1-03-002-03/23）	115	<81	28	212～1 502	507	228～1 300	16	174～1 290	ND	ND
层燃炉，燃烧方式不详（无 SCC）	ND	73	ND	19～300	ND	2 170	16	775～1 290	ND	ND
抛煤机（1-01-002-04/24、1-02-002-04/24、1-03-002-09/24）	264～542	ND	21～43	942～1 570	507	ND	ND	ND	ND	221[d]
下部加料机，链条炉排（1-01-002-05/25、1-02-002-05/25、1-03-002-07/25）	542～1 030	ND	43～82	ND	507	ND	ND	ND	ND	140[e]

[a] 参见参考文献 56-61。本表中的排放系数代表本书中提及的系数范围。即使只找到一个数据点，也依然会在本表中列出。要将 lb/10^{12} Btu 转换为 pg/J，需乘以 0.43。SCC 表示源分类代码。ND 表示无数据。

[b] 为了符合全国环境大气质量标准，铅的排放系数直接采用 EPA 背景文档中的数据。

[c] 基于两个单位：133×10^6 Btu/h 和 $1\,550\times10^6$ Btu/h。

[d] 基于一个单位：59×10^6 Btu/h。

表 1-18　可控煤炭燃烧微量金属的排放系数[a]

污染物	排放系数/（lb/ton）[b]	排放系数等级
锑	1.8×10^{-5}	A
砷	4.1×10^{-4}	A
铍	2.1×10^{-5}	A
镉	5.1×10^{-5}	A
铬	2.6×10^{-4}	A
铬（Ⅵ）	7.9×10^{-5}	D
钴	1.0×10^{-4}	A
铅	4.2×10^{-4}	A
镁	1.1×10^{-2}	A
锰	4.9×10^{-4}	A
汞	8.3×10^{-5}	A
镍	2.8×10^{-4}	A
硒	1.3×10^{-3}	A

[a] 参见参考文献 35-53 和 62-70。这些系数是根据 11 个烟煤燃烧设施、15 个次烟煤燃烧设施和 2 个褐煤燃烧设施的排放数据计算出来的，适用于配备了文丘里洗涤器、喷雾干燥吸收器、湿式石灰石洗涤器、ESP 或 FF 的锅炉，也适用于只配备了 ESP、FF 或文丘里洗涤器的锅炉。源分类代码（SCC）为 1-01-002-02/22、1-02-002-02/22、1-03-002-06/22，适用于固态排渣的煤粉锅炉；源分类代码（SCC）为 1-01-002-12/26、1-02-002-12/26、1-03-002-16/26，适用于固态排渣四角切圆式煤粉锅炉；源分类代码（SCC）为 1-01-002-03/23、1-02-002-03/23、1-03-002-03/23，适用于旋风锅炉；源分类代码（SCC）为 1-01-002-18/38、1-02-002-18、1-03-002-18，适用于常压流化床燃烧的循环流化床锅炉。

[b] 排放系数适用于燃煤原料（应用基）。要将 lb/ton 转换为 kg/Mg，需乘以 0.5。

表 1-19 烟煤和次烟煤燃烧 CH_4、TNMOC 和 N_2O 的排放系数 [a]

燃烧方式	SCC	CH_4[b]		TNMOC[b, c]		N_2O[d]	
		排放系数/（lb/ton）	排放系数等级	排放系数/（lb/ton）	排放系数等级	排放系数/（lb/ton）	排放系数等级
粉煤，固态排渣，墙式燃烧	1-01-002-02/22 1-02-002-02/22 1-03-002-06/22	0.04	B	0.06	B	0.03	B
粉煤，固态排渣，四角切圆式燃烧	1-01-002-12/26 1-02-002-12/26 1-03-002-16/26	0.04	B	0.06	B	0.08	B
粉煤，液态排渣	1-01-002-01/21 1-02-002-01/21 1-03-002-05/21	0.05	B	0.04	B	0.08	E
旋风炉	1-01-002-03/23 1-02-002-03/23 1-03-002-03/23	0.01	B	0.11	B	0.09[e]	E
抛煤机	1-01-002-04/24 1-02-002-04/24 1-03-002-09/24	0.06	B	0.05	B	0.04[f]	D
抛煤机，有多个旋风口和复燃口	1-01-002-04/24 1-02-002-04/24 1-03-002-09/24	0.06	B	0.05	B	0.04[f]	E
抛煤机，有多个旋风口，无复燃口	1-01-002-04/24 1-02-002-04/24 1-03-002-09/24	0.06	B	0.05	B	0.04[f]	E
上部加料机[g]	1-01-002-05/25 1-02-002-05/25 1-03-002-07/25	0.06	B	0.05	B	0.04[f]	E
上部加料机，有多个旋风口[g]	1-01-002-05/25 1-02-002-05/25 1-03-002-07/25	0.06	B	0.05	B	0.04[f]	E
下部加料机	1-02-002-06 1-03-002-08	0.8	B	1.3	B	0.04[f]	E
下部加料机，有多个旋风口	1-02-002-06 1-03-002-08	0.8	B	1.3	B	0.04[f]	E

燃烧方式	SCC	CH_4[b]		TNMOC[b, c]		N_2O[d]	
		排放系数/(lb/ton)	排放系数等级	排放系数/(lb/ton)	排放系数等级	排放系数/(lb/ton)	排放系数等级
手动加料设备	1-03-002-14	5	E	10	E	0.04[f]	E
FBC，鼓泡流化床	1-01-002-17	0.06[h]	E	0.05[h]	E	3.5[h]	B
	1-02-002-17						
	1-03-002-17						
FBC，循环流化床	1-01-002-18	0.06	E	0.05	E	3.5	B
	1-02-002-18						
	1-03-002-18						

[a] 除非另行说明，否则此处的系数都表示非可控排放，适用于燃煤原料（应用基）。SCC 表示源分类代码。要将 lb/ton 转换为 kg/Mg，需乘以 0.5。

[b] 参见参考文献 32。表示正常运行条件下可以达到的额定值。燃烧不完全时数值会高一个或两个数量级。

[c] TNMOC 可表示为 C_2 到 C_{16} 的等效烷烃（参照参考文献 71）。由于数据有限，燃烧方式对 TNMOC 排放系数影响不大，因此采用所有数据的平均值作为煤粉装置、旋风炉、抛煤炉和上部加料机各自的平均排放系数。

[d] 参见参考文献 14-15。

[e] 未找到数据；可使用 PC 固态排渣炉的排放系数。

[f] 未找到数据；可使用抛煤炉锅炉的排放系数。

[g] 包括链条炉排、振动炉排和链带式炉排。

[h] 未找到数据；可使用循环流化床锅炉的排放系数。

表 1-20 美国煤炭的默认 CO 排放系数[a]

排放系数等级：C

燃煤类型	平均含碳量百分比[b]	转化率[c]	排放系数[d]/（lb/ton C）
次烟煤	66.3	72.6	4 810
高挥发性烟煤	75.9	72.6	5 510
中度挥发性烟煤	83.2	72.6	6 040
低挥发性烟煤	86.1	72.6	6 250

[a] 本表仅在元素分析不可用时使用。如果可以使用元素分析，CO_2 排放量应按含碳量百分比（%C）乘以 72.6 的方式计算，其结果会达到质量等级 B。

[b] 参考文献 2 和 76-77 中给出了平均值。根据对美国煤炭的大量采样，参考文献列出了每种类型燃煤的平均含碳量（干基）。

[c] 基于以下方程式：

$$\frac{44\text{ ton }CO_2}{12\text{ ton C}}\times 0.99\times 2\,000\times\frac{\text{lb }CO_2}{\text{ton }CO_2}\times\frac{1}{100\%}=72.6\times\frac{\text{lb }CO_2}{\text{ton \%C}}$$

式中，44 表示 CO_2 的分子量；12 表示碳的分子量；0.99 表示燃烧效率的小数形式（参照参考文献 16）。

[d] 要将 lb/ton 转换为 kg/Mg，需乘以 0.5。

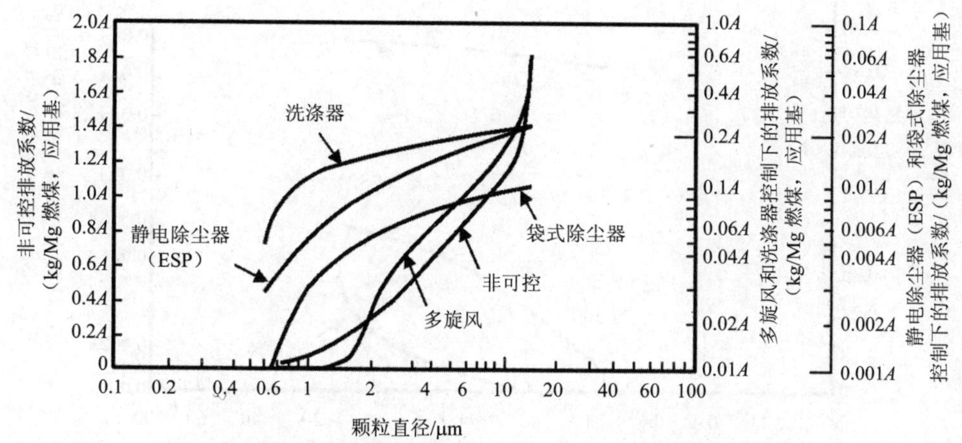

图 1-1 固态排渣煤粉锅炉样本的累积大小颗粒的排放系数

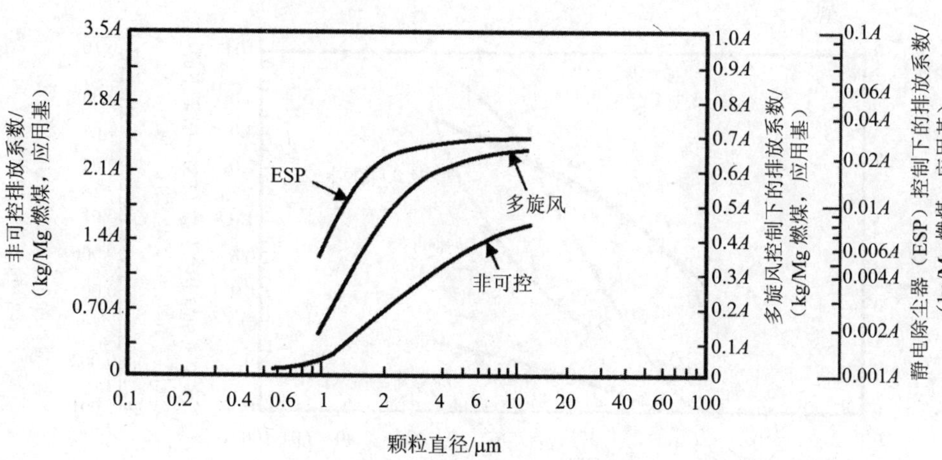

图 1-2 液态排渣煤粉锅炉样本的累积大小颗粒的排放系数

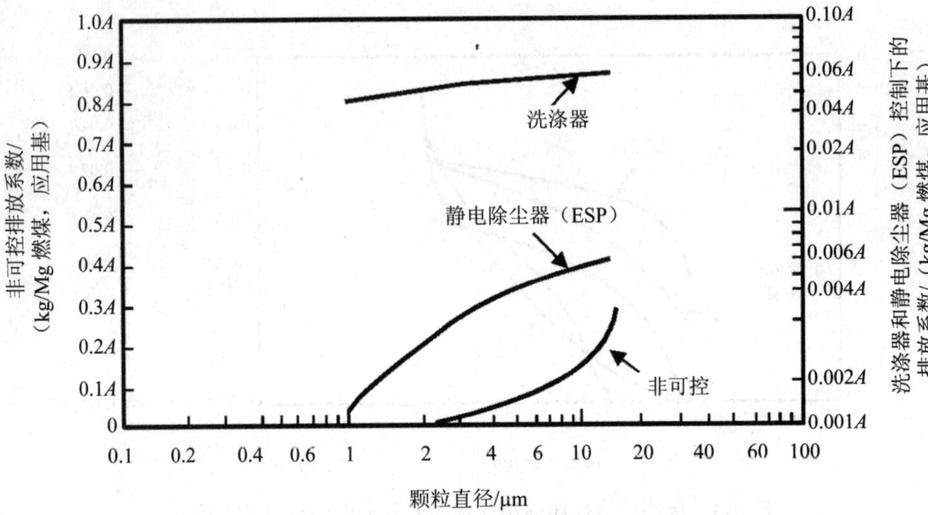

图 1-3 以烟煤为燃料的旋风炉样本的累积大小颗粒的排放系数

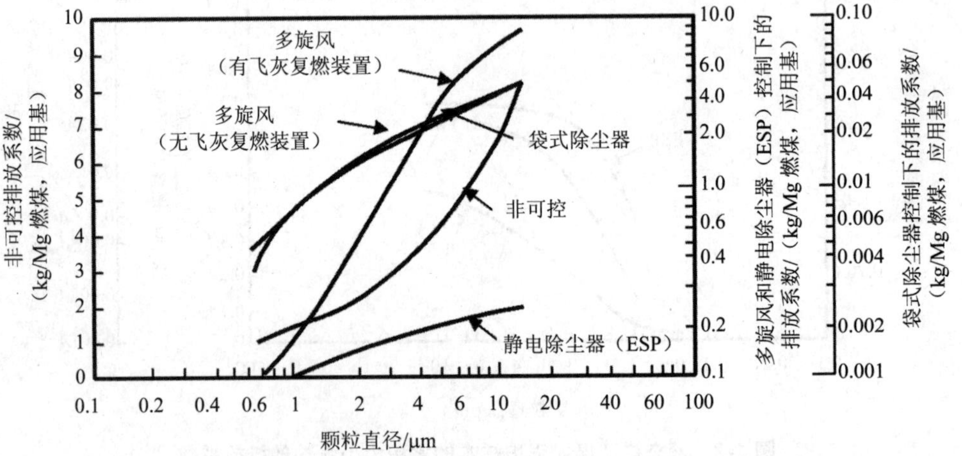

图 1-4 以烟煤为燃料的抛煤机样本的累积大小颗粒的排放系数

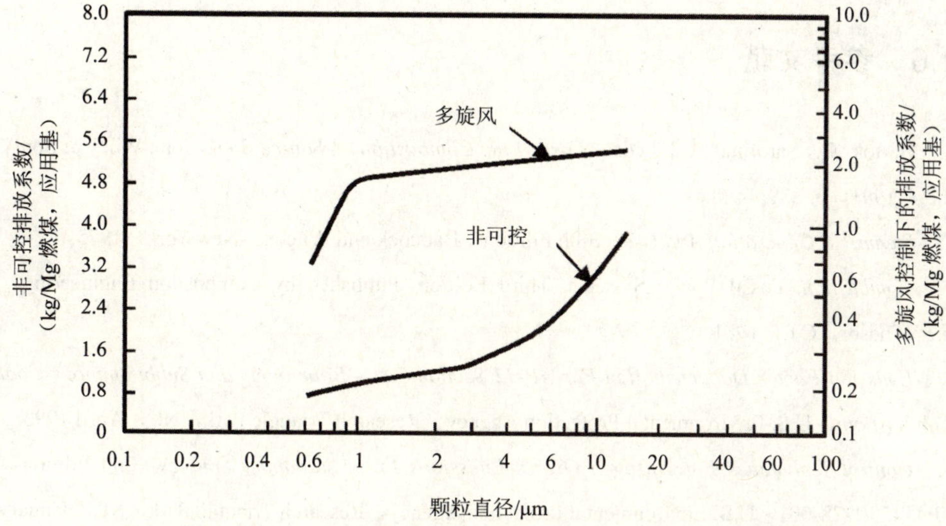

图 1-5　以烟煤为燃料的下部加料机样本的累积大小颗粒的排放系数

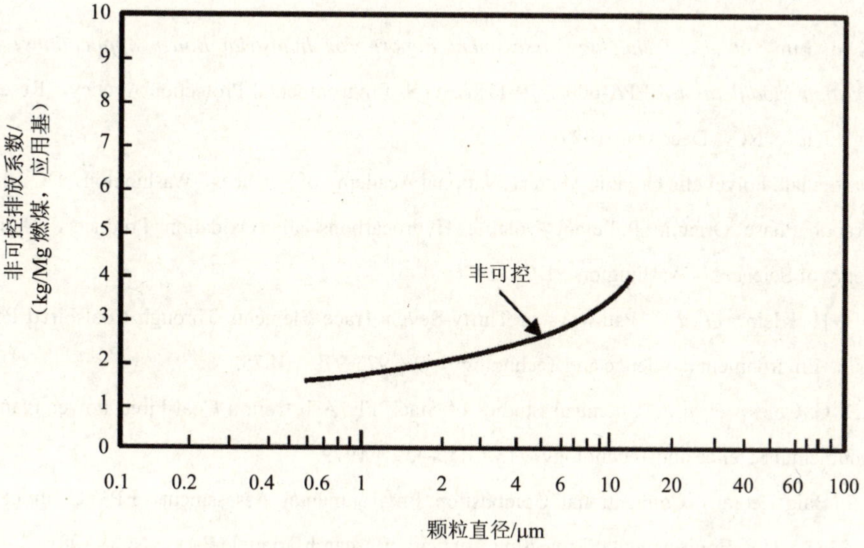

图 1-6　以烟煤为燃料的上部加料机样本的累积大小颗粒的排放系数

1.6 参考文献

1. Bartok，B.，Sarofina，A. F.（eds），*Fossil Fuel Combustion，A Source Book*，John Wiley & Sons，Inc.，1991，p. 239.

2. *Steam：It Generation And Use*，38th Edition，Babcock and Wilcox，New York，1975.

3. *Combustion*. Fossil Power Systems. Third Edition. Published by Combustion Engineering，Inc.Windsor，CT.，1981.

4. *Emission Factor Documentation For AP-42 Section 1.1 —Bituminous and Subbituminous Coal Combustiont*，U.S. Environmental Protection Agency，Research Triangle Park，NC，April 1993.

5. *Control Techniques For Nitrogen Oxides Emissions From Stationary Sources*，2nd Edition，EPA-450/1-78-001，U.S. Environmental Protection Agency，Research Triangle Park，NC，January 1978.

6. *Review Of NO_x Emission Factors For Stationary Fossil Fuel Combustion Sources*，EPA-450/4-79-021，U.S. Environmental Protection Agency，Research Triangle Park，NC，September 1979.

7. K. J. Lim，*et al.*，*Technology Assessment Report For Industrial Boiler Applications：NO_x Combustion Modification*，EPA-600/7-79-178f，U.S. Environmental Protection Agency，Research Triangle Park，NC，December 1979.

8. Particulate Polycyclic Organic Matter，National Academy of Sciences，Washington，DC，1972.

9. Vapor Phase Organic Pollutants-Volatile Hydrocarbons and Oxidation Products，National Academy of Sciences，Washington，DC，1976.

10. D. H. Klein，*et al.*，"Pathways of Thirty-Seven Trace Elements Through Coal-Fired Power Plants"，Environmental Science and Technology，9：973-979，1975.

11. D. G. Coles，et al.，"Chemical Studies of Stack Fly Ash from a Coal-Fired Power Plant"，Environmental Science and Technology，13：455-459，1979.

12. S. Baig，et al.，Conventional Combustion Environmental Assessment，EPA Contract No. 68-02-3138，U.S. Environmental Protection Agency，Research Triangle Park，NC，1981.

13. L. P. Nelson，et al.，Global Combustion Sources of Nitrous Oxide Emissions，Research Project 2333-4 Interim Report，Sacramento：Radian Corporation，1991.

14. R. L. Peer，et al.，Characterization of Nitrous Oxide Emission Sources，U.S. Environmental

Protection Agency, Office of Research and Development, Research Triangle Park, NC, 1995.

15. S. D. Piccot, *et al.*, *Emissions and Cost Estimates for Globally Significant Anthropogenic Combustion Sources of* NO_x, N_2O, CH_4, *CO*, *and* CO_2, U.S. Environmental Protection Agency, Office of Research and Development, Research Triangle Park, NC, 1990.

16. G. Marland and R. M. Rotty, *Carbon Dioxide Emissions from Fossil Fuels: A Procedure For Estimation and Results For 1951-1981*, DOE/NBB-0036 TR-003, Carbon Dioxide Research Division, Office of Energy Research, U.S. Department of Energy, Oak Ridge, TN, 1983.

17. G. Marland and R. M. Rotty, *Carbon Dioxide Emissions from Fossil Fuels: A Procedure For Estimation and Results For 1950-1982*, *Tellus*, 36B: 232-261.

18. *Sector-Specific Issues and Reporting Methodologies Supporting the General Guidelines for the Voluntary Reporting of Greenhouse Gases under Section 1605 (b) of the Energy Policy Act of 1992* (1994) DOE/PO-0028, Volume 2 of 3, U.S. Department of Energy.

19. *Control Techniques For Sulfur Dioxide Emissions From Stationary Sources*, *2nd Edition*, EPA-450/3-81-004, U.S. Environmental Protection Agency, Research Triangle Park, NC, April 1981.

20. *Alternative Control Techniques Document — NO_x Emissions From Utility Boilers*, EPA-453/R-94-023, March 1994, pp. 2-15, 2-18, 5-103.

21. *Emission Factor Documentation For AP-42*, *Section 1.1*, *Bituminous and Subbituminous Coal Combustion*, Prepared by Acurex Environmental Corp., Edward Aul & Associates, Inc., E. H. Pechan And Associates, Inc., EPA Contract No. 68-D0-11210, April 1993.

22. Carlo Castaldini, and Meredith Angwin, *Boiler Design And Operating Variables Affecting Uncontrolled Sulfur Emissions From Pulverized Coal Fired Steam Generators*, EPA-450/3-77-047, U.S. Environmental Protection Agency, Research Triangle Park, NC, December 1977.

23. K. Cushing, *et al.*, "Fabric Filtration Experience Downstream From Atmospheric Fluidized Bed Combustion Boilers", Presented at the Ninth Particulate Control Symposium, October 1991.

24. Susan Stamey-Hall, *Evaluation of Nitrogen Oxide Emissions Data from TVA Coal-Fired Boilers*, EPA-600/R-92-242, U.S. Environmental Protection Agency, Research Triangle Park, NC, December 1992.

25. Joel Vatsky and Timothy W. Sweeney, *Development of an Ultra-Low NO_x Pulverizer Coal Burner*, Presented at the EPA/EPRI 1991 Joint Symposium on Combustion NO_x Control, March25-28, 1991, Washington, DC.

26. T. L. Lu, R. L. Lungren, and A. Kokkinos, *Performance of a Large Cell-Burner Utility Boiler*

Retrofitted with Foster Wheeler Low-NO_x Burners, Presented at the EPA/EPRI 1991 Joint Symposium on Combustion NO_x Control，March 25-28，1991，Washington，DC.

27. *Alternative Control Techniques Document—NO_x Emissions from Utility Boilers*，EPA-453/R-94-023，U.S. Environmental Protection Agency，Research Triangle Park，NC，March 1994.

28. *Standards Of Performance For New Stationary Sources*，36 FR 24876，December 23，1971.

29. *Field Tests Of Industrial Stoker Coal Fired Boilers For Emission Control And Efficiency Improvement- Sites L1—17*，EPA-600/7-81-020a，U.S. Environmental Protection Agency，Washington，DC，February 1981.

30. *Application Of Combustion Modifications To Control Pollutant Emissions From Industrial Boilers —Phase I*，EPA-650/2-74-078a，U.S. Environmental Protection Agency，Washington，DC，October 1974.

31. *Source Sampling Residential Fireplaces For Emission Factor Development*，EPA-50/3-6-010，U.S. Environmental Protection Agency，Research Triangle Park，NC，November 1875.

32. *Atmospheric Emissions From Coal Combustion：An Inventory Guide*，999-AP-24，U.S. Environmental Protection Agency，Washington，DC，April 1966.

33. *Inhalable Particulate Source Category Report For External Combustion Sources*，EPA Contract No. 68-02-3156，Acurex Corporation，Mountain View，CA，January 1985.

34. Results of the March 28，1990 Dioxin Emission Performance Test on Unit 3 at the NSP Sherco Plant in Becker，Minnesota.Interpoll Laboratories，Inc.，Circle Pines，Minnesota. July 11，1990.

35. Field Chemical Emissions Monitoring Project：Site 22 Emissions Report.Radian Corporation，Austin，Texas. February，1994.

36. Toxics Assessment Report. Illinois Power Company. Baldwin Power Station-Unit 2. Baldwin，Illinois.Volumes I- Main Report. Roy F. Weston，Inc. West Chester，Pennsylvania. December，1993.

37. Toxics Assessment Report. Minnesota Power Company Boswell Energy Center-Unit 2. Cohasset，Minnesota. Volume 1-Main Report. Roy F. Weston，Inc. West Chester，Pennsylvania.December，1993.（EPRI Report）

38. Field Chemical Emissions Monitoring Project：Site 11 Emissions Monitoring. Radian Corporation，Austin，Texas. October，1992.（EPRI Report）

39. Field Chemical Emissions Monitoring Project：Site 21 Emissions Monitoring. Radian Corporation，Austin，Texas. August，1993.（EPRI Report）

40. Field Chemical Emissions Monitoring Project：Site 111 Emissions Report. Radian Corporation，

Austin，Texas. May，1993.（EPRI Report）

41. Field Chemical Emissions Monitoring Project：Site 115 Emissions Report. Radian Corporation，Austin，Texas. November，1994. （EPRI Report）

42. Draft Final Report. A Study of Toxic Emissions from a Coal-Fired Power Plant-Niles Station No. 2. Volumes One，Two，and Three. Battelle，Columbus，Ohio. December 29，1993.

43. Draft Final Report. A Study of Toxic Emissions from a Coal-Fired Power Plant Utilizing an ESP/Wet FGD System. Volumes One，Two，and Three. Battelle，Columbus，Ohio. December 1993.

44. Assessment of Toxic Emissions From a Coal Fired Power Plant Utilizing an ESP. Final Report-Revision 1. Energy and Environmental Research Corporation，Irvine，California. December 23，1993.

45. 500-MW Demonstration of Advanced Wall-Fired Combustion Techniques for the Reduction of Nitrogen Oxide（NO_x）Emissions from Coal-Fired Boilers. Radian Corporation，Austin，Texas.

46. Results of the November 7，1991 Air Toxic Emission Study on the Nos. 3,4,5 & 6 Boilers at the NSP High Bridge Plant. Interpoll Laboratories，Inc.，Circle Pines，Minnesota. January 3，1992.

47. Results of the December 1991 Air Toxic Emission Study on Units 6 & 7 at the NSP Riverside Plant. Interpoll Laboratories，Inc.，Circle Pines，Minnesota. February 28，1992.

48. Field Chemical Emissions Monitoring Project：Site 10 Emissions Monitoring. Radian Corporation，Austin，Texas. October，1992.（EPRI Report）

49. Field Chemical Emissions Monitoring Project：Site 12 Emissions Monitoring. Radian Corporation，Austin，Texas. November，1992. （EPRI Report）

50. Field Chemical Emissions Monitoring Project：Site 15 Emissions Monitoring. Radian Corporation，Austin，Texas. October，1992. （EPRI Report）

51. Field Chemical Emissions Monitoring Project：Site 101 Emissions Report. Radian Corporation，Austin，Texas. October，1994. （EPRI Report）

52. Field Chemical Emissions Monitoring Project：Site 114 Report. Radian Corporation，Austin，Texas. May，1994. （EPRI Report）

53. Field Chemical Emissions Monitoring Report：Site 122. Final Report，Task 1 Third Draft. EPRI RP9028-10. Southern Research Institute，Birmingham，Alabama. May，1995. （EPRI Report）

54. *Hydrogen Chloride And Hydrogen Fluoride Emission Factors For The NAPAP Inventory*，EPA-600/7-85-041，U.S. Environmental Protection Agency，October 1985.

55. *Electric Utility Trace Substances Synthesis Report*，*Volume 1*，Report TR-104614，Electric

Power Research Institute，Palo Alto，CA，November 1994.

56. *Locating And Estimating Air Emissions From Sources Of Chromium*，EPA-450/4-84-007g，U.S. Environmental Protection Agency，July 1984.

57. *Locating And Estimating Air Emissions From Sources Of Formaldehyde*，（Revised），EPA-450/4-91-012，U.S. Environmental Protection Agency，March 1991.

58. *Estimating Air Toxics Emissions From Coal And Oil Combustion Sources*，EPA-450/2-89-001，Radian Corporation，Project Officer：Dallas W. Safriet，Research Triangle Park，NC，April 1989.

59. *Canadian Coal-Fired Plants，Phase I：Final Report And Appendices*，Report for the Canadian Electrical Association，R&D，Montreal，Quebec，Contract Number 001G194，Report by Battelle，Pacific Northwest Laboratories，Richland，WA.

60. R. Meij，Auteru dr.，*The Fate Of Trace Elements At Coal-Fired Plants*，Report No. 2561-MOC 92-3641，Rapport te bestellen bij；bibliotheek N. V. KEMA，February 13，1992.

61. *Locating And Estimating Air Emissions From Sources Of Manganese*，EPA-450/4-84-007h，September 1985.

62. Results of the September 10 and 11，1991 Mercury Removal Tests on the Units 1 & 2，and Unit 3 Scrubber Systems at the NSP Sherco Plant in Becker，Minnesota. Interpoll Laboratories，Inc.，Circle Pines，Minnesota. October 30，1991.

63. Results of the November 5，1991 Air Toxic Emission Study on the No. 1,3 & 4 Boilers at the NSP Black Dog Plant. Interpoll Laboratories，Inc.，Circle Pines，Minnesota. January 3，1992.

64. Results of the January 1992 Air Toxic Emission Study on the No. 2 Boiler at the NSP Black Dog Plant. Interpoll Laboratories，Inc.，Circle Pines，Minnesota. May 4，1992.

65. Results of the May 29，1990 Trace Metal Characterization Study on Units 1 and 2 at the Sherburne County Generating Station in Becker，Minnesota. Interpoll Laboratories，Inc.，Circle Pines，Minnesota. July，1990.

66. Results of the May 1，1990 Trace Metal Characterization Study on Units 1 and 2 at the Sherburne County Generating Station. Interpoll Laboratories，Inc.，Circle Pines，Minnesota. July 18，1990.

67. Results of the March 1990 Trace Metal Characterization Study on Unit 3 at the Sherburne County Generating Station. Interpoll Laboratories，Circle Pines，Minnesota. June 7，1990.

68. Field Chemical Emissions Monitoring Project：Site 19 Emissions Monitoring. Radian Corporation，Austin，Texas. April，1993. （EPRI Report）

69. Field Chemical Emissions Monitoring Project：Site 20 Emissions Monitoring. Radian Corporation，Austin，Texas. March，1994. （EPRI Report）

70. Characterizing Toxic Emissions from a Coal-Fired Power Plant Demonstrating the AFGD ICCT Project and a Plant Utilizing a Dry Scrubber /Baghhouse System. Final Draft Report. Springerville Generating Station Unit No. 2. Southern Research Institute，Birmingham，Alabama. December，1993.

71. *Emissions Of Reactive Volatile Organic Compounds From Utility Boilers*，EPA-600/7-80-111，U.S. Environmental Protection Agency，Washington，DC，May 1980.

72. *EPA/IFP European Workshop On The Emission Of Nitrous Oxide For Fuel Combustion*，EPA Contract No. 68-02-4701，Ruiel-Malmaison，France，June 1-2，1988.

73. R. Clayton，*et al.*，*NO_x Field Study*，EPA-600/2-89-006，U.S. Environmental Protection Agency，Research Triangle Park，NC，February 1989.

74. L. E. Amand，and S. Anderson，"Emissions of Nitrous Oxide from Fluidized Bed Boilers"，Presented at the Tenth International Conference on Fluidized Bed Combustor，San Francisco，CA，1989.

75. *Alternative Control Techniques Document —NO_x Emissions From Utility Boilers*，EPA-453/R-94-023，Office of Air Quality Standards，Research Triangle Park，NC，1994.

76. Alliance Technologies Corporation，*Evaluation of Significant Anthropogenic Sources of Radiatively Important Trace Gases*，U.S. Environmental Protection Agency，Office of Research and Development，Research Triangle Park，NC，1990.

77. R. A. Winschel，Richard，"The Relationship of Carbon Dioxide Emissions with Coal Rank and Sulfur Content，" *Journal of the Air and Waste Management Association*，Vol. 40，no. 6，pp. 861-865，June 1990.

78. Public Service Electric and Gas Company Mercer Generating Station Unit No. 2 Emission Compliance Test Program. November 1994.

79. Particulate Emission Study Performed for Madison Gas and Electric Company at the Blount Street Station Units 7，8，9 Inlets/Outlets. Mostardi-Platt Associates，Inc. December 6，1994.

80. Particulate Emission Study Performed for Marshfield Electric and Water Department at the Wildwood Station Marshfield Wisconsin Boiler 5 Stack. Mostardi-Platt Associates，Inc. January 23-25，1990.

81. Report on Particulate，SO_2，and NO_x Compliance Testing. Dairyland Power Cooperative J. P. Madgett Stack. Alma，Wisconsin. CAE. January 6，1995.

82. Particulate Emissions Test Results. Portland General Electric Coal-fired Power Plant. Boardman，Oregon. SAIC，Inc. January 25，1994.

83. Report on Compliance Testing Performed at Marshfield Electric and Water Department Wildwood Station Unit 5，Marshfield，Wisconsin. Clean Air Engineering，December 11，1989.

84. Portland General Electric Company Boardman Coal Plant. Unit #1 Coal-fired Boiler. Boardman，Oregon. August 24-27，1995.

85. Particulate Emission Compliance Study Performed for Portland General Electric at the Boardman Plant Unit 1 Stack. Boardman，Oregon. September 19，1996.

86. Emissions Source Test Report. Portland General Electric Coal-Fired Power Plant. Boardman，Oregon. OMNI Environmental Services，Inc. October 17，1990.

87. Source Emissions Test Report Compliance. Portland General Electric Coal-Fired Power Plant. Boardman，Oregon. OMNI Environmental Services. January 29，1991.

88. Source Test Report. Particulate Emissions. Portland General Electric Coal-Fired Power Plant. Boardman，Oregon. OMNI Environmental Services，Inc. January 14，1991.

89. Emissions Source Test Rpeort. Portland General Electric Coal-Fired Power Plant. Boardman，Oregon. OMNI Environmental Services，Inc. April 3，1991.

90. Source Emissions Test Report. Portland General Electric Coal-Fired Power Plant. Boardman，Oregon. OMNI Environmental Services，Inc. January 21，1992.

91. Particulate Emissions Test Results. Portland General Electric Coal-fired Power Plant. Boardman，Oregon. OMNI Environmental Services，Inc. April 4，1992.

92. Particulate Emissions Test Results. Portland General Electric Coal-Fired Power Plant. Boardman，Oregon. OMNI Environmental Services，Inc. September 9，1992.

93. Particulate Emissions Test Results. Portland General Electric Coal-Fired Power Plant. Boardman，Oregon. OMNI Environmental Services，Inc. November 6，1992.

94. Particulate Emissions Test Results. Portland General Electric Coal-Fired Power Plant. Boardman，Oregon. OMNI Environmental Services，Inc. January 26，1993.

95. Stationary Source Sampling Report. Keystone Cogeneration Facility. Keystone Cogeneration Facility. Logan Township，NJ. November 1994.

96. Source Emissions Survey of City Public Service Board J. K. Spruce Unit Number 1 Stack. METCO Environmental. December 1992.

97. Report of Particulate Emission Testing on the Number 1 Boiler at Associated Milk Products

Incorporated Located in Jim Falls，Wisconsin. Environmental Services of American，Inc. November 1994.

98. Appletone Papers，Inc. Boiler Emission Test at Appleton，WI. May 11 and 12，1993. Badger Laboratories and Engineering.

99. Appleton Papers，Inc. Boiler Emission Test Report at Appleton，WI. Badger Laboratories and Engineering. October 11，1993.

100. Results of a Source Emission Compliance Test on Boiler #2 at the Hills Farm Heating Plant，Madison，Wisconsin. MMT Environmental Services，Inc. January 22，1993.

101. Results of a Source Emission Compliance Test on Boiler #2 at the Hills Farm Heating Plant，Madison，Wisconsin. MMT Environmental Services，Inc. March 2，1995.

102. Report to Mosinee Paper Company for Particulate Matter Emission Testing. No. 6 Boiler at Mosinee，Wisconsin. May 18，19，and 20，1993.

103. Report to Milwaukee County for Particulate Matter Emission Test Boiler No. 21. Environmental Technology and Engineering Corporation. November 5，1991.

104. Report on Compliance Testing Conducted at Oscar Mayer Foods Corporation，Madison，Wisconsin. Clean Air Engineering. July 21，1989.

2　无烟煤燃烧

2.1　简述[1-5]

无烟煤是一种高煤阶燃煤，与烟煤、次烟煤及褐煤相比，其固定碳含量较高，挥发分较少，燃点和灰分熔点也较高。在美国，几乎所有无烟煤都是在宾夕法尼亚州东北部开采，消耗最多的也是该州及其周边州县，一般大量应用于生成蒸汽和发电。无烟煤在美国煤炭用量中只占很小的比例。由于无法开采新的无烟煤，因此现在使用的无烟煤主要是从以前的产品中回收再利用。

另一种形式的无烟煤也可以作为锅炉燃煤使用，它就是无烟煤矸石，俗称煤尘。煤尘是在无烟煤采掘过程中碎石机生成的废料，通常会被矿工丢弃在地上采矿作业区附近。据估计，有超过 1 600 万 t 煤尘在整个宾夕法尼亚州东北地区堆放着。一般情况下，煤尘的热值为 2 500～5 000 Btu/lb（英热单位/磅），相比较而言，无烟煤的热值为 12 000～14 000 Btu/lb。

2.2　燃烧装置[6-8]

由于无烟煤具有挥发分含量低和不结焦的特点，因此主要在中型企业的层燃锅炉（装备固定炉排或链条炉排）中使用；但由于挥发分含量低和燃点相对较高，因此不会在抛煤机中使用。粉煤锅炉也可以用无烟煤作为燃料，但由于不易燃烧，因此仅限于宾夕法尼亚州东部的几家工厂使用。无烟煤还广泛用于手动加煤的锅炉。煤尘因其灰分含量高和热值低而主要用在 FBC 锅炉。

无烟煤在链条炉排上的燃烧特点是煤层厚度为 3～5 英寸，一次风会在炉排尾部或卸料端形成高风。高风将炉排上炽热的燃料颗粒及燃烧气体吹起，并将颗粒反射到炉排与燃煤层前部形成的长尾拱形，这样就可以送入新鲜或“绿色”燃料。这个特殊的炉膛拱形是为了顺利点燃绿色燃料设计的。

以无烟煤为燃料的另一类层燃锅炉是下部加料机。很多种下部加料机都用于工业锅炉，最常见的无烟煤燃烧是固定炉排单槽侧翻斗式层燃炉，其工作方式是由柱塞间歇性将燃煤添加到燃料层。在小型设备中，则是由螺杆不断加煤，原料煤途经炉槽向上推送至鼓风口，空气流经炉槽两侧的鼓风口和炉排侧面的开口。OFA 常常与下部加料机结合使用，直接为燃料层上方的火焰区提供燃烧空气和紊流。

在煤粉锅炉中，燃煤磨至粉末状，然后在空气作用下通过燃烧器喷入熔炉内。喷入的燃煤颗粒在锅炉的炉膛内悬浮燃烧。炉膛内产生的高温烟气与炉壁上的锅炉管道以及锅炉上方区域进行热交换。通常，煤粉锅炉是以液态排渣或固态排渣的模式运行；由于无烟煤灰分熔点高，因此在固态排渣炉中燃烧。

由于无烟煤煤尘灰分和水分含量高、热值低，因此很难在传统锅炉中燃烧，但宾夕法尼亚州的一些蒸汽发电厂在流化床锅炉中普遍采用了煤尘作为燃料材料。FBC 系统由矿石和灰分等惰性颗粒组成，经过这些颗粒气流使床层流化。烟煤进入床层上方的空间并在床层中燃烧。床层惰性气体温度高代表热质量大，因此流化床能吸收燃料中近 70%的水分和 75%的灰分。燃烧释放的热量会传给床层内生成蒸汽的管道。床层中添加的石灰石用来捕获燃料中的硫分燃烧时产生的 SO_2。

2.3 排放物[2, 6, 8]

煤炭燃烧后的排放物性质取决于燃煤类型、燃煤成分、锅炉类型、锅炉规模、燃烧条件、负荷率、控制装置类型和设施维护水平。无烟煤燃烧后的排放物主要包括 PM、SO_x、NO_x、一氧化碳、微量有机化合物和微量元素。

2.3.1 颗粒物

无烟煤燃烧后的 PM 排放水平呈函数式变化，由锅炉燃烧装置、燃烧方式（锅炉负荷、一次风的大小和位置、吹灰、飞灰复燃等）和燃煤中灰分含量决定。煤粉锅炉排放的每单位燃煤颗粒物最多，因为无烟煤悬浮燃烧使灰分夹带在废气中。链条炉排和手动加煤装置排放的每单位燃煤颗粒物和粗颗粒较少，因为燃烧时燃煤层处于静止状态，不会产生太多灰分夹带在废气中。通常，链条炉排的颗粒物排放会在吹灰和飞灰再燃的过程中增加，燃料层下部空气的流速也会更快。无烟煤挥发分含量低，所以燃烧过程中产生的烟雾处理起来也不成问题。

2.3.2 硫氧化物

有关无烟煤燃烧时气态污染物排放的数据十分有限，于是根据烟煤的燃烧数据，假定无烟煤中所含的大量硫分作为 SO_x 排出。SO_x 的排放量与燃煤中的含硫量成正比。但是设备与设备之间也会出现细微的差别，原因是：（1）灰分在飞灰与底灰/灰渣之间的分配不同；（2）各种燃煤的钠含量不同（与燃煤底灰中的硫结合发生反应生成亚硫酸钠和硫酸钠）。对于流化床锅炉，SO_x 的排放量通常与床层中的钙（石灰石中所含）硫（燃料中所含）摩尔比成反比。

2.3.3 氮氧化物[8]

与煤粉锅炉相比，链条炉排和下部加料机的 NO_x 排放相对较低。这两种锅炉的炉膛区很大，因此容积热负荷和表面积热负荷较小。热负荷越小，峰值燃烧温度就越低，排放的 NO_x 也就越少。此外，由于使用一次风和燃尽风，所有层燃锅炉都是部分分级燃烧，因此与煤粉锅炉相比，其 NO_x 排放量相对较少。流化床锅炉以煤尘为燃料，运行温度低，排放的 NO_x 也相对较少。对于所有锅炉而言，减轻锅炉负荷可降低燃烧强度，继而减少 NO_x 的排放量。

2.3.4 一氧化碳

CO 和总有机化合物（Total Organic Compound，TOC）的排放量取决于燃烧效率。一般而言，锅炉规模越大，排放率（即单位热功率的排放量）越低。据燃烧效率相对水平估计，煤粉锅炉的有机化合物排放量较低，下部加料机和上部加料机的较高。

2.4 污染物控制[6,8]

以无烟煤为燃料的锅炉的污染物控制，主要是减少 PM 排放。大型无烟煤粉锅炉都安装了织物过滤器、ESP 或洗涤器，这是最有效的颗粒物控制方法。在织物过滤器（袋式除尘器）中，颗粒粉尘穿过防尘罩内安装的一组过滤器，入口气体中的粉尘颗粒通过惯性碰撞、扩散、直接拦截和筛分收集到过滤器中。燃煤锅炉织物过滤器的除尘效率能超过 99%。

ESP 的颗粒除尘分为三个步骤：使悬浮颗粒荷电；荷电的尘粒在发散电场内受到静电力的作用向集尘电极运动；随后收集到的颗粒物从集尘电极去除。颗粒物的去除通过敲击或振动集尘电极的机械方式完成。低硫无烟煤飞灰的比电阻较高，因此 ESP 在无烟煤锅炉中的除尘效率只有 90%～97%。据报道，大型 ESP 与烟气调质装置结合使用，除尘效率更高。

无烟煤锅炉中广泛使用的湿式洗涤器是文丘里洗涤器。对于常规的文丘里洗涤器，含尘气体首先与文丘里管中心和喉管部位的液流接触，然后气液流穿过中心和喉管部位形成的环形节流器，与气流中的尘粒碰撞，液体雾化成液滴。气流与雾化液滴之间相对流速很大导致碰撞，随后液滴就会被除雾器（如果有）或在旋风分离器的离心作用下去除。

据报道，湿式洗涤器的 PM 除尘效率为 90% 或更高，它能够一定程度地吸收气态排放物，如 SO_2、NO_x、CO 和有机物。由于喷嘴沉重、淤渣沉积、再循环水质污浊、水位不当、压降低等，湿式洗涤器常常会出现操作问题。机械或旋风除尘器用离心分离法使颗粒物从烟气流中脱离。含尘气体在旋风除尘器入口处变为旋转气体，形成离心力，将 PM 从旋转轴心分离出来，甩向旋风分离管壁，与器壁接触的颗粒直接掉入集尘斗。机械除尘器的 PM 除尘效率不超过 80%。

无烟煤燃烧标准污染物的排放系数和排放系数等级见表 2-1 至表 2-3。本章的表格列出了按重量计算的排放系数单位（lb/ton）。要转换为能量单位 lb/MMBtu，用 lb/ton 除以热值 24.6 MMBtu/ton 即可。有关以无烟粉煤为燃料的非可控和可控锅炉的累积粒度分布表数据见表 2-4。图 2-1 列出了以无烟煤为燃料的层燃锅炉的累积特定尺寸颗粒物排放系数。衍生有机化合物的排放系数见表 2-5。无烟煤燃烧 TOC 和甲烷的排放系数见表 2-6。以无烟煤为燃料的层燃锅炉所生成金属的排放系数见表 2-7。

表 2-1 非可控无烟煤燃烧 SO_x 和 NO_x 的排放系数[a]

燃烧源类别	SO_x		NO_x	
	排放系数/（lb/ton）	排放系数等级	排放系数/（lb/ton）	排放系数等级
层燃锅炉[c]（SCC 1-01-001-02、1-02-001-04、1-03-001-02）	$39S^b$	B	9	C
流化床锅炉[d]（无 SCC）	2.9	E	1.8	E
煤粉锅炉[e]（SCC 1-01-001-01、1-02-001-01、1-03-001-01）	$39S^b$	B	18	B
住宅空间加热器[e]（SCC A2104001000）	$39S^b$	B	3	B

[a] 排放系数单位为：污染物磅数/燃煤吨数。要将 lb/ton 转换为 kg/Mg，需乘以 0.5。SCC 表示源分类代码。

[b] S 表示硫分的重量百分比。例如，含硫量为 3.4%，那么 $S = 3.4$。

[c] 参见参考文献 9-10。

[d] 参见参考文献 11。流化床锅炉以煤尘为燃料；其他锅炉都以无烟煤为燃料。

[e] 参见参考文献 2。

表 2-2 非可控无烟煤燃烧 CO 和 CO_2 的排放系数[a]

燃烧源类别	CO		CO_2	
	排放系数/（lb/ton）	排放系数等级	排放系数/（lb/ton）	排放系数等级
层燃锅炉[b]（SCC 1-01-001-02、1-02-001-04、1-03-001-02）	0.6	B	5 680	C
流化床锅炉[c]（无 SCC）	0.6	E	ND	NA

[a] 排放系数单位为：污染物磅数/燃煤吨数。要将 lb/ton 转换为 kg/Mg，需乘以 0.5。SCC 表示源分类代码。ND 表示无数据。NA 表示不适用。

[b] 参见参考文献 2、9、12。

[c] 参见参考文献 11。流化床锅炉以煤尘为燃料；其他锅炉都以无烟煤为燃料。

表 2-3 非可控无烟煤燃烧 PM 和铅（Pb）的排放系数[a]

燃烧源类别	滤过性 PM		冷凝性 PM		Pb	
	排放系数/（lb/ton）	排放系数等级	排放系数/（lb/ton）	排放系数等级	排放系数/（lb/ton）	排放系数等级
层燃锅炉[b]（SCC 1-01-001-02、1-02-001-04、1-03-001-02）	$0.8A^{c}$	C	$0.08A^{c}$	C	8.9×10^{-3}	E
手动加煤装置[d]（SCC 1-02-002-07、1-03-001-03）	10	B	ND	NA	ND	NA

[a] 排放系数单位为：污染物磅数/燃煤吨数。要将 lb/ton 转换为 kg/Mg，需乘以 0.5。SCC 表示源分类代码。ND 表示无数据。NA 表示不适用。

[b] 参见参考文献 9-10、13-14。

[c] A 表示燃料灰分含量的重量百分比。例如，灰分含量为 5%，那么 $A = 5$。

[d] 参见参考文献 2。

表 2-4 以无烟粉煤为燃料的固态排渣锅炉的累积粒度分布和特定尺寸颗粒物的排放系数[a]

排放系数等级：D

颗粒大小[b]/μm	累积分布（质量百分比）≤规定尺寸			累积排放系数（应用基）[c]/（lb/ton）		
	非可控	可控[d]		非可控	可控[d]	
		多旋风	袋式除尘器		多旋风	袋式除尘器
15	32	63	79	$3.2A$	$1.26A$	$0.016A$
10	23	55	67	$2.3A$	$1.10A$	$0.013A$
6	17	46	51	$1.7A$	$0.92A$	$0.010A$
2.5	6	24	32	$0.6A$	$0.48A$	$0.006A$
1.25	2	13	21	$0.2A$	$0.26A$	$0.004A$
1	2	10	18	$0.2A$	$0.20A$	$0.004A$
0.625	1	7	—[f]	$0.1A$	$0.14A$	—[f]
全部	100	100	100	$10A$	$2A$	$0.02A$

[a] 参见参考文献 15。源分类代码为 1-01-001-01、1-02-001-01 和 1-03-001-01。

[b] 可表示为气体动力学当量直径。

[c] 排放系数单位为：污染物磅数/燃煤吨数。要将 lb/ton 转换为 kg/Mg，需乘以 0.5。

[d] 控制效率的估算值：多旋风为 80%，ESP 为 99.8%。

[e] A 表示燃烧时的煤灰重量百分比。例如，灰分含量为 5%，那么 $A = 5$。

[f] 数据不足。

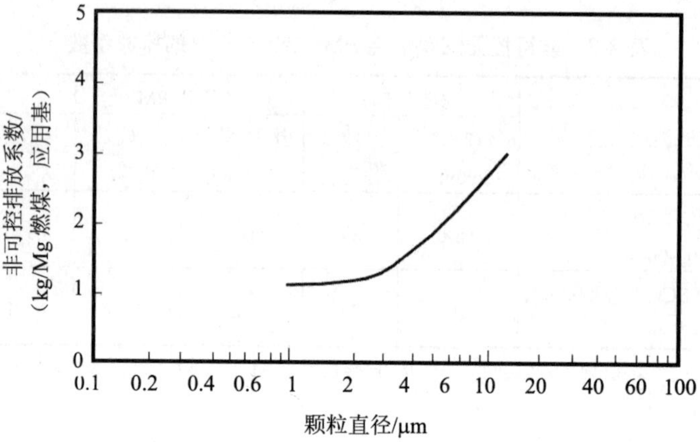

图 2-1 以无烟煤为燃料的链条炉排式锅炉的累积特定尺寸颗粒物的排放系数

表 2-5 无烟煤燃烧衍生有机化合物的排放系数[a]

排放系数等级：E

污染物	层燃锅炉[b]（SCC 1-01-001-02、1-02-001-04、1-03-001-02）	住宅空间加热器[c]（SCC A2-10-400-1000）	
	排放系数/（lb/ton）	排放系数范围/（lb/ton）	平均排放系数/(lb/ton)
苊	ND	1.1×10^{-5}～2.9×10^{-5}	2.2×10^{-5}
苊烯	ND	1.1×10^{-5}～2.2×10^{-4}	8.6×10^{-5}
二苯并芘	ND	1.5×10^{-7}～8.8×10^{-7}	5.7×10^{-7}
蒽	ND	7.0×10^{-6}～3.7×10^{-5}	2.5×10^{-5}
苯并[*a*]蒽	ND	1.1×10^{-5}～1.6×10^{-4}	7.1×10^{-5}
苯并[*a*]芘	ND	3.1×10^{-6}～7.0×10^{-6}	5.3×10^{-6}
苯并[*e*]芘	ND	3.5×10^{-6}～1.0×10^{-5}	6.2×10^{-6}
苯并[*g,h,i*]苝	ND	3.1×10^{-6}～9.5×10^{-6}	5.5×10^{-6}
苯并[*k*]荧蒽	ND	1.1×10^{-5}～4.5×10^{-5}	2.5×10^{-5}
联苯	2.5×10^{-2}	ND	ND
䓛	ND	1.8×10^{-5}～1.8×10^{-4}	8.3×10^{-5}
六苯并苯	ND	8.8×10^{-7}～6.4×10^{-6}	3.9×10^{-6}
荧蒽	ND	7.5×10^{-5}～2.7×10^{-4}	1.7×10^{-4}
芴	ND	7.0×10^{-6}～4.1×10^{-5}	2.5×10^{-5}
茚并[1,2,3-*cd*]芘	ND	3.5×10^{-6}～1.1×10^{-5}	6.9×10^{-6}
萘	1.3×10^{-1}	7.0×10^{-6}～4.8×10^{-4}	2.2×10^{-4}

污染物	层燃锅炉[b]（SCC 1-01-001-02、1-02-001-04、1-03-001-02）	住宅空间加热器[c]（SCC A2-10-400-1000）	
	排放系数/（lb/ton）	排放系数范围/（lb/ton）	平均排放系数/(lb/ton）
二萘嵌苯	ND	6.1×10^{-7}～1.8×10^{-6}	1.2×10^{-6}
菲	6.8×10^{-3}	7.1×10^{-5}～3.4×10^{-4}	2.4×10^{-4}
芘	ND	4.2×10^{-5}～1.9×10^{-4}	1.2×10^{-4}

[a] 排放系数单位为：污染物磅数/燃煤吨数。要将 lb/ton 转换为 kg/Mg，需乘以 0.5。SCC 表示源分类代码。ND 表示无数据。

[b] 参见参考文献 13。

[c] 参见参考文献 16。

表 2-6　无烟煤燃烧时 TOC 和 CH_4 的排放系数[a]

排放系数等级：E

燃烧源类别	TOC 排放系数/（lb/ton）	CH_4 排放系数/（lb/ton）
层燃锅炉[b]（SCC 1-01-001-02、1-02-001-04、1-03-001-02）	0.3	ND
住宅空间加热器[c]（A2-10-400-1000）	ND	8

[a] 排放系数单位为：污染物磅数/燃煤吨数。要将 lb/ton 转换为 kg/Mg，需乘以 0.5。SCC 表示源分类代码。ND 表示无数据。

[b] 参见参考文献 13。

[c] 参见参考文献 16。

表 2-7　无烟煤在层燃锅炉燃烧衍生金属的排放系数[a]

排放系数等级：E

污染物	排放系数范围/（lb/ton）	平均排放系数/（lb/ton）
砷	BDL～2.4×10^{-4}	1.9×10^{-4}
锑	BDL	BDL
铍	3.0×10^{-5}～5.4×10^{-4}	3.1×10^{-4}
镉	4.5×10^{-5}～1.1×10^{-4}	7.1×10^{-5}
铬	5.9×10^{-3}～4.9×10^{-2}	2.8×10^{-2}
锰	9.8×10^{-4}～5.3×10^{-3}	3.6×10^{-3}
汞	8.7×10^{-5}～1.7×10^{-4}	1.3×10^{-4}
镍	7.8×10^{-3}～3.5×10^{-2}	2.6×10^{-2}
硒	4.7×10^{-4}～2.1×10^{-3}	1.3×10^{-3}

[a] 参见参考文献 13。排放系数单位为：污染物磅数/燃煤吨数。要将 lb/ton 转换为 kg/Mg，需乘以 0.5。源分类代码为 1-01-001-02、1-02-001-04 和 1-03-001-02。BDL 表示低于检测限。

2.5 参考文献

1. *Minerals Yearbook*，1978-79，Bureau of Mines，U.S. Department of the Interior，Washington，DC，1981.

2. *Air Pollutant Emission Factors*，APTD-0923，U.S. Environmental Protection Agency，Research Triangle Park，NC，April 1970.

3. P. Bender，D. Samela，W. Smith，G. Tsoumpas，and J. Laukaitis，"Operating Experience at the Shamokin Culm Burning Steam Generation Plant"，Presented at the 76th Annual Meeting of the Air Pollution Control Association，Atlanta，GA，June 1983.

4. *Chemical Engineers' Handbook，Fourth Edition*，J. Perry，Editor，McGraw-Hill Book Company，New York，NY，1963.

5. B. Bartok and A. F. Sarofim（Eds.），*Fossil Fuel Combustion，A Source Book*，John Wiley And Sons，Inc.，1991，p.239.

6. *Background Information Document For Industrial Boilers*，EPA 450/3-82-006a，U.S. Environmental Protection Agency，Research Triangle Park，NC，March 1982.

7. *Steam：Its Generation And Use，Thirty-Seventh Edition*，The Babcock & Wilcox Company，New York，NY，1963.

8. *Emission Factor Documentation For AP-42 Section 1.2—Anthracite Coal Combustion（Draft）*，Technical Support Division，Office of Air Quality Planning and Standards，U.S. Environmental Protection Agency，Research Triangle Park，NC，April 1993.

9. *Source Sampling Of Anthracite Coal Fired Boilers，RCA-Electronic Components，Lancaster，PA，Final Report*，Scott Environmental Technology，Inc.，Plumsteadville，PA，April 1975.

10. *Source Sampling Of Anthracite Coal Fired Boilers，Shippensburg State College，Shippensburg，PA，Final Report*，Scott Environmental Technology，Inc，Plumsteadville，PA，May 1975.

11. *Design，Construction，Operation，And Evaluation Of A Prototype Culm Combustion Boiler/Heater Unit*，Contract No. AC21-78ET12307，U.S. Dept. of Energy，Morgantown Energy Technology Center，Morgantown，WV，October 1983.

12. *Source Sampling Of Anthracite Coal Fired Boilers，West Chester State College，West Chester，PA*，Pennsylvania Department of Environmental Resources，Harrisburg，PA 1980.

13. *Emissions Assessment Of Conventional Stationary Combustion Systems*，EPA Contract No.

68-02-2197，GCA Corp.，Bedford，MA，October 1980.

14. *Source Sampling Of Anthracite Coal Fired Boilers*，*Pennhurst Center*，*Spring City*，*PA*，*Final Report*，TRC Environmental Consultants，Inc.，Weathersfield，CT，January 23，1980.

15. *Inhalable Particulate Source Category Report For External Combustion Sources*，EPA Contract No. 68-02-3156，Acurex Corporation，Mountain View，CA，January 1985.

16. *Characterization Of Emissions Of PAHs From Residential Coal Fired Space Heaters*，Vermont Agency of Environmental Conservation，1983.

3 燃油燃烧

3.1 简述[1-3]

用作燃烧源燃料的燃油主要分为两类：馏分燃料油和残渣燃料油。这些燃油按等级编号区分：1号和2号是馏分燃料油；5号和6号是残渣燃料油；4号是馏分燃料油或是馏分燃料油和残渣燃料油混合而成的燃料油。6号燃油有时也被称为船用C级馏分燃料油，比残渣燃料油挥发分高、黏性小，氮和灰分的含量微乎其微，含硫量通常低于0.3%（按重计）。馏分油中的煤油和柴油主要用于家庭和小型商业企业。相较于馏分油，重质残渣油（5号和6号）黏度高、挥发分少。为了便于处理使其雾化，就需要预加热。残渣油是从去除了轻质馏分（汽油、柴油和馏分油）后剩余的原油残渣中提炼出来的，灰分、氮以及硫的含量都非常高，主要用于公共设施、工业企业和大型商业企业。

3.2 燃烧装置[4]

主要用于燃油燃烧器的锅炉配件是水管、火管、铸铁和无管配件。锅炉的分类依据是传热表面的设计及其方位、燃烧器的配置及锅炉尺寸等。这些因素都大大影响污染物的排放，而且可以用于污染物排放的控制。

水管锅炉的用途很多，如生成生产用蒸汽，为工业企业采暖。在水管锅炉中，燃烧产生的热量会传递给水管（铺设在炉壁和锅炉烟道上）内流过的锅炉水。熔炉（包裹着燃烧器火焰）内的水管表面主要吸收火焰辐射带来的热量，锅炉烟道（紧挨着一次炉）内的水管表面主要吸收对流带来的热量。

火管锅炉主要在供热系统、工业用蒸汽发生器和便携式动力锅炉中使用。在火管锅炉中，高温燃烧气体流过管内，受热的锅水在管外循环。在高压和大量蒸汽的作用下，火管部件比水管锅炉更容易出现结构故障。火管内的高压蒸汽是被锅炉壁（而不是多根小直径水管）包围，牢固性不佳，因此一般火管锅炉体积较小，主要在锅炉负荷相对恒定的情况下使用。由于体积相对较小，因此几乎所有火管锅炉都是作为配套设备销售的。

在铸铁锅炉中，燃烧气体在立式热交换器内生成，然后通过排风管排出。热交换器管束中的锅炉水向上流经管束时温度升高。铸铁锅炉通常以燃油或天然气作为燃料，产生低压蒸汽或高温锅炉水，主要用于居民住宅和商业企业。

另一种类型的小型锅炉传热装置是无管式设计，这种设计的特点是将嵌入水中的压力容器装在锅壳之间，燃烧气体喷入压力内筒，有时还会在外筒的外部回流。

3.3 排放物[5]

燃油燃烧后的排放物性质取决于燃油等级、燃油成分、锅炉类型、锅炉规模、燃烧条件、负荷率和设施维护水平。馏分油与残渣油的特性不同，燃烧时生成的排放物也大相径庭。标准和非标准污染物的基准排放物都是非可控/无组织燃烧源释放的。非可控燃烧源是指未针对排放控制安装附加空气污染控制（Air Pollution Control，APC）设备或其他燃烧改良设备。在 APC 设施上游进行检测，可以获得 SO_2 和 PM 的基准排放数据。

3.3.1 颗粒物排放[6-15]

颗粒排放物可以分为滤过性颗粒物和冷凝性颗粒物。滤过性颗粒排放物通常是可由玻璃纤维滤网捕获的颗粒，滤网位于参考方法 5 或方法 17 取样器的前半部分，通过滤网的蒸汽和颗粒直径一般小于 0.3 μm。冷凝性颗粒物通常以气态排出，之后凝结成同相或异相气溶性粒子。从本质上讲，燃煤或燃油锅炉排出的冷凝性颗粒主要为无机物。

滤过性颗粒物的排放量主要取决于燃油的等级。与重质残渣油燃烧相比，轻质馏分油燃烧排放的 PM 明显低很多。同样是残渣油，4 号或 5 号比重质 6 号燃烧产生的 PM 要少。

滤过性 PM 的排放量通常取决于燃烧是否完全和燃油灰分含量。以馏分油为燃料的锅炉排放的 PM 主要是燃油燃烧不完全产生的碳质颗粒，与燃油中灰分含量或含硫量无关；而残渣油燃烧排放的 PM 则与燃油中的含硫量有关。无论是原油原本硫分就少，还是经过各种工艺去除了硫分，6 号低硫残渣油充分展示了黏度小和沥青、灰分、硫分含量低的特点，因此雾化更充分，燃烧也更完全。

在以 6 号油为燃料的设备中，锅炉负荷也会影响滤过性颗粒物的排放。在低负荷（最高等级的 50%）的情况下，公共设施锅炉的颗粒物排放可以降低 30%～40%，小型工业和商业企业锅炉颗粒物排放的降低幅度可达 60%。但对于以轻质油为燃料的锅炉，在低负荷条件下的颗粒物排放没有明显的减少。即使是在负荷非常低（大约是最高等级的 30%）的情况下，也很难保持合适的燃烧条件，颗粒物的排放也会明显增加。

3.3.2 硫氧化物排放[1-2, 6-9, 16]

SO_x 是燃油中的硫在燃油燃烧过程中氧化形成的，在传统燃烧设备中，它主要以 SO_2 的形式排放。非可控 SO_x 的排放几乎完全取决于燃油中的含硫量，不会受到锅炉规模、燃烧器设计或燃油等级的影响。一般而言，燃油中的硫，95%以上会转化为 SO_2，1%～5%进一步转化为 SO_3，1%～3%作为硫酸盐颗粒排放到大气中。SO_3 极易与大气或烟气中的水蒸气发生反应形成酸雾。

3.3.3 氮氧化物排放[1-2, 6-10, 15, 17-27]

NO_x 是大气氮在燃烧空气中热固化或者燃料中的氮经过化学反应形成的；前者称为“热力型 NO_x”，后者称为“燃料型 NO_x”。NO 与 NO_2 统称为 NO_x。实验数据表明，大多数矿石燃料外部燃烧设备排放的 NO_x，95%以上都是 NO。NO_x 不包括 N_2O，但由于大气效应，近年来 N_2O 受到了越来越多的关注。

形成热力型 NO_x 的实验检测表明，NO_x 的浓度与温度呈指数关系，并且与火焰中的氮气（N_2）浓度、火焰中氧气（O_2）浓度的平方根以及气体停留时间成正比。因此，热力型 NO_x 的形成受以下 4 个因素影响：（1）峰值温度；（2）燃料氮浓度；（3）氧气浓度；（4）在峰值温度的暴露时间。虽然这些因素会有所变化，但各种锅炉的排放趋势通常不变：火焰温度越高、氧含量越多、高温下停留时间越长，产生的 NO_x 就越多。

在残渣油锅炉中，燃料氮的转化率对于 NO_x 的形成更为重要。残渣油燃烧时排放的 NO_x 的 50%都来自燃料氮。燃料氮形成 NO_x 的转化率相差很大，一般在 20%～90%。燃料型 NO_x 通常占 NO_x 生成总量的 50%以上，火焰峰值温度高的大型设备或以低氮残渣油为燃料的设备除外。由于轻质燃油的含氮量微乎其微，因此在以馏分油为燃料的设备的 NO_x 形成机制中，优先选用热固化技术。以馏分油为燃料的锅炉通常体积较小，释热率也较小，因此与以残渣油为燃料的大型设备相比，热力型 NO_x 的生成量较少[28]。

很多变量都会影响 NO_x 在这两种机制下的生成量，其中一个重要变量就是燃烧方式。四角切圆式（四角燃烧）锅炉排放的 NO_x，一般低于水平对置式锅炉。另一个重要变量就是锅炉操作期间使用的燃烧方式。低过剩空气（LEA）、烟气再循环（Flue Gas Recirculation，FGR）、分级燃烧（Staged Combustion，SC）、减少空气预热（Reduced Air Preheat，RAP）、低氮氧化物燃烧器（Low NO_x Burners，LNBs）、油掺水乳化燃烧（Oil/Water Emulsions，OWE）或结合使用上述方法，可使 NO_x 生成量减少 5%～60%，减负荷（Load Reduction，LR）同样可以减少 NO_x 的生成。从满负荷操作每减少一个百分点的负荷，NO_x 排放量就会减少 0.5%～1%。应该说明的是，这些变量中的大多数（过剩空气除外）只对大型燃油锅炉的 NO_x 排放有影响。低过剩空气的燃烧方式可能会对很多小型锅炉有影响，但 NO_x 排放的减少并不明显。

3.3.4 一氧化碳排放[29-32]

燃烧源的 CO 排放率取决于燃料的氧化效率。精心控制燃烧过程可将 CO 排放率降至最低。因此，如果燃烧装置操作错误或维护不当，排放的一氧化碳（以及有机化合物）浓度会增加若干个数量级。小型锅炉、加热器和熔炉排放的污染物水平，一般高于大型燃烧器。这是因为小型装置传热表面积与火焰体积的比例一般高于大型燃烧器，火焰温度和燃烧强度就会下降，使燃烧效率降低。

燃烧系统的废气中出现 CO 主要是由于燃料的不完全燃烧。在下列情况下会发生不完全燃烧：O_2 不充足；油/空气混合不充分；火焰淬熄发生冷壁效应；燃烧温度下降；燃烧气体停留时间减少；负荷减少（即燃烧强度降低）。各种用于减少氮氧化物的燃烧改良方法会导致上述情况发生，因此在环保、能效和操作等方面，能否减少一氧化碳的排放成为人们关注的焦点。

3.3.5 有机化合物排放[29-39]

燃烧时排放的有机化合物很少。与 CO 排放类似，有机化合物的排放率在一定程度上也取决于锅炉燃烧效率，因此，任何导致燃烧效率降低的燃烧改良方法都有可能会使烟气中有机化合物的浓度增加。

TOC 包括 VOCs、半挥发性有机化合物和冷凝性有机化合物。VOCs 的主要特点是标准污染物未燃烧气相烃类。未燃烃是指燃烧源排放的所有气相有机化合物，是脂肪族化合物、含氧化合物和低分子量芳香族化合物（在烟气温度下以气相形式存在）的主要排放物，其中包括烷烃、烯烃、乙醛、乙醇、取代苯（如苯、甲苯、二甲苯和乙苯）。

其余有机排放物大多来自燃烧源的凝聚相化合物。这些化合物几乎全部都归类于 POM，其中包括多环芳烃（PAH 或 PNA）和含氮 PAH 衍生物。本章中提及的 POM 一般都是指多环芳烃（PAH）类有机物。

甲醛是烃基燃料（如燃煤和燃油）在燃烧过程中形成并排放的，存在于烟气气相中。燃料在燃烧过程的高温作用下氧化分解形成甲醛，因此燃烧效率较高（采用规定的空气燃油比例、燃烧室保持高温、气体停留时间相对较长才能有效燃烧）的大型设备的甲醛排放率，低于燃烧效率低下的小型设备。

3.3.6 微量金属排放[29-32, 40-44]

燃油燃烧时还会排放微量金属。对于 AP-42 的更新，1990 年颁布的《清洁空气法修正案》第Ⅲ编中明确规定了 189 种有害空气污染物，其中包括微量金属。燃烧设备中微量金属的含量只取决于燃油成分，而微量金属的排放量取决于燃烧温度、燃油供给机制和燃油成分。温度决定燃油中特定化合物的挥发程度，燃油供给机制会影响排放物分离到底灰/灰渣还是飞灰中。金属的排放量通常取决于以下几个因素：金属本身的物理和化学特性；金属离子在燃油中的浓度；燃烧条件；所用颗粒控制装置的类型及其按颗粒大小的除尘效率。

一些微量金属集中在燃烧器释放的特定废物颗粒流（如底灰、集灰或烟气颗粒）中，另一些微量金属则不在这些颗粒流中。根据这种分配规律，微量金属可划分为不同的类别。Baig 等[44]所使用的分类表如下：

1 类：基本分布在飞灰和底灰中的元素；含有少量或不含小颗粒的元素。

2 类：相对于底灰，在飞灰中含量更高的元素，或颗粒越小含量越高的元素。

3 类：气相中排出的元素。

了解细颗粒中微量金属的分配规律和浓度后，先假设控制燃烧条件会影响微量金属排放量的增减。例如，对锅炉几种 NO_x 的控制会降低火焰峰值温度（如 SC、FGR、RAP、OWE 和 LR），燃烧温度下降后，最初挥发的 2 类金属将会减少，随后细颗粒（PM）的凝结度和浓度也会降低。因此对于装有颗粒控制装置的燃烧器，除尘率越高，挥发性金属的排放就越少。1 类金属（非分离性微量金属）的烟气排放量应保持相对不变。

对于装有颗粒控制的锅炉，当地氧气浓度降低也会影响分离性金属的排放量。氧气浓度低，挥发性金属的氧化程度降低，变为低挥发性氧化物。在这种条件下，2 类金属应在进入锅炉冷却器时保持气相状态，这样小颗粒会重新分布，排放量就会降低，1 类金属的排放量依旧保持不变。

3.3.7 温室气体 [45-50]

CO_2、CH_4 和 N_2O 都是燃油燃烧过程中生成的排放物。燃油中几乎所有的（99%）燃料碳都会在燃烧过程中转化为二氧化碳，这种转换与燃烧装置无关。尽管形成 CO 可减少 CO_2 的排放量，但是与产生的 CO_2 相比，CO 的量实在微不足道。燃料碳未转换为 CO_2 主要是由于燃料流燃烧不完全。

煤炭在燃烧过程中经过一系列复杂的反应形成 N_2O，其形成取决于多种因素。燃烧温度保持 1 475℉ 以上的高温，过剩空气控制在少于 1%，形成的 N_2O 就会降至最少。

为了全面了解 N_2O 的排放和形成机制，还需要对其进行抽样研究。设备不同，排放量会相差很大；即使是同一台设备，操作条件不同，排放量也会相差很大。平均排放系数是基于传统燃油燃烧系统的实验数据。

甲烷的排放量取决于燃油类型和锅炉燃烧方式，它在燃油燃烧不完全或低温燃烧阶段（如燃煤锅炉的启动和停炉）排放量最高。通常，在易于生成 N_2O 的条件下也容易造成 CH_4 的排放。

3.4 污染物控制

燃油燃烧标准污染物控制技术大概分为三大类：燃料替代/更换、燃烧改良和燃烧后处理控制。通过对标准污染物燃烧后处理的控制，非标准污染物（如颗粒相金属）的排放也得到了控制。通过燃料替代，也就是将燃料替换为含硫量低或含氮量低的燃料，可减少 SO_2 或 NO_x 的排放。以轻质燃油作为燃料通常会减少颗粒物的排放。为了获得更好的雾化效果和更低的燃烧温度，可以对重质燃油进行燃料变更，也就是将重质油掺水乳化。在某些条件下，NO_x、CO 和 PM 的排放量会大大减少。燃烧改良包括对熔炉或锅炉的物理性或操作性进行更改，主要用于控制 NO_x 的排放，而对于小型设备，改善燃烧方式可以减少颗粒物的排放。燃烧后处理控制是燃料燃烧后使用相应的装置实现的，主要用于控制燃烧过程中 PM、SO_2 和 NO_x 的排放。

3.4.1 颗粒物控制[51]

民用和商用设备的 PM 排放控制是通过改进燃烧器检修方法、提高燃油雾化程度、改良燃烧气动装置实现的。稳定火焰设备、涡流装置或再循环设备对于降低 PM 和 NO_x 排放和提高热效率十分有效，这样就能够实现燃烧气动装置的优化。

大型工业锅炉和公共设施锅炉设计合理、维护得当，烟尘和冷凝性有机化合物的排放就能降至最低。在这些锅炉中，含有碳成分的飞灰转化为颗粒物排出，因此，用燃烧后控制（机械式除尘器、静电除尘器、织物过滤器等）或燃油替代/更换的方法可减少 PM 的排放。

机械式除尘器是很常见的控制设备类型，用途是在吹灰过程中、工况失常时或以重污油作为燃料时控制颗粒物的生成。出现上述情况时，可使用高效旋风式除尘器去除这些颗粒（效率可达 85%）。在正常燃烧条件下或以轻质油作为燃料时，旋风式除尘器效果不佳，因为排放物中直径小于 3 μm 的小颗粒所占百分比非常高。

ESP 在燃油电厂比较常用。老式除尘器体积较小，对于 PM 的除尘效率只有 40%～60%。燃油的灰分含量较低，因此不需要太高的除尘效率。目前，新型或翻新的 ESP 除尘效率可达 90%。

织物过滤器是由过滤元件（滤袋）及滤袋清洗系统组成，外面是与灰斗一体的防尘罩结构。织物过滤器的除尘效率取决于颗粒的种类和操作特点，如粒度分布、凝聚特性、电阻系数；气布比、操作压损失、清洗顺序、清洗时间间隔、清洗强度等操作指标也会影响除尘效率；此外，除尘效率还会受到织物过滤器结构、织物成分以及滤袋特性的影响。袋式除尘器的除尘效率在 99%以上。

燃油锅炉上还安装了净化系统，用来控制硫氧化物和颗粒的生成。这些系统的 SO_2 去除率为 90%～95%，颗粒物去除率为 50%～60%。

污染物控制检测表明，燃料变更法（将重质油掺水后乳化）大大减少了 PM 的排放。

3.4.2 SO_2 的控制[52-53]

商业化的二次燃烧烟气脱硫（FGD）工艺是通过碱性试剂吸收烟气中的 SO_2，生成硫酸钠或硫酸钙。这些固态硫酸盐化合物随后在下游设备中被清除。根据试剂留在吸收器容器中的形态，烟气脱硫技术可分为湿式、半干式和干式脱硫。这些工艺还可分为再生型和抛弃型；再生型是指将试剂材料处理后重新使用，抛弃型是指所有废液流都被排出或丢弃。

湿式可再生烟气脱硫（FGD）工艺最吸引人之处在于除硫率高达 95%，排出废水少，生成的硫产品也很畅销。当前某些钙基抛弃型脱硫工艺生成的石膏产品也很畅销。

到目前为止，湿式系统是最常用的脱硫工艺。这种工艺通常是将碱性料浆作为吸收 SO_x 的介质，SO_x 的去除率在 90%以上。石灰/石灰石洗涤器、钠洗涤器和双碱洗涤器都是很有商业价值的烟气脱硫（FGD）设备，它们的效益不仅取决于控制设备的设计，还取决于生产操作参数。

3.4.3 NO_x 的控制[41, 54-55]

NO_x 的控制对于以原油或残渣油为燃料的锅炉尤为重要。燃油产生的 NO_x 占 NO_x 排放总量的 60%～80%，因此必须减少燃油 NO_x 的排放量。燃料氮形成 NO_x 的转化率主要取决于燃烧器的油气比。与热力型 NO_x 的形成机制不同，其形成与燃烧区温度的变化关系不大。一般而言，增加混合的燃料与空气，燃料氮的转化率增加，继而生成的 NO_x 也会增加。因此，为了减少燃料型 NO_x 的形成，最常用的方法是通过燃烧改良技术，将燃烧空气水平控制在完全燃烧所需的理论值以下。即使在高温下的停留时间足够，氧气稀少也会减少 NO_x 的形成，因此挥发性燃料氮转化为氮气（N_2）而不是 NO。

减少燃油燃烧时 NO_x 的排放有多种方法。燃料替代就是使用低氮燃料；燃料更换就是将重质油掺水乳化燃烧。除此之外，减少 NO_x 排放的技术，主要可以分为两种不同的方法：燃烧控制法和燃烧后处理控制法。燃烧控制法通过抑制 NO_x

在燃烧过程的形成来减少 NO_x 的排放，而燃烧后处理法是在 NO_x 形成后减少其排放。在控制 NO_x 的形成方面，燃烧控制法是各类锅炉最广泛使用的方法，其中包括低过剩空气、燃烧器停用、偏压燃烧器燃烧、烟气再循环、燃尽风和低氮氧化物燃烧器。燃烧后处理法包括 SNCR 和 SCR。要更大限度地减少 NO_x 的排放，可单独或结合使用这些控制方法。

低过剩空气的条件下操作会将燃烧的空气量尽可能降至最低，同时保持锅炉操作的有效性和环保性。由于燃烧区域氧含量很少，因此难以生成 NO_x。使用燃烧器停用的方法，会阻挡燃料流量进入最上面一行燃烧器（全部或部分），这样就只有空气可以通过。这种方法与空气分级或燃尽风相仿，都是通过降低燃烧器区域的含氧量来削减 NO_x 的生成。偏压燃烧器在下排燃烧器的燃烧比上排燃烧器更加富燃料。这种方法是空气分级的一种形式，通过降低燃烧区域的氧含量来削减 NO_x 的生成。这些方法可能会改变锅炉的正常操作，具体的效果也因锅炉而异。这些技术在实施的过程中会降低操作的灵活性，但也能使非可控水平的 NO_x 排放量减少 10%～20%。

烟气再循环是指将一部分烟气从省煤器区间或空气预热器出口抽出，然后再通过冷灰斗或燃烧器风箱（或两者一起使用）将烟气再次吹入炉膛。这种方法可减少燃烧区的氧浓度，某些锅炉的 NO_x 排放量可减少 40%～50%。

燃尽风是指将燃烧器输送的一部分燃烧空气通过燃烧器上方的炉口送入炉膛。燃尽风通过以下方法削减 NO_x 的排放：（1）适当延迟和延长燃烧过程，减少充分燃烧，冷却火焰温度；（2）降低火焰温度；（3）减少在峰值温度的停留时间。

低氮氧化物燃烧器适用于各种规格的墙式燃烧锅炉。这种燃烧器可用于改善原有锅炉 NO_x 排放量的控制，使非可控水平排放物减少 35%～55%；还可用于符合《新污染源行为标准》（NSPS）的新型锅炉。低氮氧化物燃烧器与燃尽风配合使用，可大大减少 NO_x 排放量（非可控水平排放物减少 40%～60%）。

SNCR 是一种燃烧后处理技术，其原理是将氨气与尿素喷入上层炉膛或对流通路的特定温度区，氨气或尿素与烟气中的 NO_x 反应生成氮气和水。SNCR 的效用取决于还原剂喷射位置的温度、还原剂在烟气中的混合程度、还原剂在最佳温度窗口的停留时间、还原剂与 NO_x 的比例以及燃料的含硫量（会生成硫化合物沉积在下游设备中）。考虑到各种类型锅炉的效率，SNCR 并未广泛投入商业运用，但已经使用过的案例表明，这种方法可使 NO_x 排放量减少 25%～40%。

SCR 也是一种燃烧后处理技术，其原理是将氨气喷入烟气，然后在催化剂的作用下与 NO_x 反应生成氮气和水。SCR 反应器可以安装在反应过程中的不同位置，如空气预热器和颗粒控制装置之前，或者空气预热器、颗粒控制装置和烟气脱硫设备的下游。烟气温度、燃料含硫量、氨气与 NO_x 的比例、入口 NO_x 的浓度、空速和催化剂条件等因素都会影响 SCR 的性能。在美国，通过对燃油锅炉的研究发现，使用 SCR 法可使 NO_x 的排放减少 75%～85%。

用于减少 NO_x 排放的燃料更换方法是指使用油掺水乳化燃料。实验结果表明，用石油基乳化液将掺有 9%水的 6 号燃油乳化，可使 NO_x 的排放减少 36%（按英热计算）或 41%（按体积计算）。充分雾化和减少过量空气都会减少氮氧化物的排放，但降低火焰温度则影响不大。

表 3-1 和表 3-3 列出了燃油燃烧非可控标准污染物的排放系数。本章的表格列出了按体积计算的排放系数单位为 $lb/10^3gal$ [1 gal（加仑）=3.785 43 L]。要转换为按能量计算的能量系数单位（lb/MMBtu），4 号、5 号、6 号油和残渣燃料油需除以热值 150 $MMBtu/10^3gal$，2 号油和馏分燃料油需除以热值 140 $MMBtu/10^3gal$。表 3-2 列出了冷凝性颗粒物的排放系数。表 3-4 至表 3-7 列出了非可控和可控燃油燃烧排放颗粒物的累积粒度分布数据和特定尺寸颗粒物排放系数。图 3-1 至图 3-4 列出了非可控和可控燃油燃烧时排放颗粒物的特定尺寸颗粒物排放系数。N_2O、POM 和甲醛的排放系数见表 3-8。衍生有机化合物的排放系数见表 3-9。馏分油中微量金属的排放系数见表 3-10。残渣油中微量金属的排放系数见表 3-11。CO_2 的默认排放系数见表 3-12。对于燃油锅炉 SO_2 和各种 NO_x 排放控制的总结，请分别见表 3-13 和表 3-14。6 号油掺水乳化燃料燃烧时 CO、NO_x 和 PM 的排放系数见表 3-15。

表 3-1 燃油燃烧时标准污染物的排放系数[a]

燃烧方式（SCC）[a]	SO_2[b]		SO_3[c]		NO_x[d]		CO[e]		滤过性 PM[f]	
	排放系数/（lb/10^3 gal）	排放系数等级	排放系数/（lb/10^3 gal）	排放系数等级	排放系数/（lb/10^3 gal）	排放系数等级	排放系数/（lb/10^3 gal）	排放系数等级	排放系数/（lb/10^3 gal）	排放系数等级
锅炉＞ $100×10^6$ Btu/h										
6 号油，正常燃烧（1-01-004-01、1-02-004-01、1-03-004-01）	157*S*	A	5.7*S*	C	47	A	5	A	9.19*S*+3.22	A
6 号油，正常燃烧，低氮氧化物燃烧器（1-01-004-01、1-02-004-01）	157*S*	A	5.7*S*	C	40	B	5	A	9.19*S*+3.22	A
6 号油，四角切圆式燃烧（1-01-004-04）	157*S*	A	5.7*S*	C	32	A	5	A	9.19*S*+3.22	A
6 号油，四角切圆式燃烧，低氮氧化物燃烧器（1-01-004-04）	157*S*	A	5.7*S*	C	26	E	5	A	9.19*S*+3.22	A
5 号油，正常燃烧（1-01-004-05、1-02-004-04）	157*S*	A	5.7*S*	C	47	B	5	A	10	B
5 号油，四角切圆式燃烧（1-01-004-06）	157*S*	A	5.7*S*	C	32	B	5	A	10	B
4 号油，正常燃烧（1-01-005-04、1-02-005-04）	150*S*	A	5.7*S*	C	47	B	5	A	7	B
4 号油，四角切圆式燃烧（1-01-005-05）	150*S*	A	5.7*S*	C	32	B	5	A	7	B
2 号油（1-01-005-01、1-02-005-01、1-03-005-01）	142*S*[h]	A	5.7*S*	C	24	D	5	A	2	A
2 号油，LNB/FGR 式燃烧（1-01-005-01、1-02-005-01、1-03-005-01）	142*S*[h]	A	5.7*S*	A	10	D	5	A	2	A

燃烧方式（SCC）[a]	SO_2[b]		SO_3[c]		NO_x[d]		CO[e]		滤过性 PM[f]	
	排放系数/（lb/10^3 gal）	排放系数等级	排放系数/（lb/10^3 gal）	排放系数等级	排放系数/（lb/10^3 gal）	排放系数等级	排放系数/（lb/10^3 gal）	排放系数等级	排放系数/（lb/10^3 gal）	排放系数等级
锅炉＜100×10^6Btu/h										
6 号油（1-02-004-02/03、1-03-004-02/03）	157*S*	A	2*S*	A	55	A	5	A	9.19*S*+3.22[i]	B
5 号油（1-03-004-04）	157*S*	A	2*S*	A	55	A	5	A	10[i]	A
4 号油（1-03-005-04）	150*S*	A	2*S*	A	20	A	5	A	7	B
馏分油（1-02-005-02/03、1-03-005-02/03）	142*S*	A	2*S*	A	20	A	5	A	2	A
民用锅炉（A2104004/A2104011）	142*S*	A	2*S*	A	18	A	5	A	0.4[g]	B

[a] 要将 lb/10^3 gal 转换为 kg/10^3 L，需乘以 0.120。SCC 表示源分类代码。

[b] 参见参考文献 1-2、6-9、14、56-60。*S* 表示燃油含硫量的重量百分比。例如，含硫量为 1%，那么 $S = 1$。

[c] 参见参考文献 1-2、6-8、16、57-60。*S* 表示燃油含硫量的重量百分比。例如，含硫量为 1%，那么 $S = 1$。

[d] 参见参考文献 6-7、15、19、22、56-62。表示为 NO_2。测试结果表明，只有民用锅炉的 NO_x 的 75%（重量百分比）为 NO，其他所有类型的锅炉都是至少 95%为 NO。对于立式公共设施锅炉，满负荷和正常过量空气（＞15%）条件下使用 105 lb/10^3 gal。在工业与商业用锅炉中，残渣油燃烧时排放的氮氧化物与燃油氮含量相关，排放量可根据以下关系式估算：$1\ lb\ NO_2/10^3\ gal = 20.54 + 104.39\,(N)$，其中 *N* 表示燃油中氮含量的重量百分比。例如，含氮量为 1%，那么 $N = 1$。

[e] 参见参考文献 6-8、14、17-19、56-61。如果设备操作失误或维护不当，CO 排放系数会增加 10～100。

[f] 参见参考文献 6-8、10、13-15、56-60、62-63。滤过性 PM 是滤网上或滤网前端收集的颗粒，滤网位于 EPA Method 5（或等同物）取样器。一般而言，馏分油燃烧时的颗粒物排放系数是燃油含硫量的函数，其中 *S* 表示燃油含硫量的百分比。例如，含硫量为 1%，那么 $S = 1$。

[g] 数据依据是新型燃烧器的设计。20 世纪 70 年代之前生产的燃烧器排放的滤过性 PM 高达 3.0 lb/10^3 gal。

[h] 2 号油燃烧和 2 号油在 LNB/FGR 条件下燃烧所生成 SO_2 的排放系数都是 142*S*，不是 157*S*。参见 2000 年 4 月 28 日公布的勘误表。本部分于 2010 年 5 月修正。

[i] 修订了 6 号和 5 号燃料的 PM 系数。参见 2000 年 4 月 28 日公布的勘误表。本部分于 2010 年 5 月修正。

表 3-2 燃油燃烧冷凝性颗粒物的排放系数[a]

燃烧方式（SCC）[a]	污染物控制	CPM-TOT[c, d]		CPM-IOR[c, d]		CPM-ORG[c, d]	
		排放系数/（lb/10^3 gal）	排放系数等级	排放系数/（lb/10^3 gal）	排放系数等级	排放系数/（lb/10^3 gal）	排放系数等级
2 号油（1-01-005-01、1-02-005-01、1-03-005-01）	所有控制方法，或非可控	1.3[d, e]	D	CPM-TOT 排放系数的 65%[c]	D	CPM-TOT 排放系数的 35%[c]	D
6 号油（1-01-004-01/04、1-02-004-01、1-03-004-01）	所有控制方法，或非可控	1.5[f]	D	CPM-TOT 排放系数的 85%[d]	E	CPM-TOT 排放系数的 15%[d]	E

[a] 所有冷凝性 PM 都假定为直径小于 1.0 μm。

[b] 3 号、4 号、5 号油无可用数据。3 号油使用 2 号油提供的系数。4 号和 5 号油使用 6 号油提供的系数。

[c] CPM-TOT 表示冷凝性颗粒物总数；CPM-IOR 表示无机冷凝性颗粒物；CPM-ORG 表示有机冷凝性颗粒物。

[d] 要转换为 2 号油的 lb/MMBtu，需除以 140 MMBtu/10^3 gal。要转换为 6 号油的 lb/MMBtu，需除以 150 MMBtu/10^3 gal。

[e] 参见参考文献 76-78。

[f] 参见参考文献 79-82。

表 3-3 非可控燃油燃烧 TOC、甲烷和总非甲烷有机化合物（NMTOC）排放系数[a]

排放系数等级：A

燃烧方式（SCC）	TOC[b] 排放系数/（lb/10^3 gal）	甲烷[b]排放系数/（lb/10^3 gal）	NMTOC[b] 排放系数/（lb/10^3 gal）
公共设施锅炉			
6 号油，正常燃烧（1-01-004-01）	1.04	0.28	0.76
6 号油，四角切圆式燃烧（1-01-004-04）	1.04	0.28	0.76
5 号油，正常燃烧（1-01-004-05）	1.04	0.28	0.76
5 号油，四角切圆式燃烧（1-01-004-06）	1.04	0.28	0.76
4 号油，正常燃烧（1-01-005-04）	1.04	0.28	0.76
4 号油，四角切圆式燃烧（1-01-005-05）	1.04	0.28	0.76
工业锅炉			
6 号油（1-02-004-01/02/03）	1.28	1	0.28
5 号油（1-02-004-04）	1.28	1	0.28
馏分油（1-02-005-01/02/03）	0.252	0.052	0.2
4 号油（1-02-005-04）	0.252	0.052	0.2

燃烧方式（SCC）	TOC[b] 排放系数/（lb/10^3 gal）	甲烷[b]排放系数/（lb/10^3 gal）	NMTOC[b] 排放系数/（lb/10^3 gal）
商业/机构/民用燃烧器			
6 号油（1-03-004-01/02/03）	1.605	0.475	1.13
5 号油（1-03-004-04）	1.605	0.475	1.13
馏分油（1-03-005-01/02/03）	0.556	0.216	0.34
4 号油（1-03-005-04）	0.556	0.216	0.34
民用锅炉（A2104004/A2104011）	2.493	1.78	0.713

[a] 要将 lb/10^3 gal 转换为 kg/10^3 L，需乘以 0.12。SCC 表示源分类代码。

[b] 参见参考文献 29-32。如果锅炉操作失误或维护不当，挥发性有机化合物的排放会增加若干个数量级。

表 3-4　以残渣油为燃料的公共设施锅炉的累积粒度分布和特定尺寸颗粒物的排放系数[a]

颗粒大小[b]/μm	累积分布（质量分数）规定尺寸			累积排放系数/（lb/10^3 gal）					
	非可控	可控		非可控[c]		ESP 可控[d]		洗涤器可控[e]	
		ESP	洗涤器	排放系数	排放系数等级	排放系数	排放系数等级	排放系数	排放系数等级
15	80	75	100	6.7A	C	0.05A	E	0.50A	D
10	71	63	100	5.9A	C	0.042A	E	0.50A	D
6	58	52	100	4.8A	C	0.035A	E	0.50A	D
2.5	52	41	97	4.3A	C	0.028A	E	0.48A	D
1.25	43	31	91	3.6A	C	0.021A	E	0.46A	D
1	39	28	84	3.3A	C	0.018A	E	0.42A	D
0.625	20	20	64	1.7A	C	0.007A	E	0.32A	D
总计	100	100	100	8.3A	C	0.067A	E	0.50A	D

[a] 参见参考文献 26。源分类代码为 1-01-004-01/04/05/06 和 1-01-005-04/05。要将 lb/10^3 gal 转换为 kg/m^3，需乘以 0.120。ESP 表示静电除尘器。

[b] 可表示为气体动力学当量直径。

[c] 一般而言，馏分油燃烧时的颗粒物排放系数是燃油含硫量的函数，其中 S 表示燃油含硫量的百分比。例如，含硫量为 1.00%，那么 $S=1$。

6 号油：$A = 1.12\,S + 0.37$

5 号油：$A = 1.2$

4 号油：$A = 0.84$

[d] 控制效率的估算值：ESP 为 99.2%。

[e] 控制效率的估算值：洗涤器为 94%。

表 3-5 以残渣油为燃料的工业锅炉的累积粒度分布和特定尺寸颗粒物的排放系数[a]

颗粒大小[b]/μm	累积分布（质量分数）规定尺寸		累积排放系数[c]/（$lb/10^3$ gal）			
	非可控	多旋风可控	排放系数	排放系数等级	排放系数	排放系数等级
15	91	100	7.59A	D	1.67A	E
10	86	95	7.17A	D	1.58A	E
6	77	72	6.42A	D	1.17A	E
2.5	56	22	4.67A	D	0.33A	E
1.25	39	21	3.25A	D	0.33A	E
1	36	21	3.00A	D	0.33A	E
0.625	30	—[e]	2.50A	D	—[e]	NA
总计	100	100	8.34A	D	1.67A	E

[a] 参见参考文献 26。源分类代码为 1-02-004-01/02/03/04 和 1-02-005-04。要将 $lb/10^3$ gal 转换为 $kg/10^3$ L，需乘以 0.120。NA 表示不适用。

[b] 可表示为气体动力学当量直径。

[c] 一般而言，馏分油燃烧时的颗粒物排放系数是燃油含硫量的函数，其中 S 表示燃油含硫量的百分比。例如，含硫量为 1.0%，那么 $S = 1$。

6 号油：$A = 1.12\,S + 0.37$

5 号油：$A = 1.2$

4 号油：$A = 0.84$

[d] 控制效率的估算值：多旋风为 80%。

[e] 数据不足。

表 3-6 以馏分油为燃料的非可控工业锅炉的累积粒度分布和特定尺寸颗粒物的排放系数[a]

排放系数等级：E

颗粒大小[b]/μm	累积分布（质量分数）规定尺寸	累积排放系数/（$lb/10^3$ gal）
15	68	1.33
10	50	1
6	30	0.58
2.5	12	0.25
1.25	9	0.17
1	8	0.17
0.625	2	0.04
总计	100	2

[a] 参见参考文献 26。源分类代码为 1-02-005-01/02/03。要将 $lb/10^3$ gal 转换为 $kg/10^3$ L，需乘以 0.12。

[b] 可表示为气体动力学当量直径。

表 3-7 以馏分油为燃料的非可控商业锅炉的累积粒度分布和特定尺寸颗粒物的排放系数[a]

排放系数等级：D

颗粒大小[b]/μm	累积分布（质量分数）规定尺寸		累积排放系数[c]/（lb/10^3 gal）	
	残渣油	馏分油	残渣油	馏分油
15	78	60	6.50*A*	1.17
10	62	55	5.17*A*	1.08
6	44	49	3.67*A*	1
2.5	23	42	1.92*A*	0.83
1.25	16	38	1.33*A*	0.75
1	14	37	1.17*A*	0.75
0.625	13	35	1.08*A*	0.67
总计	100	100	8.34*A*	2

[a] 参见参考文献 26。源分类代码为 1-03-004-01/02/03/04 和 1-03-005-01/02/03/04。要将 lb/10^3 gal 转换为 kg/10^3 L，需乘以 0.12。

[b] 可表示为气体动力学当量直径。

[c] 一般而言，馏分油燃烧时的颗粒物排放系数是燃油含硫量的函数，其中 S 表示燃油含硫量的百分比。例如，含硫量为 1.0%，那么 $S = 1$。

6 号油：$A = 1.12S + 0.37$　　4 号油：$A = 0.84$

5 号油：$A = 1.2$　　2 号油：$A = 0.24$

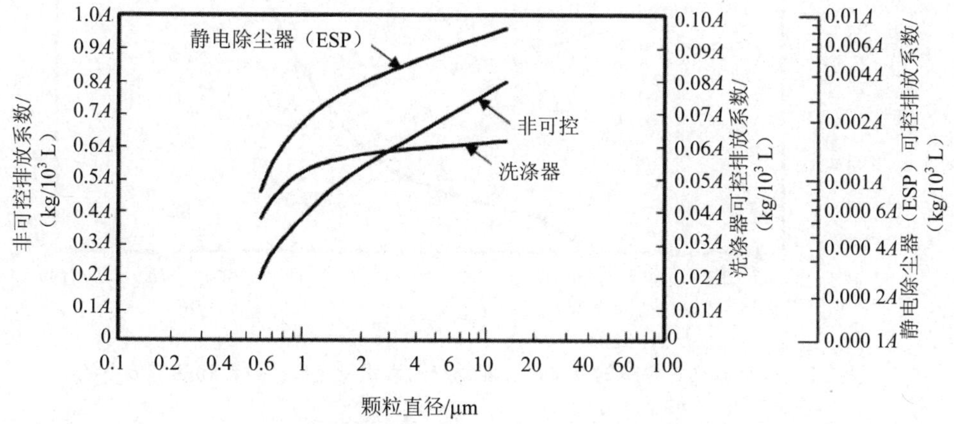

图 3-1 以残渣油为燃料的公共设施锅炉的累积特定尺寸颗粒物的排放系数

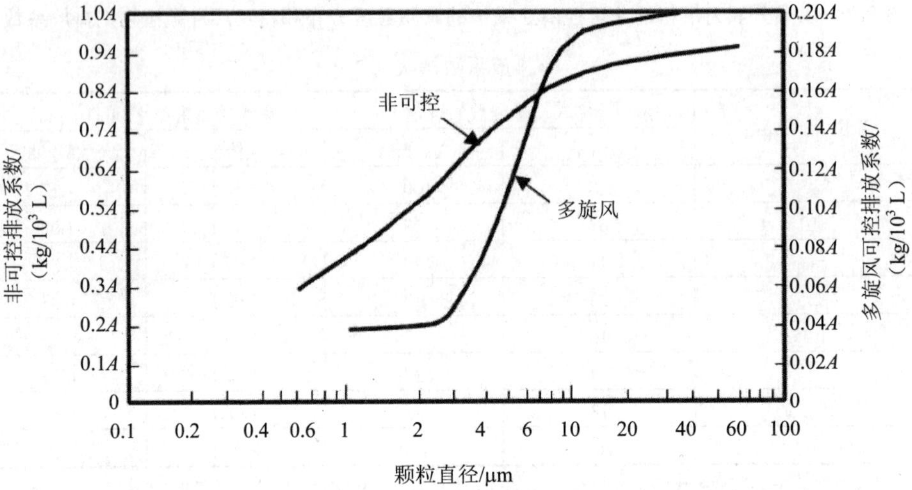

图 3-2 以残渣油为燃料的工业锅炉的累积特定尺寸颗粒物的排放系数

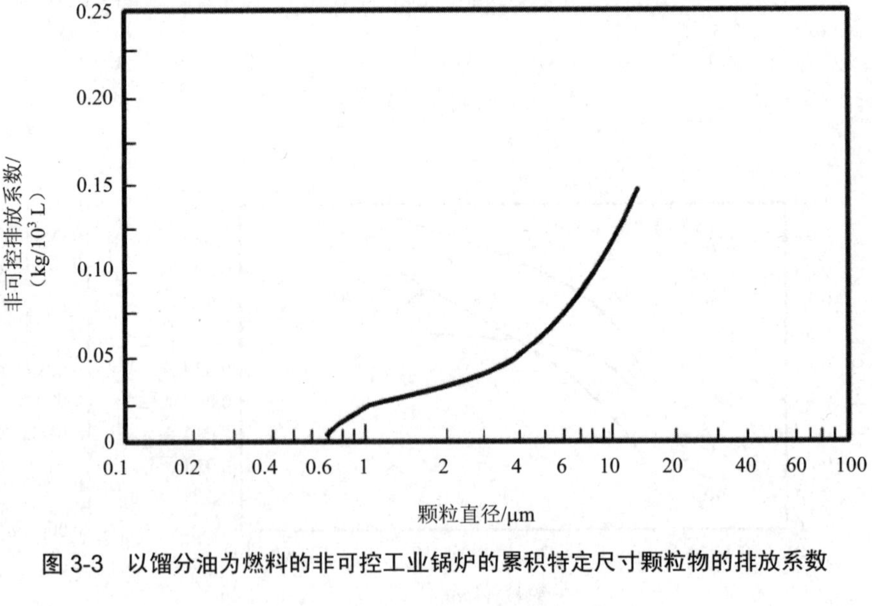

图 3-3 以馏分油为燃料的非可控工业锅炉的累积特定尺寸颗粒物的排放系数

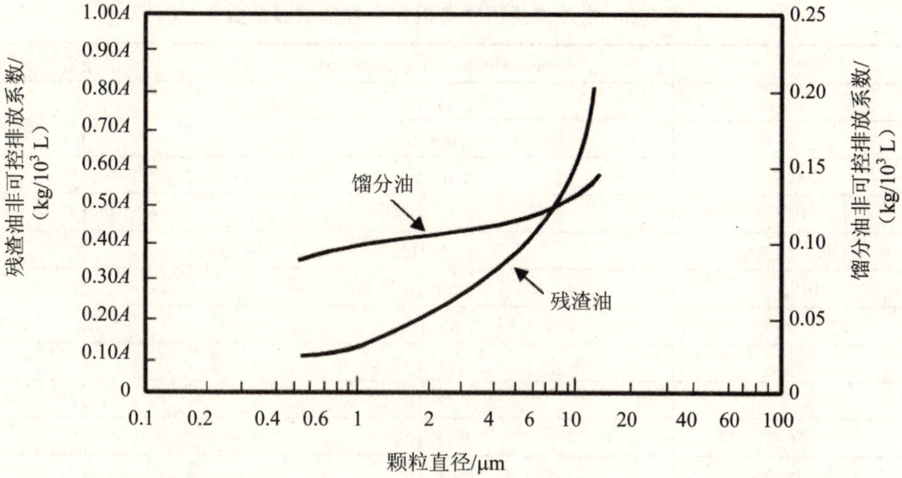

图 3-4　以残渣油和馏分油为燃料的非可控商业锅炉的累积特定尺寸颗粒物的排放系数

表 3-8　燃油燃烧时一氧化二氮（N_2O）、POM 和甲醛（HCOH）的排放系数[a]

排放系数等级：E

燃烧方式（SCC）	排放系数/（lb/10³ gal）		
	N_2O[b]	POM[c]	HCOH[c]
公共设施/工业/商业锅炉			
6 号油（1-01-004-01、1-02-004-01、1-03-004-01）	0.53	0.001 1～0.001 3[d]	0.024～0.061
馏分油（1-01-005-01、1-02-005-01、1-03-005-01）	0.26	0.003 3[e]	0.035～0.061
民用锅炉（A2104004/A2104011）	0.05	ND	ND

[a] 要将 lb/10³ gal 转换为 kg/10³ L，需乘以 0.12。SCC 表示源分类代码。ND 表示无数据。

[b] 参见参考文献 45-46。排放系数等级为 B。

[c] 参见参考文献 29-32。

[d] 颗粒和气态 POM。

[e] 仅颗粒 POM。

表 3-9 燃油燃烧衍生有机化合物的排放系数[a]

有机化合物	平均排放系数[b]/（lb/10^3 gal）	排放系数等级
苯	2.14×10^{-4}	C
乙苯	6.36×10^{-5}[c]	E
甲醛[d]	3.30×10^{-2}	C
萘	1.13×10^{-3}	C
1,1,1-三氯乙烷	2.36×10^{-4}[c]	E
甲苯	6.20×10^{-3}	D
邻二甲苯	1.09×10^{-4}[c]	E
苊	2.11×10^{-5}	C
苊烯	2.53×10^{-7}	D
蒽	1.22×10^{-6}	C
苯并[*a*]蒽	4.01×10^{-6}	C
苯并[*b*, *k*]荧蒽	1.48×10^{-6}	C
苯并[*g*, *h*, *i*]苝	2.26×10^{-6}	C
䓛	2.38×10^{-6}	C
二苯并[*a*, *h*]蒽	1.67×10^{-6}	D
荧蒽	4.84×10^{-6}	C
芴	4.47×10^{-6}	C
茚并[1,2,3-*cd*]芘	2.14×10^{-6}	C
菲	1.05×10^{-5}	C
芘	4.25×10^{-6}	C
OCDD	3.10×10^{-9}[c]	E

[a] 数据适用于以残渣油为燃料的锅炉，源分类代码（SCC）为 1-01-004-01/04。

[b] 参见参考文献 64-72。要将 lb/10^3 gal 转换为 kg/10^3 L，需乘以 0.12。

[c] 数据来源为燃烧源测试（参见参考文献 67）。

[d] 此处的甲醛编号仅适用于使用 6 号油的公共设施锅炉数据。表 3-7 中的编号适用于公共设施、商业和工业锅炉。

表 3-10 馏分油燃烧源的微量金属的排放系数[a]

排放系数等级：E

燃烧方式（SCC）	排放系数/（lb/10^{12} Btu）										
	As	Be	Cd	Cr	Cu	Pb	Hg	Mn	Ni	Se	Zn
馏分油（1-01-005-01、1-02-005-01、1-03-005-01）	4	3	3	3	6	9	3	6	3	15	4

[a] 数据适用于馏分油锅炉，源分类代码（SCC）为 1-01-005-01、1-02-005-01 和 1-03-005-01。参见参考文献 29-32、40-44 和 83。要将 lb/10^{12} Btu 转换为 pg/J，需乘以 0.43。

表 3-11 非可控 6 号油燃烧时金属的排放系数[a]

金属	平均排放系数[b, d]/（$lb/10^3\ gal$）	排放系数等级
锑	5.25×10^{-3}[c]	E
砷	1.32×10^{-3}	C
钡	2.57×10^{-3}	D
铍	2.78×10^{-5}	C
镉	3.98×10^{-4}	C
氯化物	3.47×10^{-1}	D
铬	8.45×10^{-4}	C
铬（Ⅵ）	2.48×10^{-4}	C
钴	6.02×10^{-3}	D
铜	1.76×10^{-3}	C
氟化物	3.73×10^{-2}	D
铅	1.51×10^{-3}	C
锰	3.00×10^{-3}	C
汞	1.13×10^{-4}	C
钼	7.87×10^{-4}	D
镍	8.45×10^{-2}	C
磷	9.46×10^{-3}	D
硒	6.83×10^{-4}	C
钒	3.18×10^{-2}	D
锌	2.91×10^{-2}	D

[a] 数据适用于以残渣油为燃料的锅炉，源分类代码（SCC）为 1-01-004-01/04。

[b] 参见参考文献 64-72。使用低效静电除尘器，19 个燃烧源中有 18 个非可控，1 个可控。要将 $lb/10^3\ gal$ 转换为 $kg/10^3\ L$，需乘以 0.12。

[c] 参见参考文献 29-32、40-44。

[d] 对于油掺水，需减小与燃料中的含水量成正比的系数（由于稀释）。要调整掺水量的数值，需用数值乘以 1−含水量的小数值（例如，按体积计油的掺水量为 9%，则乘以 1−0.09=0.91）。

表 3-12 液体燃料的默认 CO_2 排放系数 [a]

排放系数等级：B

燃料类型	含碳量/%[b]	密度[c]/（lb/gal）	CO_2 排放系数/（lb/10^3 gal）
1 号（煤油）	86.25	6.88	21 500
2 号	87.25	7.05	22 300
低硫 6 号	87.26	7.88	25 000
高硫 6 号	85.14	7.88	24 400

[a] 前提是 99%燃料碳转化为 CO_2。要将 lb/gal 转换为 g/cm^3，需乘以 0.12。要将 lb/10^3 gal 转换为 kg/m^3，需乘以 0.12。

[b] 依照参考文献 73-74 中给出的燃料碳含量的平均值。

[c] 参照参考文献 73、75。

表 3-13 燃油燃烧源的 SO_2 燃烧后控制

控制技术	工艺	常规控制效率	备注
湿式洗涤器	石灰/石灰石	80%～95%+	适用于含硫量高的燃料，可生成湿式料浆反应物
	碳酸钠	80%～98%	5～430 MMBtu/h 常规适用范围，试剂成本高
	氧化镁/氢氧化镁	80%～95%+	可再生
	双碱法	90%～96%	用石灰重新生成钠基洗涤液
喷雾干燥法	氢氧化钙料浆，在喷洒容器中蒸发	70%～90%	适用于含硫量低或含硫量中等的燃料，可生成干式料浆反应物
炉内喷射法	在上层炉腔喷入干燥的碳酸钙/氢氧化钙	25%～50%	只在几个欧美刚启动的项目投入了商业运用
烟道喷射法	将干燥的吸附剂喷入烟道，有时可配合水雾一起喷入	25%～50%+	仅限几个刚刚启动的研究开发示范项目，尚未在美国投入商业运用

表 3-14 燃油锅炉 NO_x 控制方案 a

控制技术	技术说明	NO_x 可能减少的量/%		应用范围	商业化效用/发展现状	注释
		残渣油	馏分油			
低过量空气（LEA）	减少燃烧空气	0～28	0～24	通常过量氧气（O_2）可以减少至 2.5%，即从基线水准下降 3%	适用于操作足够灵活的锅炉	可提高锅炉效率。会因 CO、HC 和烟雾排放增加而导致功能受限
分级燃烧（SC）	带有二次燃烧通风口的富燃料燃烧器	20～50	17～44	如果正确安装了二次风口，则可以使用 70%～90%的燃烧器化学当量	适用于配套设施和工地安装的设备，但所有设计类型均未投入商业运用	最好用于新型设备。大多数设备都无法使用这种改良方法，尤其是配套设施
燃烧器停用（BOOS）	只有空气通过一个或多个燃烧器。燃烧器残留物富燃料燃烧	10～30	ND	按正方形排列 4 个或更多燃烧器锅炉效率最高	有效	需要谨慎选择 BOOS 模式和精心控制气流。如果不对燃油传输系统进行改进，可能会引起锅炉估值下调
烟气再循环（FGR）	烟气通往燃烧器的再循环入口	15～30	58～73	最多有 25%～30%的烟气可以再循环。可以在大多数锅炉类型中	有效，最好用于新型设备	需要对燃烧器和风箱进行大规模改良。火焰在高 FGR 率下可能会不稳定
烟气再循环加上分级燃烧	结合使用 FGR 和分级燃烧	25～53	73～77	使用馏分油的最大 FGR 率设置为 25%。残渣油的设置为 20%	适用于操作足够灵活的锅炉	所有现有锅炉可能都无法使用这种方法。最好用于新型设备

控制技术	技术说明	NO_x可能减少的量/%		应用范围	商业化效用/发展现状	注释
		残渣油	馏分油			
负荷减少（LR）	减少通往所有使用中的燃烧器的气流和燃料流	减少33%到增加25%	减少31%到增加17%	适用于所有锅炉类型和规格。负荷可以减至最大值的25%	可在设备改良中使用	过量氧气（O_2）水平被迫增加时该技术无效。由于燃烧强度降低（即炉膛面积增大），LR可能只适用于新型设计的设备
低氮氧化物燃烧器（LNB）	新型燃烧器设计，可以控制气油的混合和增加散热	20～50	20～50	新型燃烧器，适用于所有锅炉	可以投入商业运用	缺少配备了LNB的工业锅炉的具体排放数据
减少空气预热（RAP）	空气预热器的燃烧回路	5～16	ND	燃烧空气的温度可降至环境温度	有效	要将此技术应用到新型锅炉中，需要安装替代热回收装置（如省煤器）
选择性非催化还原（SNCR）	将NH_3或尿素作为还原剂喷入烟气中	40～70	40～70	适用于大型配套设施和工地安装的水管锅炉。不适用于火管锅炉	可以投入商业运用，但未在大型锅炉中广泛应用	还原剂喷射系统、监测系统和控制系统都必须十分精密。以高硫燃油作为燃料时，可能会对锅炉负荷有所限制或对空气预热器造成污染。在最佳温度的停留时间必须充足
传统的SCR	将氨气喷入已有的催化剂中（通常在空气预热器上游）	不超过90%（估算）	不超过90%（估算）	通常适用于大型锅炉设计	可以投入商业运用，但未广泛应用	可以作为改良技术用于大多数锅炉的设计，也可以用于新型锅炉

控制技术	技术说明	NO_x 可能减少的量/%		应用范围	商业化效用/发展现状	注释
		残渣油	馏分油			
空气预热器（SCR）	空气预热器中包裹着催化剂回转框	40～65（估算）	40～65（估算）	带有回转框空气预热器的锅炉	可以投入商业运用，但未广泛应用	其设计必须满足压降需要，并且能够维持正常的热传输
烟道 SCR	安装在现有通风管道中的小型传统 SCR	30（估算）	30（估算）	通常适用于大型锅炉设计	可以投入商业运用，但未广泛应用	SCR 在烟道中的位置取决于温度
活性炭 SCR	活性炭催化剂，安装在空气预热器下游	ND	ND	通常适用于大型锅炉设计	可以投入商业运用，但未广泛应用	压降高
油掺水乳化燃料[a, b]	用乳化剂进行乳化的油掺水燃料	41	ND	火管锅炉	可以投入商业运用，但未广泛应用	掺水量大会使热效率降低

[a]ND 表示无数据。

[b] EPA 测试表明，要投入商业运用，最好用石油基乳化液将掺有 9%水的燃油乳化。测试的锅炉为 2 400 lb/h、15 psi（磅/英寸 ^{2}）的苏格兰式船用火管锅炉，在 2×10^6 Btu/h 的条件下燃烧。

表 3-15 工业/商业/机构锅炉 6 号油掺水乳化的排放系数

污染物	排放系数/（lb/10^3 gal）	系数等级	注释
CO	1.9	C	用普通润滑油作燃料可减少 33%
NO_x	38	C	可减少 41%
PM	14.9	C	可减少 45%

[a] EPA 测试表明，要投入商业运用，最好用石油基乳化液将掺有 9%水的燃油乳化。测试的锅炉为 2 400 lb/h、15 psi（磅/英寸 ^{2}）的苏格兰式船用火管锅炉，在 2×10^6 Btu/h 的条件下燃烧。

3.5 参考文献

1. W. S. Smith, *Atmospheric Emissions From Fuel Oil Combustion: An Inventory Guide*, 999-AP-2, U.S. Environmental Protection Agency, Washington, DC, November 1962.

2. J. A. Danielson (ed.), *Air Pollution Engineering Manual*, Second Edition, AP-40, U.S. Environmental Protection Agency, Research Triangle Park, NC, 1973. Out of Print.

3. *Fossil Fuel Fired Industrial Boilers —Background Information: Volume 1*, EPA-450/3-82-006a, U.S. Environmental Protection Agency, Research Triangle Park, NC, March 1982.

4. Emission Factor Documentation For AP-42, Section 1.3, Fuel Oil Combustion, Office of Air Quality Planning and Standards, U.S. Environmental Protection Agency, Research Triangle Park, NC, April 1993.

5. U.S. Environmental Protection Agency, "National Primary and Secondary Ambient Air Quality Standards", Code of Federal Regulations, Title 40, Part 50, U.S. Government Printing Office, Washington DC, 1991.

6. A. Levy, *et al.*, *A Field Investigation Of Emissions From Fuel Oil Combustion For Space Heating*, API Bulletin 4099, Battelle Columbus Laboratories, Columbia, OH, November 1971.

7. R. E. Barrett, *et al.*, *Field Investigation Of Emissions From Combustion Equipment For Space Heating*, EPA-R2-73-084a, U.S. Environmental Protection Agency, Research Triangle Park, NC, June 1973.

8. G. A. Cato, *et al.*, *Field Testing: Application Of Combustion Modifications To Control Pollutant Emissions From Industrial Boilers—Phase I*, EPA-650/2-74-078a, U.S. Environmental Protection Agency, Washington, DC, October 1974.

9. G. A. Cato, *et al.*, *Field Testing: Application Of Combustion Modifications To Control Pollutant Emissions From Industrial Boilers—Phase II*, EPA-600/ 2-76-086a, U.S. Environmental Protection Agency, Washington, DC, April 1976.

10. *Particulate Emission Control Systems For Oil Fired Boilers*, EPA-450/3-74-063, U.S. Environmental Protection Agency, Research Triangle Park, NC, December 1974.

11. C. W. Siegmund, "Will Desulfurized Fuel Oils Help? ", *American Society Of Heating, Refrigerating And Air Conditioning Engineers Journal*, 11: 29-33, April 1969.

12. F. A. Govan, *et al.*, "Relationships of Particulate Emissions Versus Partial to Full Load

Operations for Utility-sized Boilers", *Proceedings Of Third Annual Industrial Air Pollution Control Conference*, Knoxville, TN, March 29-30, 1973.

13. Emission Test Reports, Docket No. OAQPS-78-1, Category Ⅱ-Ⅰ-257 through 265, Office Of Air Quality Planning And Standards, U.S. Environmental Protection Agency, Research Triangle Park, NC, 1972 through 1974.

14. C. Leavitt, *et al.*, *Environmental Assessment Of An Oil Fired Controlled Utility Boiler*, EPA-600/7-80-087, U.S. Environmental Protection Agency, Washington, DC, April 1980.

15. W. A. Carter and R. J. Tidona, *Thirty-day Field Tests of Industrial Boilers: Site 2—Residual-oil-fired Boiler*, EPA-600/7-80-085b, U.S. Environmental Protection Agency, Washington, DC, April 1980.

16. *Primary Sulfate Emissions From Coal And Oil Combustion*, EPA Contract No. 68-02-3138, TRW, Inc., Redondo Beach, CA, February 1980.

17. W. Bartok, *et al.*, *Systematic Field Study Of NO_x Emission Control Methods For Utility Boilers*, APTD-1163, U.S. Environmental Protection Agency, Research Triangle Park, NC, December 1971.

18. A. R. Crawford, *et al.*, *Field Testing: Application Of Combustion Modifications To Control NO_x Emissions From Utility Boilers*, EPA-650/2-74-066, U.S. Environmental Protection Agency, Washington, DC, June 1974.

19. J. F. Deffner, *et al.*, *Evaluation Of Gulf Econojet Equipment With Respect To Air Conservation*, Report No. 731RC044, Gulf Research and Development Company, Pittsburgh, PA, December 18, 1972.

20. C. E. Blakeslee and H. E. Burbach, "Controlling NO_x Emissions From Steam Generators," *Journal Of The Air Pollution Control Association*, 23: 37-42, January 1973.

21. R. E. Hall, *et al.*, *A Study Of Air Pollutant Emissions From Residential Heating Systems*, EPA-650/2-74-003, U.S. Environmental Protection Agency, Washington, DC, January 1974.

22. R. J. Milligan, *et al.*, *Review Of NO_x Emission Factors For Stationary Fossil Fuel Combustion Sources*, EPA-450/4-79-021, U.S. Environmental Protection Agency, Research Triangle Park, NC, September 1979.

23. K. J. Lim, *et al.*, *Technology Assessment Report For Industrial Boiler Applications: NO_x Combustion Modification*, EPA-600/7-79-178f, U.S. Environmental Protection Agency, Washington, DC, December 1979.

24. D. W. Pershing, *et al.*, *Influence Of Design Variables On The Production Of Thermal And Fuel*

NO From Residual Oil And Coal Combustion，Air：Control of NO_x and SO_x Emissions，New York，American Institute of Chemical Engineers，1975.

25. R. Clayton，*et al.*，*N_2O Field Study*，EPA-600/2-89-006，U.S. Environmental Protection Agency，Research Triangle Park，NC，February 1989.

26. *Evaluation Of Fuel-Based Additives For N_2O And Air Toxic Control In Fluidized Bed Combustion Boilers*，EPRI Contract No. RP3197-02，Acurex Report No. FR-91-101-/ESD，（Draft Report）Acurex Environmental，Mountain View，CA，June 17，1991.

27. *Code of Federal Regulations 40*，*Parts 53 to 60*，July 1，1991.

28. James Ekmann，*et al.*，*Comparison Of Shale Oil And Residual Fuel Combustion*，In Symposium Papers，New Fuels And Advances In Combustion Technologies，Sponsored By Institute Of Gas Technology，March 1979.

29. N. F. Suprenant，*et al.*，*Emissions Assessment Of Conventional Stationary Combustion Systems*，*Volume I：Gas And Oil Fired Residential Heating Sources*，EPA-600/7-79-029b，U.S. Environmental Protection Agency，Washington，DC，May 1979.

30. C. C. Shih，*et al.*，*Emissions Assessment Of Conventional Stationary Combustion Systems*，*Volume III：External Combustion Sources For Electricity Generation*，EPA Contract No. 68-02-2197，TRW，Inc.，Redondo Beach，CA，November 1980.

31. N. F. Suprenant，*et al.*，*Emissions Assessment Of Conventional Stationary Combustion System*，*Volume IV：Commercial Institutional Combustion Sources*，EPA Contract No. 68-02-2197，GCA Corporation，Bedford，MA，October 1980.

32. N. F. Suprenant，et al.，*Emissions Assessment Of Conventional Stationary Combustion Systems*，*Volume V：Industrial Combustion Sources*，EPA Contract No. 68-02-2197，GCA Corporation，Bedford，MA，October 1980.

33. *Particulate Polycyclic Organic Matter*，National Academy of Sciences，Washington，DC，1972.

34. *Vapor Phase Organic Pollutants—Volatile Hydrocarbons And Oxidation Products*，National Academy of Sciences，Washington，DC，1976.

35. H. Knierien，*A Theoretical Study Of PCB Emissions From Stationary Sources*，EPA-600/7-76-028，U.S. Environmental Protection Agency，Research Triangle Park，NC，September 1976.

36. *Estimating Air Toxics Emissions From Coal And Oil Combustion Sources*，EPA-450/2-89-001，U.S. Environmental Protection Agency，Research Triangle Park，NC，April 1989.

37. R. P. Hagebrauck，D. J. Von Lehmden，and J. E. Meeker，“Emissions of Polynuclear Hydrocarbons and Other Pollutants from Heat-Generation and Incineration Process”，*J. Air Pollution Control Assoc.*，14：267-278，1964.

38. M. B. Rogozen，*et al.*，*Formaldehyde：A Survey Of Airborne Concentration And Sources*，California Air Resources Board，ARB Report No. ARB/R-84-231，1984.

39. Seeker，W.R，*et al.*，*Municipal Waste Combustion Study：Combustion Control Of MSW Combustors To Minimize Emissions Of Trace Organics*，EPA-543-SW-87-021c，U.S. Environmental Protection Agency，Washington，D.C.，May 1987.

40. *Clean Air Act Amendments of 1990*，Conference Report To Accompany S.1603，Report 101-952，U.S. Government Printing Office，Washington，DC，October 26，1990.

41. K. J. Lim，*et al.*，*Industrial Boiler Combustion Modification NO_x Controls-Volume I Environmental Assessment*，EPA-600/7-81-126a，U.S. Environmental Protection Agency，July 1981.

42. D. H. Klein，*et al.*，“Pathways of Thirty-Seven Trace Elements Through Coal-Fired Power Plants，” *Environ.Sci.Technol.*，9：973-979，1975.

43. D. G. Coles，*et al.*，“Chemical Studies of Stack Fly Ash From a Coal-Fired Power Plant，” *Environ. Sci. Technol.*，13：455-459，1979.

44. S. Baig，*et al.*，*Conventional Combustion Environmental Assessment*，EPA Contract No. 68-02-3138，U.S. Environmental Protection Agency，Research Triangle Park，NC，1981.

45. L. P. Nelson，*et al.*，*Global Combustion Sources of Nitrous Oxide Emissions*，Research Project 2333-4 Interim Report，Sacramento：Radian Corporation.

46. R. L. Peer，*et al.*，*Characterization of Nitrous Oxide Emission Sources*，Prepared for the U.S. EPA Contract 68-D1-0031，Research Triangle Park，NC：Radian Corporation，1995.

47. S. D. Piccot，*et al.*，*Emissions and Cost Estimates for Globally Significant Anthropogenic Combustion Sources of NO_x，N_2O，CH_4，CO，and CO_2*，EPA Contract No. 68-02-4288，Research Triangle Park，NC：Radian Corporation，1990.

48. G. Marland and R. M. Rotty，*Carbon Dioxide Emissions from Fossil Fuels：A Procedure For Estimation And Results For 1951-1981*，DOE/NBB-0036 TR-003，Carbon Dioxide Research Division，Office of Energy Research，U.S. Department of Energy，Oak Ridge，TN，1983.

49. G. Marland and R. M. Rotty，*Carbon Dioxide Emissions from Fossil Fuels：A Procedure For Estimation And Results For 1950-1982*，*Tellus*，36B：232-261.

50. *Sector-Specific Issues and Reporting Methodologies Supporting the General Guidelines for the*

Voluntary Reporting of Greenhouse Gases under Section 1605（b）of the Energy Policy Act of 1992（1994）DOE/PO-0028，Volume 2 of 3，U.S. Department of Energy.

51. G. R. Offen，*et al.*，*Control Of Particulate Matter From Oil Burners And Boilers*，EPA-450/3-76-005，U.S. Environmental Protection Agency，Research Triangle Park，NC，April 1976.

52. D. W. South，*et al.*，*Technologies And Other Measures For Controlling Emissions：Performance，Costs，And Applicability*，Acidic Deposition：State of Science and Technology，Volume Ⅳ，Report 25，National Acid Precipitation Assessment Program，U.S. Government Printing Office，Washington，DC，December 1990.

53. *EPA Industrial Boiler FGD Survey：First Quarter 1979*，EPA-600/7-79-067b，U.S. Environmental Protection Agency，April 1979.

54. J. H. Pohl and A. F. Sarofim，*Devolatilization And Oxidation Of Coal Nitrogen（Presented At The 16th International Symposium On Combustion）*，August 1976.

55. P. B. Nutcher，*High Technology Low NO_x Burner Systems For Fired Heaters And Steam Generators*，Process Combustion Corp.，Pittsburgh，PA，Presented at the Pacific Coast Oil Show and Conference，Los Angeles，CA，November 1982.

56. *Environmental Assessment Of Coal And Oil Firing In A Controlled Industrial Boiler*，*Volume I*，PB 289942，U.S. Environmental Protection Agency，August 1978.

57. *Environmental Assessment Of Coal And Oil Firing In A Controlled Industrial Boiler*，*Volume II*，EPA-600/7-78-164b，U.S. Environmental Protection Agency，August 1978.

58. *Environmental Assessment Of Coal And Oil Firing In A Controlled Industrial Boiler*，*Volume III*，EPA-600/7-78-164c，U.S. Environmental Protection Agency，August 1978.

59. *Emission Reduction On Two Industrial Boilers With Major Combustion Modifications*，EPA-600/7-78-099a，U.S. Environmental Protection Agency，August 1978.

60. *Emission Reduction On Two Industrial Boilers With Major Combustion Modifications*，*Data Supplement*，EPA-600/7-78-099b，U.S. Environmental Protection Agency，August 1978.

61. *Residential Oil Furnace System Optimization*，*Phase II*，EPA-600/2-77-028，U.S. Environmental Protection Agency，January 1977.

62. *Characterization Of Particulate Emissions From Refinery Process Heaters And Boilers*，API Publication No. 4365，June 1983.

63. *Industrial Boilers Emission Test Report*，*Boston Edison Company*，*Everett*，*Massachusetts*，EMB Report 81-IBR-15，U.S. Environmental Protection Agency，Office of Air Quality Planning and

Standards，October 1981.

64. Field Chemical Emissions Monitoring Project：Site 13 Emissions Monitoring，EPRI Project RP3177-1，Radian Corporation，Austin，Texas，February，1993.

65. Field Chemical Emissions Monitoring Project，Site 112 Emissions Report，Preliminary Draft，Carnot，Tustin，California，February 24，1994.（EPRI Report）

66. Field Chemical Emissions Monitoring Project: Emissions Report For sites 103-109，Preliminary Draft Report，Radian Corporation，Austin，Texas，March 1993.（EPRI Report）

67. Field Chemical Emissions Monitoring Project：Site 118 Emissions Report，Preliminary Draft，Carnot，Tustin，California，January 20，1994.（EPRI Report）

68. Emissions Inventory Testing at Long Beach Auxiliary Boiler for Southern California Edison Company，Carnot，May 1990.

69. Emission Inventory Testing at Alamitos Unit 5 for Southern California Edison Company，Carnot，May 1990.

70. Air Toxic emissions Testing at Morro Bay Unit 3 for Pacific Gas and Electric Company，Carnot，May 1990.

71. Emission Inventory Testing at El Segundo Generating Station 1，for Southern California Edison Company，Carnot，April 1990.

72. Electric Utility Fuel Oil Fired Electric Utility Boiler Emission Report，for Long Island Lighting Corporation，Entropy Incorporated，April 1994.

73. Perry，Robert H. and Don Green（1984）*Perry's Chemical Engineers' Handbook*，Sixth ed.，New York：McGraw Hill.

74. *Steam：Its Generation and Use*，Babcock and Wilcox，New York，1975.

75. *Compilation of Air Pollutant Emission Factors，Volume I：Stationary Point and Area Sources*（1995）U.S. Environmental Protection Agency，AP-42. Fifth Edition. Research Triangle Park，NC.

76. Results of the September 14 and 15，1994 Air Emission Compliance Tests on the No. 11 Boiler at the Appleton Paper Plant in Combined Locks，Wisconsin. Interpoll Laboratories.October 10，1994.

77. Compliance Emission Test Report for Lakewood Cogeneration，L. P. Lakewood Township，New Jersey.Environmental Laboratories，Inc. December 19，1994.

78. Compliance Test Report Air Emissions from Utility Boilers A，B，and C. Mobile Oil Corporation. Paulsboro，New Jersey. ENSA Environmental，Inc. May 1995.

79. Boise Cascade Combined Power Boilers Title V Fuel Oil Compliance Test Report. St. Helens，

Oregon Paper Mill. Bighorn Environmental Quality Control. August 8，1996.

80. Results of the July 13，1993 Particulate and Sulfur Dioxide Emission Compliance Testing at the Land O’Lakes Plant in Spencer，Wisconsin. Interpoll Laboratories，Inc. August 16，1993.

81. Results of the May 31，1995 Air Emission Compliance Tests of the No. 1 Boiler at the Land O’Lakes Plant in Spencer，Wisconsin. Interpoll Laboratories，Inc. July 12，1995.

82. Boiler Emission Testing at KC-Neenah Paper，Whiting Mill，Stevens Point，WI. Badger Laboratories and Engineering. February 27，1995.

83. Emissions Inventory Testing at Long Beach Turbine Combustion Turbine No. 3. CARNOT，Tustin，CA. May 1989.

84. C. A. Miller. *Hazardous Air Pollutants from the Combustion of an Emulsified Heavy Oil in a Firetube Boiler*. EPA-600/R-96-019. U.S. Environmental Protection Agency，Research Triangle Park，North Carolina. February 1996.

4 天然气燃烧

4.1 简述[1-2]

天然气是全国通用的主要燃烧原料之一，主要用途是工业和公共设施发电、工业生产用蒸汽和热能以及居民和商业区采暖。天然气中甲烷占绝大部分（85%以上），另有少量乙烷、丙烷、丁烷和惰性气体（通常是氮气、二氧化碳和氯气）。天然气的总热值约为 1 020 Btu/scf（英热单位/标准立方英尺），一般在 950～1 050 Btu/scf。

4.2 燃烧装置[3-5]

主要有 3 种类型的锅炉在商业、工业和公共设计中燃烧天然气：水管锅炉、火管锅炉和铸铁锅炉。水管锅炉是水在传热管内部流动，高温燃烧气体与管外壁直接接触并对管外壁放热，在公共设计和大型工业锅炉中最常用。水管锅炉应用范围很广，如为工业生产提供大量蒸汽、为采暖提供热水或蒸汽、为电力生产提供高温高压蒸汽等。此外，水管锅炉可以分为工地安装设备和配套安装设备。

工地安装锅炉通常建在工地上，体积较大，一般热功率大于 100 MMBtu/h 的锅炉需要现场安装。工地安装锅炉通常配有多个燃烧器（可根据结构自行定义安装位置），操作灵活性更大，NO_x 控制装备的选择也更多。工地安装设备进一步分为墙式燃烧和四角切圆式燃烧。墙式锅炉的特点是在一面炉壁或相对的两面炉壁上安放多个单独燃烧器；四角切圆式锅炉的特点则是在锅炉的四个角分别安放多排风嘴和油嘴。

配套设施锅炉不需要现场安装，可以装运到需要安装的地点。配套设施锅炉的热功率水平在 250 MMBtu/h 以内，因此装运时可根据运输条件压缩体积，这时的热功率水平通常小于 100 MMBtu/h。配套设施锅炉都是装有一个或多个独立燃烧器的墙式锅炉。由于配套设施锅炉受到给定尺寸的限制，操作灵活性会受到限制，某些 NO_x 控制装备也就无法安装。

火管锅炉是高温燃烧气体在管内流过，对管外循环的水进行加热，主要在供热系统、工业生产用蒸汽和便携式动力锅炉中使用。火管锅炉几乎都用作配套设施，主要包括苏格兰船用锅炉和老式火室锅炉两种类型。与火管锅炉类似，铸铁锅炉也是高温燃烧气体在管内，对管外循环的水进行加热。铸铁锅炉的铸造材料是铸铁而不是钢材，几乎都是按配套设施锅炉铸造的。这类锅炉在小型商业企业最常用，主要用于产生低压蒸汽或热水。

民用锅炉和火炉也使用天然气。与火管锅炉类似，民用锅炉和火炉也是烟气在多个通道或管道内流过，水或空气在通道或管道外循环。

4.3 排放物[3-4]

天然气锅炉和火炉的排放物包括 NO_x、CO、CO_2、CH_4、N_2O、VOCs、少量 SO_2 和 PM。

4.3.1 氮氧化物

氮氧化物的生成机理主要有 3 个：第一个也是最主要的一个生成机理是热力型 NO_x，即燃烧空气高温分解，然后氮气（N_2）与氧气（O_2）分子发生反应形成 NO_x。热力型机理生成的 NO_x 通常位于燃烧器附近的高温火焰区，其生成受 3 个炉膛区因素的影响：（1）氧气浓度；（2）峰值温度；（3）在峰值温度的暴露时间。这 3 个因素增加，NO_x 排放水平就会增加。虽然这些因素会有所变化，但各种天然气锅炉和火炉的排放趋势通常不变。燃烧器类型、燃烧器大小和操作条件（如燃烧空气温度、容积热强度、负荷和过量氧气水平）不同，排放水平也相差很大。

第二个生成机理称为快速型 NO_x，即燃烧空气中的氮分子与燃料中碳氢化合物发生早期反应。快速型 NO_x 机理是在火焰内部发生反应，与热力型机理生成的 NO_x 相比几乎可以算是微乎其微。但是如果配备了超低氮氧化物燃烧器，那么快

速型 NO_x 机理就会变得意义重大。

第三个生成机理是演变而来的，称为燃料型 NO_x，即燃料中的氮化合物与氧气发生反应。天然气中燃料氮含量低，因此通过这种机理形成的 NO_x 并不多。

4.3.2 一氧化碳

锅炉的 CO 排放率取决于天然气的燃烧效率。锅炉调试不当或在与设计不符的工况下操作，会降低燃烧效率，从而引起 CO 排放增多。在某些情况下，安装了低氮氧化物燃烧器和烟气再循环（Flue Gas Recirculation，FGR）等控制装置也会降低燃烧效率，排放的 CO 比非可控锅炉更多。

4.3.3 挥发性有机物

锅炉和火炉 VOCs 的排放率也取决于燃烧效率。提高燃烧温度、增加高温下的停留时间以及增强燃料与燃烧空气的紊流混合，都能使 VOCs 的排放降至最少。如果锅炉中燃烧不完全，那么天然气中含有的微量 VOCs 家族（如甲醛和苯）也会使 VOCs 的排放增加。

4.3.4 硫氧化物

天然气锅炉的 SO_2 排放率很低，符合管道外输标准的天然气的含硫量为 2 000 晶粒/百万立方英尺。但是为了监测泄漏情况，天然气中添加了含硫芳香物，会释放少量的 SO_2。使用未处理的天然气在锅炉中燃烧，会由于其中含硫量高而导致 SO_2 排放量增多。对于这些锅炉，应使用硫质量平衡来确定 SO_2 的排放率。

4.3.5 颗粒物

由于天然气是气态燃料，因此滤过性 PM 的排放通常很少。据估计，天然气燃烧产生的颗粒物直径小于 1 μm，滤过性和冷凝性颗粒都有，通常是未完全燃烧的高分子量烃类。PM 排放的增多会引起空气/燃料混合度差或维护问题。

4.3.6 温室气体[6-9]

CO_2、CH_4 和 N_2O 都是天然气燃烧生成的排放物。调试得当的锅炉中，天然气几乎所有的（99%）燃料碳都会在燃烧过程中转化为 CO_2，这种转换与锅炉类型或燃烧器类型无关。燃料碳未转换为 CO_2 的原因是燃烧不完全，因此会生成

CH_4、CO 或 VOCs 等排放物。即使锅炉在燃烧效率很差的条件下运转，生成的CH_4、CO 和 VOCs，与生成的 CO_2 相比，数量也并不多。

燃烧过程中 N_2O 的生成受两个炉膛区因素的影响。燃烧温度保持 1 475℉以上的高温，过量空气控制在少于 1%，N_2O 的排放量会降至最少。

甲烷在低温燃烧或不完全燃烧（如锅炉的启动和停炉阶段）时排放量最高。通常，在易于生成 N_2O 的条件下也容易造成 CH_4 的排放。

4.4 污染物控制[4, 10]

NO_x 的控制

目前，减少天然气锅炉 NO_x 排放量的燃烧控制技术中有两种最常见：烟气再循环（FGR）和低氮氧化物燃烧器。FGR 系统是一部分烟气从烟囱再循环至燃烧器风箱。循环的气体进入燃烧室之前与燃烧空气混合，然后进入风箱。循环的烟气是油气混合物在燃烧过程中表现为惰性的燃烧产物。FGR 系统通过两种方法减少 NO_x 的排放。循环的烟气主要用作稀释剂来降低燃烧温度，由此抑制热力型 NO_x 的形成。通过降低主火焰区的氧气浓度，FGR 系统也可以小幅减少 NO_x 生成。循环的烟气量是影响这些系统 NO_x 排放率的关键指标。FGR 系统通常与专用的低氮氧化物燃烧器一起使用，这样可以在产生的惰性气流增加时保持火焰稳定，而且可以减少 60%～90%的 NO_x 排放量。

低氮氧化物燃烧器减少 NO_x 排放的方法是分级完成燃烧过程。分级会一定程度上延迟燃烧过程，这样火焰就会冷却，抑制热力型 NO_x 生成。应用于天然气锅炉的两种最常见低氮氧化物燃烧器类型是分级空气燃烧器和分级燃料燃烧器。根据对低氮氧化物燃烧器的观察表明，可减少 40%～85%的 NO_x 排放物（相对于非可控排放水平）。

其他用于减少 NO_x 排放的燃烧控制技术包括分级燃烧和气体再燃。分级燃烧（如燃烧器停用和燃尽风）中，分级程度是影响 NO_x 排放率的关键操作指标。气体再燃与燃尽风类似，也是使用燃烧分级，但气体再燃是将多余的天然气喷入上层炉膛（正对着燃尽风风口前端），来降低 NO_x 形成 NO_2 的转化率。

天然气锅炉用于减少应用 NO_x 排放的两种燃烧后处理技术包括 SNCR 和 SCR。SNCR 是通过将 NH_3 或尿素喷入特定温度区的燃烧烟气中，来减少 NO_x 的排放。根据公共设施锅炉NO_x排放量替换控制技术（Alternative Control Techniques，ACT）文件的数据，对天然气锅炉的NO_x排放量进行估算，SNCR 的最大还原效率为25%～40%。[12]从几个公共设计天然气锅炉获得的SNCR还原效率数据表明：对于墙式锅炉上的装置，NO_x 的排放可减少 24%；对于四角切圆式锅炉上的装置，NO_x的排放可减少 13%。[11]为了符合许可要求的水平，在很多情况下锅炉都安装了 SNCR 装置，用来减少 NO_x的排放。在这些情况下，SNCR 装置的操作无法达到NO_x减少量的最大值。SCR 是在催化剂的作用下将NH_3喷入烟气，来减少 NO_x的排放。截至本书出版之时，天然气锅炉 SCR 的还原效率无可用数据。根据公共设施锅炉NO_x ACT 文件的数据，对SCR进行估算，其还原效率为80%～90%。[12]

锅炉和火炉天然气燃烧的排放系数见表 4-1 至表 4-4。[11]本章的表格列出了按体积计算的排放系数单位为 lb/10^6 scf（scf 为标准立方英尺）。要转换为能量单位（lb/MMBtu），用 lb/10^6 scf 除以热值 1 020 MMBtu/10^6 scf 即可。为了扩大排放系数的运用范围，可将天然气燃烧器分为三大类：热功率大于 100 MMBtu/h 的大型墙式锅炉；热功率小于 100 MMBtu/h 的锅炉和民用火炉；四角切圆式锅炉。这些类别的锅炉设计特点和操作特点都相同，因此以天然气作为燃料进行燃烧时的排放特点也类似。

排放系数等级从 A 到 E，表示系数的优劣；A 为优，E 为差。要了解确定等级系数的标准，请参见 AP-42 第 1.4 节的排放系数文件和对 AP-42 文档的介绍。

表 4-1 天然气燃烧 NO_x 和 CO 的排放系数 [a]

燃烧器类型（MMBtu/h 热功率）[SCC]	NO_x [b]		CO	
	排放系数/（$lb/10^6$ scf）	排放系数等级	排放系数/（$lb/10^6$ scf）	排放系数等级
大型墙式锅炉（＞100）[1-01-006-01，1-02-006-01，1-03-006-01]				
非可控（NSPS 之前）[c]	280	A	84	B
非可控（NSPS 之后）[c]	190	A	84	B
可控，低氮氧化物燃烧器	140	A	84	B
可控，烟气再循环	100	D	84	B
小型锅炉（＜100）[1-01-006-02，1-02-006-02，1-03-006-02，1-03-006-03]				
非可控	100	B	84	B
可控，低氮氧化物燃烧器	50	D	84	B
可控，低氮氧化物燃烧器/烟气再循环	32	C	84	B
四角切圆式锅炉（所有规格）[1-01-006-04]				
非可控	170	A	24	C
可控，烟气再循环	76	D	98	D
民用火炉（＜0.3）[无 SCC]				
非可控	94	B	40	B

[a] 参见参考文献 11。天然气燃烧的计量单位是“污染物磅数/百万标准立方英尺。要将 $lb/10^6$ scf 转换为 $kg/10^6\ m^3$，需乘以 16。排放系数是基于较高天然气热值的平均值 1 020 Btu/scf。要将 $1b/10^6$ scf 转换为 lb/MMBtu，需除以 1 020。本表中的排放系数可以转化为其他天然气热值，方法是用给定排放系数乘以衍生热值与平均热值的比值。SCC 表示源分类代码。ND 表示无数据。NA 表示不适用。

[b] 可表示为二氧化氮（NO_2）。对于装有 SNCR 控制装置的大型和小型墙式锅炉，对应的 NO_x 排放系数则可再降低 24%。对于装有 SNCR 控制装置的四角切圆式锅炉，对应的 NO_x 排放系数则可再降低 13%。

[c] NSP*S* 表示《新污染源行为标准》，在 40 CFR 60 子分类 D 和 Db 中定义。NSPS 之后的锅炉表示 1971 年 8 月 17 日之后进行结构改良或翻新、热功率高于 250 MMBtu/h 的锅炉，以及 1984 年 6 月 19 日之后进行结构改良或翻新、热功率在 100～250 MMBtu/h 的锅炉。

表 4-2 天然气燃烧标准污染物和温室气体的排放系数[a]

污染物	排放系数/（$lb/10^6$ scf）	排放系数等级
CO_2[b]	120 000	A
铅	0.000 5	D
N_2O（非可控）	2.2	E
N_2O（可控低氮氧化物燃烧器）	0.64	E
PM（全部）[c]	7.6	D
PM（冷凝性）[c]	5.7	D
PM（滤过性）[c]	1.9	B
SO_2[d]	0.6	A
TOC	11	B
甲烷	2.3	B
VOC	5.5	C

[a] 参见参考文献 11。天然气燃烧的计量单位是“污染物磅数/百万标准立方英尺”。数据用于所有天然气燃烧源。要将 $lb/10^6$ scf 转换为 $kg/10^6\ m^3$，需乘以 16。要将 $lb/10^6$ scf 转换为 lb/MMBtu，需除以 1 020。本表中的排放系数可以转化为其他天然气热值，方法是用给定排放系数乘以衍生热值与平均热值的比值。TOC 表示总有机化合物。VOC 表示挥发性有机物。

[b] 前提是燃料碳几乎 100%转化为 CO_2。$CO_2[lb/10^6\ scf] = (3.67)(CON)(C)(D)$，其中 CON 表示燃料碳形成 CO_2 的转化分数，C 表示燃料按重计的碳含量 0.76，D 表示燃料密度 $4.2\times10^4\ lb/10^6$ scf。

[c] 所有 PM（全部、冷凝性和滤过性）都假定为直径小于 1.0 μm。此处列出的 PM 排放系数可用于估算 PM_{10}、$PM_{2.5}$ 或 PM_1 的排放。全部 PM 是滤过性 PM 与冷凝性 PM 的总和。冷凝性 PM 是用 EPA Method 202（或等同物）收集的颗粒物。滤过性 PM 是滤网上或滤网前端收集的颗粒，滤网位于 EPA Method 5（或等同物）取样器。

[d] 前提是燃料硫几乎 100%转化为 SO_2。

假定天然气中的硫含量为 2 000 $gr/10^6$ scf。本表中的 SO_2 排放系数可以转化为其他天然气硫含量，方法是用 SO_2 排放系数乘以具体地点硫含量（$gr/10^6$ scf）与 2 000 $gr/10^6$ scf 的比值。

表 4-3 天然气燃烧衍生有机化合物的排放系数[a]

CAS 编号	污染物	排放系数/（lb/10^6 scf）	排放系数等级
91-57-6	2-甲基萘[b, c]	2.40×10^{-5}	D
56-49-5	3-甲基胆蒽[b, c]	$<1.8\times10^{-6}$	E
	7,12-二甲基苯[*a*]蒽[b, c]	$<1.6\times10^{-5}$	E
83-32-9	苊[b, c]	$<1.8\times10^{-6}$	E
203-96-8	苊烯[b, c]	$<1.8\times10^{-6}$	E
120-12-7	蒽[b, c]	$<2.4\times10^{-6}$	E
56-55-3	苯并[*a*]蒽[b, c]	$<1.8\times10^{-6}$	E
71-43-2	苯[b]	2.10×10^{-3}	B
50-32-8	苯并[*a*]芘[b, c]	$<1.2\times10^{-6}$	E
205-99-2	苯并[*b*]荧蒽[b, c]	$<1.8\times10^{-6}$	E
191-24-2	苯并[*g, h, i*]苝[b, c]	$<1.2\times10^{-6}$	E
207-08-9	苯并[*k*]荧蒽[b, c]	$<1.8\times10^{-6}$	E
106-97-8	丁烷	2.10	E
218-01-9	䓛[b, c]	$<1.8\times10^{-6}$	E
53-70-3	二苯并[*a, h*]蒽[b, c]	$<1.2\times10^{-6}$	E
25321-22-6	二氯苯[b]	1.20×10^{-3}	E
74-84-0	乙烷	3.10	E
206-44-0	荧蒽[b, c]	3.00×10^{-6}	E
86-73-7	芴[b, c]	2.80×10^{-6}	E
50-00-0	甲醛[b]	7.50×10^{-2}	B
110-54-3	己烷[b]	1.80	E
193-39-5	茚并[1,2,3-*cd*]芘[b, c]	$<1.8\times10^{-6}$	E
91-20-3	萘[b]	6.10×10^{-4}	E
109-66-0	戊烷	2.60	E
1985/1/8	菲[b, c]	1.70×10^{-5}	D
74-98-6	丙烷	1.60	E
129-00-0	芘[b, c]	5.00×10^{-6}	E
108-88-3	甲苯[b]	3.40×10^{-3}	C

[a] 参见参考文献 11。天然气燃烧的计量单位是“污染物磅数/百万标准立方英尺”。数据适用于所有天然气燃烧源。要将 lb/10^6 scf 转换为 kg/10^6 m^3，需乘以 16。要将 1b/10^6 scf 转换为 lb/MMBtu，需除以 1 020。前面带“＜”的排放系数是基于方法监测限制。

[b] HAP 在《清洁空气法》第 112（b）节进行了定义。

[c] 由于是 POM，因此属于 HAP。POM 是 HAP 在《清洁空气法》第 112（b）节进行了定义。

[d] 单个有机化合物的总和会超过 VOCs 或 TOC 排放系数是因为测试方法不同，每种污染物所用的测试数据也不同。

表 4-4 天然气燃烧金属的排放系数[a]

CAS 编号	污染物	排放系数/（lb/10^6 scf）	排放系数等级
7440-38-2	砷[b]	2.00×10^{-4}	E
7440-39-3	钡	4.40×10^{-3}	D
7440-41-7	铍[b]	$<1.2\times10^{-5}$	E
7440-43-9	镉[b]	1.10×10^{-3}	D
7440-47-3	铬[b]	1.40×10^{-3}	D
7440-48-4	钴[b]	8.40×10^{-5}	D
7440-50-8	铜	8.50×10^{-4}	C
7439-96-5	锰[b]	3.80×10^{-4}	D
7439-97-6	汞[b]	2.60×10^{-4}	D
7439-98-7	钼	1.10×10^{-3}	D
7440-02-0	镍[b]	2.10×10^{-3}	C
7782-49-2	硒[b]	$<2.4\times10^{-5}$	E
7440-62-2	钒	2.30×10^{-3}	D
7440-66-6	锌	2.90×10^{-2}	E

[a] 参见参考文献 11。天然气燃烧的计量单位是“污染物磅数/百万标准立方英尺”。数据用于所有天然气燃烧源。前面带“＜”的排放系数是基于方法监测限制。要将 lb/10^6 scf 转换为 kg/10^6 m^3，需乘以 16。要将 1b/10^6 scf 转换为 lb/MMBtu，需除以 1 020。

[b] HAP 在《清洁空气法》第 112（b）节进行了定义。

4.5 参考文献

1. *Exhaust Gases From Combustion And Industrial Processes*，EPA Contract No. EHSD 71-36，Engineering Science，Inc.，Washington，DC，October 1971.

2. *Chemical Engineers' Handbook，Fourth Edition*，J. H. Perry，Editor，McGraw-Hill Book Company，New York，NY，1963.

3. *Background Information Document For Industrial Boilers*，EPA-450/3-82-006a，U.S. Environmental Protection Agency，Research Triangle Park，NC，March 1982.

4. *Background Information Document For Small Steam Generating Units*，EPA-450/3-87-000，U.S. Environmental Protection Agency，Research Triangle Park，NC，1987.

5. J. L. Muhlbaier，“Particulate and Gaseous Emissions From Natural Gas Furnaces and Water

Heaters"，*Journal Of The Air Pollution Control Association*，December 1981.

6. L. P. Nelson，*et al.*，*Global Combustion Sources Of Nitrous Oxide Emissions*，Research Project 2333-4 Interim Report，Sacramento：Radian Corporation，1991.

7. R. L. Peer，*et al.*，*Characterization Of Nitrous Oxide Emission Sources*，Prepared for the U.S. EPA Contract 68-D1-0031，Research Triangle Park，NC：Radian Corporation，1995.

8. S. D. Piccot，*et al.*，*Emissions and Cost Estimates For Globally Significant Anthropogenic Combustion Sources Of* NO_x，N_2O，CH_4，*CO*，*and* CO_2，EPA Contract No. 68-02-4288，Research Triangle Park，NC：Radian Corporation，1990.

9. *Sector-Specific Issues and Reporting Methodologies Supporting the General Guidelines for the Voluntary Reporting of Greenhouse Gases under Section 1605（b）of the Energy Policy Act of 1992*（1994）DOE/PO-0028，Volume 2 of 3，U.S. Department of Energy.

10. J. P. Kesselring and W. V. Krill，"A Low-NO_x Burner For Gas-Fired Firetube Boilers"，*Proceedings：1985 Symposium On Stationary Combustion* NO_x *Control，Volume 2*，EPRI CS-4360，Electric Power Research Institute，Palo Alto，CA，January 1986.

11. *Emission Factor Documentation for AP-42 Section 1.4—Natural Gas Combustion*，Technical Support Division，Office of Air Quality Planning and Standards，U.S. Environmental Protection Agency，Research Triangle Park，NC，1997.

12. *Alternate Control Techniques Document-*NO_x *Emissions from Utility Boilers* ，EPA-453/R-94-023，U.S. Environmental Protection Agency，Research Triangle Park，NC，March 1994.

5 液化石油气燃烧

5.1 简述[1]

液化石油气（Liquefied Petroleum Gas，LPG 或 LP 气）的成分是丙烷、丙烯、丁烷和丁烯，居民采暖用液化石油气的主要成分是丙烷。这种石油气从气井中开采（有一小部分是炼油副产品），以液态形式中压存储。作为加热燃料，它分为 3 个级别：商用级丙烷、发动机燃料级丙烷（又名 HD-5 丙烷）和商用级丁烷。此外，高纯度级的 LPG 可用于实验室测试工作或作为气溶胶喷射剂使用。有关各种 LPG 级别的信息，请参见美国材料与试验协会和气体处理器协会颁布的标准。商用级丙烷和 HD-5 丙烷蒸发后的标准热值为 90 500 Btu/gal（英热单位/加仑），商用级丁烷的热值为 97 400 Btu/gal。

LPG 最大的市场是居民/商业市场，化工（用作石油化工原料）和农产业紧随其后。丙烷还可以用作发动机燃料（作为汽油的替代产品）或天然气服务合同中断时的备用燃料。

5.2 燃烧装置[2]

LPG 的燃烧过程与天然气燃烧过程十分类似。要在商业和工业设备中使用 LPG，需要先用汽化器将其汽化，然后才能为燃烧器提供充分混合的空气与燃料。LPG 与天然气的化学当量要求不同，因此燃烧器本身喷油器喷嘴及油气比控制器的配置与天然气燃烧器也不同。作为主要燃料和备用燃料，LPG 在小型商业锅炉、工业锅炉和采暖设备中燃烧，为工业设施和大多数居民天然气设备供暖和生成蒸汽。

5.3 排放物[1, 3-5]

5.3.1 标准污染物

LPG 通常被看成“干净的”燃料，因为不会生成肉眼可见的排放物。但其实还是会生成气态污染物，如 NO_x、CO、有机化合物，以及少量的 SO_2 和 PM。影响 NO_x、CO 和有机化合物排放最重要的因素是燃烧器设计、燃烧器调试、锅炉操作指标和烟气排放状况。设计失误、烟道阻塞或燃烧空气不足，都会引起燃烧不当或乙醛、CO、碳氢化合物和其他有机物的排放。NO_x 排放量是很多变量的函数，如温度、过量空气、燃料与空气的混合度、在燃烧区的停留时间。SO_2 的排放量与燃料中硫的含量成正比。PM 排放量很少，一般来自碳烟、冷凝性颗粒物形成的气溶性粒子或燃烧过程中排出的锅炉垢。LPG 燃烧的排放系数见表 5-1。

表 5-1 列出了按体积计算的排放系数单位（lb/10^3gal）。要转换为按能量计算的单位（lb/MMBtu），丙烷需除以热值 91.5 MMBtu/10^3gal，丁烷需除以 102 MMBtu/10^3gal。

5.3.2 温室气体[6-11]

CO_2、CH_4 和 N_2O 都是 LPG 燃烧过程中生成的排放物。LPG 中几乎所有的（99%）燃料碳都会在燃烧过程中转化为 CO_2，这种转换与燃烧装置无关。尽管形成 CO 可减少 CO_2 的排放量，但是与产生的 CO_2 相比，CO 的量实在微不足道。燃料碳中 0.5%未转换为 CO_2，这是由于燃料流的燃烧不完全。

LPG 在燃烧过程中经过一系列复杂的反应形成 N_2O，其形成取决于多种因素。燃烧温度保持 1 475℉以上的高温，过量空气控制在少于 1%，形成的 N_2O 就会降至最少。

甲烷在低温燃烧或不完全燃烧（如锅炉的启动和停炉阶段）时排放量最高。通常，在易于生成 N_2O 的条件下也容易造成 CH_4 的排放。

5.4 污染物控制

唯一控制 LPG 燃烧产物的方法就是减少 NO_x 的排放。以丙烷和丁烷为燃料的火管和水管锅炉，NO_x 排放得到了很好的控制。供应商需确保改良系统的水平低至 30×10^{-6}～40×10^{-6}（以 3%氧气为基础）。这些系统结合使用低氮氧化物燃烧器和烟气再循环（FGR）系统。为了减少 NO_x 排放，某些燃烧器供应商会将水或蒸汽喷入火焰区。LPG 比天然气更容易生成 NO_x，因此作为备用燃料时很有必要使用上述方法；要将 LPG 的排放降至标准水平，传统天然气控制设备性能不足。此外，LPG 燃烧器在低 NO_x 排放所需的燃烧改良条件下更容易形成碳烟。LPG 的燃烧容许修正范围比天然气更受限制。

小型商业锅炉使用的 NO_x 控制系统是烟气再循环（FGR）。将 16%的烟气进行再循环，丙烷燃烧生成的 NO_x 排放物可减少 50%。烟气再循环（FGR）系统与低氮氧化物燃烧器一起使用，可减少 60%以上的 NO_x 排放。

表 5-1 LPG 燃烧的排放系数[a]

排放系数等级：E

污染物	丁烷排放系数/（$lb/10^3$ gal）		丙烷排放系数/（$lb/10^3$ gal）	
	工业锅炉[b]（SCC 1-02-010-01）	商业锅炉[c]（SCC 1-03-010-01）	工业锅炉[b]（SCC 1-02-010-02）	商业锅炉[c]（SCC 1-03-010-02）
PM，滤过性[d]	0.2	0.2	0.2	0.2
PM，冷凝性	0.6	0.6	0.5	0.5
PM，全部	0.8	0.8	0.7	0.7
SO_2[e]	0.09*S*	0.09*S*	0.10*S*	0.10*S*
NO_x[f]	15	15	13	13
N_2O[g]	0.9	0.9	0.9	0.9
CO_2[h, j]	14 300	14 300	12 500	12 500
CO	8.4	8.4	7.5	7.5
TOC	1.1	1.1	1	1
CH_4[k]	0.2	0.2	0.2	0.2

[a] 假定 PM、NO_x、CO、TOC 的排放量与天然气燃烧的排放量相同（按热功率计）。计算等同物热功率基准时，丙烷使用热效率为 91.5×10^6 Btu/10^3 gal，丁烷使用热效率为 102×10^6 Btu/10^3 gal，甲烷使用热效率 $1\,020\times10^6$ Btu/10^6 scf。例如，甲烷排放系数转换为丙烷排放系数的方程式如下：污染物磅数/10^3 gal 丙烷=（污染物磅数/10^6 ft^3 甲烷）×（91.5×10^6 Btu/10^3 gal×丙烷）/（$1\,020\times10^6$ Btu/10^6 scf 甲烷）。NO_x 排放系数已乘以修正系数 1.5，1.5 是丙烷或丁烷 NO_x 排放物与天然气 NO_x 排放物的大概比例。要将 lb/10^3 gal 转换为 kg/10^3 L，需乘以 0.12。SCC 表示源分类代码。

[b] 热功率量通常为 10～100 MMBtu/h。

[c] 热功率量通常为 0.3～10 MMBtu/h。

[d] 滤过性 PM 是滤网上或滤网前端收集的颗粒，滤网位于 EPA Method 5（或等同物）取样器。对于燃烧特点类似的天然气，所有 PM 的气体动力学当量直径都小于 10 μm（PM_{10}）。

[e] *S* 表示含硫量，用 gr/100 ft^3［1 gr（格令）=0.064 799 0 g；1 ft^3（立方英尺）=0.028 316 85 m^3］蒸汽表示。例如，丁烷的含硫量为 0.18 gr/100 ft^3，那么排放系数即为（0.09×0.18）= 0.016 lb SO_2/10^3 gal 燃烧的丁烷。

[f] 可表示为二氧化氮（NO_2）。

[g] 参见参考文献 12。

[h] 假定燃料碳形成 CO_2 的转换率为 99.5%。

[j] 排放系数等级为 C。

[k] 参见参考文献 13。

5.5 参考文献

1. Written Communication from W. Butterbaugh of the National Propane Gas Association，Lisle，Illinois，to J. McSorley of the U.S. Environmental Protection Agency，Research Triangle Park，NC，August 19，1992.

2. Emission Factor Documentation for AP-42 Section 1.5. *Liquefied Petroleum Gas Combustion.* April 1993.

3. *Air Pollutant Emission Factors*，Final Report，Contract No. CPA-22-69-119，Resources Research，Inc.，Reston，VA，Durham，NC，April 1970.

4. *Nitrous Oxide Reduction With The Weishaupt Flue Gas Recirculation System*，Weishaupt Research and Development Institute，January 1987.

5. Phone communication memorandum of conversation between B. Lusher of Acurex Environmental and D. Childress of Suburban/Petrolane，Durham，NC，May 14，1992.

6. L. P. Nelson，*et al.*，*Global Combustion Sources Of Nitrous Oxide Emissions*，Research Project 2333-4 Interim Report，Radian Corporation，Sacramento，CA，1991.

7. R. L. Peer，*et al.*，*Characterization Of Nitrous Oxide Emission Sources*，EPA Contract No. 68-D1-0031，Research Triangle Park，NC，1995.

8. S. D. Piccot，*et al.*，*Emissions And Cost Estimates For Globally Significant Anthropogenic Combustion Sources Of* NO_x，N_2O，CH_4，*CO*，*And* CO_2，EPA Contract No. 68-02-4288，Research Triangle Park，NC，1990.

9. G. Marland and R. M. Rotty，*Carbon Dioxide Emissions From Fossil Fuels：A Procedure For Estimation And Results For 1951-1981*，DOE/NBB-0036 TR-003，Carbon Dioxide Research Division，Office of Energy Research，U.S. Department of Energy，Oak Ridge，TN，1983.

10. G. Marland and R. M. Rotty，*Carbon Dioxide Emissions From Fossil Fuels：A Procedure For Estimation And Results For 1950-1982*，*Tellus*，36B：232-261.

11. *Sector-Specific Issues And Reporting Methodologies Supporting The General Guidelines For The Voluntary Reporting Of Greenhouse Gases Under Section 1605（b）Of The Energy Policy Act Of 1992*，Volume 2 of 3，DOE/PO-0028，U.S. Department of Energy，1994.

12. A. Rosland，*Greenhouse Gas Emissions In Norway：Inventories And Estimation Methods*，Ministry of Environment，Oslo，Norway，1993.

13. *Inventory Methods Manual For Estimating Canadian Emissions Of Greenhouse Gases*，Prepared for Environment Canada by Ortech Corporation，1994.

6 木质废料在锅炉中的燃烧

6.1 简述[1-6]

锅炉中燃烧的木质废料大多是工厂加工时的副产品，用它作为燃料不仅能获取热能，还能解决固态残渣处理问题。锅炉燃烧的木质废料通常是碎木、树皮、锯末、刨花、木片条、工厂废料、砂光木粉和木包角。木质废料燃料的热值范围为 4 500 Btu/lb（恒湿应用基/收到基）到 8 000 Btu/lb（干燥木材）。纸浆业、造纸业和制材业所用的木材含水率通常在 50%左右（重量百分比），家具业所用的木材含水率通常为 10%～15%。废料类型和存储方法不同，木材废料的含水率也不等，为 5%～75%。一般而言，纸浆厂燃烧的主要废料类型是树皮；制材业、家具业和胶合板工业最常用的废料类型是木质废料和树皮混用或单独使用木质废料。

6.2 燃烧装置[5, 7-8]

不同的锅炉燃烧木质废料时使用不同的燃烧方式。前置式燃烧炉是一种常见的小型锅炉，它得到广泛使用是因为能够燃烧含水率非常高的燃料。燃料通过耐火炉顶端的开口送入前置式燃烧炉，锥形堆放在平整或倾斜的炉排上。燃烧过程分两个阶段：（1）干燥和气化；（2）气态产物的燃烧。第一阶段在一次炉完成，一次炉与二次炉室被桥墙隔开。第二阶段的燃烧在气体进入锅炉段之前于二次炉室完成。大量耐火材料不仅能使燃烧速度稳定，还能减缓对蒸汽波动要求的响应。

在另一种锅炉类型——燃料电池炉中，燃料掉落在吊挂的固定炉排上成堆燃烧。与前置式燃烧炉不同，耐火燃料电池炉使用预热燃烧空气和定位二次风、三次风喷射口的方法来提高锅炉效率。燃料电池炉和前置式燃烧炉的总体设计和操作类似，因此排放特性也相差无几。

燃木锅炉（蒸汽生产率大于 100 000 lb/h）最常用的燃烧方式是抛煤炉。这类锅炉是将木料经过燃料槽送入炉膛，然后通过空气作用或机械方式将木料铺满炉膛，随即小块木料就会悬浮燃烧。同时，固定炉排或移动炉排上会平铺上薄薄一大层木料。单室燃烧过程分为 3 个阶段：（1）水分的蒸发；（2）挥发分的蒸馏和燃烧；（3）固定碳的燃烧。这类锅炉对负荷变化响应迅速，燃烧控制装置经过了改良，使用的燃料也很多元化。天然气、燃油和煤炭都经常用作抛煤机的辅助燃料。燃烧矿物燃料不仅可以在木质废料含水率或质量比出现波动时保持蒸汽恒定生成，而且生成的蒸汽比单独使用木质废料更多。抛煤炉在大型燃木锅炉中最常用，上部加料机和下部加料机经常在小型设备中使用。

还有一种类型的锅炉，即悬浮燃烧锅炉，有时也使用木材作为燃料。它与抛煤炉的区别在于：喷入锅炉的燃料尺寸较小（通常小于 2 mm 且水分少），而且燃料在空气中悬浮燃烧而不是铺设在固定炉排上。细碎的燃料颗粒燃烧很快，燃烧速度的快速变化会使蒸汽生成率增加。

FBC 锅炉是对木料燃烧的一种革新。流化床由矿石和灰分等惰性颗粒组成，空气吹入其中使床层流化。木质废料进入床层上方的空间并在床层中悬浮燃烧。惰性床层颗粒温度高就表示热量大，因此流化床可以处理含水量 70%（总基）左右的燃料。此外，流化床还可以处理脏燃料（最多含 30%的惰性物质）。木质燃料与高温床料直接接触，在流化床的热解速度比在炉排上更快，因此燃烧也很迅速，有机物质几乎完全燃烧，从而使未燃烧有机化合物的排放降至最低。

6.3 排放和污染物控制 [7-12]

燃木锅炉排放的主要是 PM，这取决于燃烧废料的成分和颗粒控制装置。燃烧特定类型的木质废料或操作条件十分恶劣时，还会排放大量的 NO_x。

6.3.1 标准污染物

木质废料的成分和排放特性很大程度上取决于生成木质废料的工厂。例如，制浆操作会产生大量的树皮（含水率重量百分比在 70%以上）、沙子和其他不可燃物质。因此，如果不加以控制，纸浆厂的树皮锅炉会将数量相当可观的颗粒物排放到大气中。另外，某些操作（如家具制造）会生成清洁干燥的木质废料（含水率重量百分比为 2%～20%），如果燃烧得当，颗粒物排放水平就会相对较低。其他一些操作（如锯木加工）燃烧的燃料是比例不等的树皮与木质废料的混合物，因此排放的颗粒物介于上述两种情况之间。此外，相较于干木燃烧锅炉，湿树皮和湿木燃烧锅炉的 NO_x 排放量相对较低。

燃烧木质废料时，炉膛操作条件尤为重要。例如，如果木质废料的含水率较高，则需要面积更大的耐火表面（与普通耐火表面相比）在木质废料燃烧前将其烘干。此外，要燃烧在木质废料可燃物质中占很大比例的挥发物，就必须通过燃料层提供足够的二次风。如果烘干条件不佳或二次燃烧不完全，燃烧温度下降，锅炉排放的 PM、CO 和有机化合物就会增加。燃料含水率的重大变化会导致排放物的短暂波动。

6.3.2 温室气体

CO_2、CH_4 和 N_2O 都是木质废料燃烧过程中生成的排放物。木质废料中几乎所有的（99%）燃料碳都会在燃烧过程中转化为 CO_2，这种转换与燃烧方式无关。尽管形成 CO 可减少 CO_2 的排放量，但是与产生的 CO_2 相比，CO 的量实在微不足道。燃料碳未转换为 CO_2 主要是由于燃烧不完全，这部分燃料碳会夹带在底灰/灰渣中。燃料碳排放的 CO_2 一般不计入温室气体排放，因为它只是生物圈短期的 CO_2 循环。

木质材料在燃烧过程中经过一系列复杂的反应形成 N_2O，其形成取决于多种因素。燃烧温度保持 1 475°F 以上的高温，过量空气控制在少于 1%，形成的 N_2O 就会降至最少。

甲烷在低温燃烧或不完全燃烧（如锅炉的启动和停炉阶段）时排放量最高。通常，在易于生成 N_2O 的条件下也容易造成 CH_4 的排放。

6.4 污染物控制

当前，减少燃木锅炉 PM 排放的控制设备，最常用的有 4 种：机械式除尘器、湿式洗涤器、ESP 和织物过滤器。使用多管旋风（或多级旋风）机械式除尘器可以对很多燃木锅炉排放的颗粒物进行控制。通常，两个多级旋风除尘器串联使用，第一个用于去除体积较大的灰尘，第二个用于去除较小的颗粒。这种布置除尘器的除尘效率为 25%～65%。燃木锅炉中广泛使用的湿式洗涤器是文丘里洗涤器。

由于烟气侧压降高于15英寸水柱，因此燃木锅炉中运转的文丘里洗涤器颗粒除尘效率可达到85%或更高。

如需要除尘效率达到90%以上，则可以使用ESP。在燃木锅炉中使用ESP之前，通常会用机械式除尘粗滤器预先去除较大的颗粒。据观察，燃木锅炉中使用的ESP，PM除尘效率可达90%～99%。

静电砾石层过滤器是ESP的升级版。在这种设备中，烟气中的PM与填充层内的砾石撞击，从而达到除尘效果；床层里的带电网格可提高除尘效率。一般情况下，颗粒除尘效率在80%以上。

织物过滤器（即袋式除尘器）在燃木锅炉中的应用十分有限。潜在用户的反馈表明，织物过滤器的主要缺点是收集的易燃碳质飞灰会导致火灾。可以采取一些措施来降低这种风险，如在织物过滤器上游安装机械式除尘器，清除较大的飞灰燃烧颗粒，即“烟火”。除了比较复杂的情况，织物过滤器一般用在燃烧含盐木料的锅炉中更为合适。这种燃料生成的细颗粒含盐量高，导致淬熄效应，因此可以减少火灾风险。颗粒除尘效率通常为80%或更高。

对于层燃锅炉和流化床锅炉，通过对燃烧过程进行分级，二次风喷口可用于降低NO_x的排放。在美国很多必须将NO_x排放降至最低水平的地区，都对木质残渣燃烧锅炉应用了SNCR，预计日后还会应用SCR。这两种方法都是燃烧后处理NO_x还原技术，原理是将氨气或尿素喷入烟气，有选择地将NO_x分解为氮气和水。SNCR的其中一种应用是工业燃木锅炉，由于氨气与NO_x的比例从0.4增加到3.2，因此还原效率在35%～75%变化。

表6-1至表6-4总结了木质废料锅炉的排放系数和排放系数等级。排放系数以能量作为计量单位（污染物磅数/百万英热单位的热功率）。湿木系数代表锅炉燃烧的木质废料含水率为20%或更高；干木系数代表木质废料的含水率低于20%。累积粒度分布表数据和相关的排放系数见表6-5。图6-1绘制了非可控和可控特定尺寸颗粒物的排放系数。

表 6-1 木质废料燃烧时的 PM 排放系数[a]

燃料	PM 控制设备	滤过性 PM		滤过性 PM_{10}[b]		滤过性 $PM_{2.5}$[b]	
		排放系数/(lb/MMBtu)	排放系数等级	排放系数/(lb/MMBtu)	排放系数等级	排放系数/(lb/MMBtu)	排放系数等级
树皮/树皮和湿木	无控制[c]	0.56[d]	C	0.50[e]	D	0.43[e]	D
干木	无控制[c]	0.40[f]	A	0.36[e]	D	0.31[e]	D
湿木	无控制[c]	0.33[g]	A	0.29[e]	D	0.25[e]	D
树皮	机械式除尘器*	0.54[h]	D	0.49[e]	D	0.29[e]	D
树皮和湿木	机械式除尘器*	0.35[i]	C	0.32[e]	D	0.19[e]	D
干木	机械式除尘器*	0.30[j]	A	027[e]	D	0.16[e]	D
湿木	机械式除尘器*	0.22[k]	A	0.20[e]	D	0.12[e]	D
所有燃料[m]	电解砾石层	0.1[m]	D	0.074[e]	D	0.065[e]	D
所有燃料[m]	湿式洗涤器	0.066[n]	A	0.065[e]	D	0.065[e]	D
所有燃料[m]	织物过滤器	0.1[o]	C	0.074[e]	D	0.065[e]	
所有燃料[m]	静电除尘器	0.054[p]	B	0.04[e]	D	0.035[e]	
		冷凝性 PM					
所有燃料[m]	所有控制/无控制	0.017[q]	A				

[a] 热功率单位为 MMBtu（污染物磅数/百万英热单位）。要将 lb/MMBtu 转换为 lb/ton，需乘以（HHV×2000），其中 HHV 为燃料的高热值，计量单位为 MMBtu/lb。CPM 表示冷凝性颗粒物。这些系数适用的源分类代码（SCC）为 1-0X-009-Y，其中 X = 1 表示公共设施，X =2 表示工业，X =3 表示商业/机构；Y=01 表示以树皮为燃料的锅炉，Y=02 表示以树皮和湿木为燃料的锅炉，Y=03 表示以湿木为燃料的锅炉，Y=08 表示以干木为燃料的锅炉。

[b] PM_{10} 表示空气动力学直径小于等于 10 μm 的颗粒物。$PM_{2.5}$ 表示空气动力学直径小于等于 2.5 μm 的颗粒物。滤过性 PM 表示 EPA Method 5（或等同物）取样器上的滤网捕获和测量的 PM。冷凝性颗粒物表示 EPA Method 202（或等同物）取样器上捕获和测量的 PM。

[c] 系数代表未安装控制装置的锅炉、Breslove 分离器、带有复燃装置的 Breslove 分离器和带有复燃装置的机械式除尘器。

* 机械式除尘器包括旋风除尘器和多旋风除尘器。（2012 年 4 月添加星号，表示在表中单独注释。）

[d] 参见参考文献 19-21、88。

[e] 其他 EPA 相关章节数据表中以树皮和湿木为燃料的锅炉提供的累积质量百分比是与滤过性 PM 系数的乘积。

[f] 参见参考文献 22-32、88。

[g] 参见参考文献 26、33-36、88。

[h] 参见参考文献 37、38、88。

[i] 参见参考文献 26、39-41、88。

[j] 参见参考文献 26、27、34、42-54、88。

[k] 参见参考文献 55-57、88。

[l] “所有燃料”表示树皮、树皮和湿木、干木、湿木。

[m] 参见参考文献 27、58、88。

[n] 参见参考文献 26、59-66、88。

[o] 参见参考文献 26、67-70、88。

[p] 参见参考文献 26、71-74、88。

[q] 参见参考文献 19-21、25、28、29、31、32、36-41、46、51、53-60、62-65、67-69、72-75、88。

表 6-2 木质废料燃烧时 NO_x、SO_2 和 CO 的排放系数[a]

燃烧源类别[c]	NO_x[b]		SO_2[b]		CO[b]	
	排放系数/（lb/MMBtu）	排放系数等级	排放系数/（lb/MMBtu）	排放系数等级	排放系数/（lb/MMBtu）	排放系数等级
以树皮/树皮和湿木/湿木为燃料的锅炉	0.22[d]	A	0.025[e]	A	0.60[f, g, i, j]	A
以干木为燃料的锅炉	0.49[h]	C	0.025[e]	A	0.60[f, g, i, j]	A

[a] 热功率单位为污染物磅数/百万英热单位。要将 lb/MMBtu 转换为 lb/ton，需乘以（HHV×2 000），其中 HHV 为燃料的高热值，计量单位为 MMBtu/lb。要将 lb/MMBtu 转换为 kg/J，需乘以 4.3×10^{-10}。

[b] 系数代表未安装控制装置或颗粒物控制装置的锅炉。

[c] 这些系数适用的源分类代码（SCC）为 1-0X-009-Y，其中 X = 1 表示公共设施，X = 2 表示工业，X = 3 表示商业/机构；Y = 01 表示以树皮为燃料的锅炉，Y = 02 表示以树皮和湿木为燃料的锅炉，Y = 03 表示以湿木为燃料的锅炉，Y = 08 表示以干木为燃料的锅炉。

[d] 参见参考文献 19、33、34、39-41、55、62-64、67、70、72、78、79、88-89。

[e] 参见参考文献 26、45、50、72、88-89。

[f] 参见参考文献 26、59、88-89。

[g] 参见参考文献 19、26、39-41、60-64、67、68、70、75、79、88-89。

[h] 参见参考文献 30、34、45、50、80、81、88-89。

[i] 参见参考文献 26、30、45-51、80-82、88-89。

[j] 排放系数适用于层燃炉和前置式燃烧炉/燃料电池炉。参见参考文献 26、34、36、55、60、65、71、72、75。适用于流化床燃烧器的 CO 排放系数为 0.17 lb/MMBtu。参见参考文献 26、72、88-89。

表 6-3 木质废料燃烧时衍生有机化合物、TOC、VOC、N_2O 和 CO_2 的排放系数[a]

有机化合物	平均排放系数[b]/（lb/MMBtu）	排放系数等级
苊	9.1×10^{-7}[c]	B
苊烯	5.0×10^{-6}[d]	A
乙醛	8.3×10^{-4}[e]	A
丙酮	1.9×10^{-4}[f]	D
乙酰苯	3.2×10^{-9}[g]	D
丙烯醛	4.0×10^{-3}[h]	C
蒽	3.0×10^{-6}[i]	A
苯甲醛	$<8.5\times10^{-7}$[j]	D
苯	4.2×10^{-3}[k]	A
苯并[*a*]蒽	6.5×10^{-8}[l]	B
苯并[*a*]芘	2.6×10^{-6}[m]	A
苯并[*b*]荧蒽	1.0×10^{-7}[l]	B
苯并[*e*]芘	2.6×10^{-9}[f]	D
苯并[*g*, *h*, *i*]苝	9.3×10^{-8}[n]	B

有机化合物	平均排放系数[b]/（lb/MMBtu）	排放系数等级
苯并[*j*, *k*]荧蒽	1.6×10^{-7}[o]	D
苯并[*k*]荧蒽	3.6×10^{-8}[p]	B
苯甲酸	4.7×10^{-8}[q]	D
邻苯二甲酸二（2-乙基己）酯	4.7×10^{-8}[g]	D
溴甲烷	1.5×10^{-5}[f]	D
甲基乙基酮（MEK）	5.4×10^{-6}[f]	D
咔唑	1.8×10^{-6}[f]	D
四氯化碳	4.5×10^{-5}[r]	D
氯	7.9×10^{-4}[s]	D
氯苯	3.3×10^{-5}[f]	D
三氯甲烷	2.8×10^{-5}[f]	D
氯甲烷	2.3×10^{-5}[f]	D
2-氯萘	2.4×10^{-9}[f]	D
2-氯苯酚	2.4×10^{-8}[u]	C
䓛	3.8×10^{-8}[c]	B
巴豆醛	9.9×10^{-6}[j]	D
十氯联苯	2.7×10^{-10}[r]	D
二苯并[*a*, *h*]蒽	9.1×10^{-9}[l]	B
1,2-二溴乙烯	5.5×10^{-5}[f]	D
二氯联苯	7.4×10^{-10}[r]	C
1,2-二氯乙烷	2.9×10^{-5}[r]	D
二氯甲烷	2.9×10^{-4}[v]	D
1,2-二氯丙烷	3.3×10^{-5}[f]	D
2,4-二硝基苯酚	1.8×10^{-7}[w]	C
乙苯	3.1×10^{-5}[f]	D
荧蒽	1.6×10^{-6}[x]	B
芴	3.4×10^{-6}[i]	A
甲醛	4.4×10^{-3}[y]	A
七氯联苯	6.6×10^{-11}[r]	D
六氯联苯	5.5×10^{-10}[r]	D
己醛	7.0×10^{-6}[z]	D
七氯二苯并二噁英	2.0×10^{-9}[aa]	C
七氯二苯并二呋喃	2.4×10^{-10}[aa]	C
六氯二苯并二噁英	1.6×10^{-6}[aa]	C
六氯二苯并二呋喃	2.8×10^{-10}[aa]	C
氯化氢	1.9×10^{-2}[j]	C
茚并[1,2,3-*cd*]芘	8.7×10^{-8}[l]	B
异丁醛	1.2×10^{-5}[z]	D
甲烷	2.1×10^{-2}[f]	C

有机化合物	平均排放系数[b]/（lb/MMBtu）	排放系数等级
2-甲基萘	1.6×10^{-7}[z]	D
氯化联苯	2.2×10^{-10}[r]	D
萘	9.7×10^{-5}[ab]	A
2-硝基苯酚	2.4×10^{-7}[w]	C
4-硝基苯酚	1.1×10^{-7}[w]	C
八氯二苯并二噁英	6.6×10^{-8}[aa]	B
八氯二苯并二呋喃	8.8×10^{-11}[aa]	C
五氯二苯并二噁英	1.5×10^{-9}[aa]	B
五氯二苯并二呋喃	4.2×10^{-10}[aa]	C
五氯联苯	1.2×10^{-9}[r]	D
五氯苯酚	5.1×10^{-8}[ac]	C
二萘嵌苯	5.2×10^{-10}[f]	D
菲	7.0×10^{-6}[ad]	B
苯酚	5.1×10^{-5}[ae]	C
丙醛	3.2×10^{-6}[z]	D
丙醛	6.1×10^{-5}[f]	D
芘	3.7×10^{-6}[af]	A
苯乙烯	1.9×10^{-3}[f]	D
2,3,7,8-四氯二苯并二噁英	8.6×10^{-12}[ae]	C
四氯二苯并二噁英	4.7×10^{-10}[aa]	C
2,3,7,8-四氯二苯并二呋喃	9.0×10^{-11}[aa]	C
四氯二苯并二呋喃	7.5×10^{-10}[ae]	C
四氯联苯	2.5×10^{-9}[r]	D
四氯乙烯	3.8×10^{-5}[t]	D
邻甲苯甲醛	7.2×10^{-6}[j]	D
对甲基苯甲醛	1.1×10^{-5}[z]	D
甲苯	9.2×10^{-4}[v]	C
三氯联苯	2.6×10^{-9}[r]	C
1,1,1-三氯乙烷	3.1×10^{-5}[t]	D
三氯乙烷	3.0×10^{-5}[t]	D
三氯氟甲烷	4.1×10^{-5}	D
2,4,6-三氯苯酚	＜2.2×10^{-8}[ak]	C
氯乙烯	1.8×10^{-5}[r]	D
邻二甲苯	2.5×10^{-5}[v]	D
TOC	0.039[ai]	D
挥发性有机物（VOC）	0.017[aj]	D
一氧化二氮（N_2O）	0.013[ak]	D
CO_2	195[al]	A

[a] 热功率单位为污染物磅数/百万英热单位。要将 lb/MMBtu 转换为 lb/ton，需乘以（HHV×2 000），其中 HHV 为燃料的高热值，计量单位为 MMBtu/lb。要将 lb/MMBtu 转换为 kg/J，需乘以 4.3×10^{-10}。这些系数适用的源分类代码（SCC）为 1-0X-009-Y，其中 X = 1 表示公共设施，X =2 表示工业，X =3 表示商业/机构；Y = 01 表示以树皮为燃料的锅炉，Y = 02 表示以树皮和湿木为燃料的锅炉，Y = 03 表示以湿木为燃料的锅炉，Y = 08 表示以干木为燃料的锅炉。

[b] 系数代表未安装控制装置或颗粒物控制装置的锅炉。

[c] 参见参考文献 26、34、36、59、60、65、71-73、75。

[d] 参见参考文献 26、33、34、36、59、60、65、71-73、75。

[e] 参见参考文献 26、35、36、46、50、59、60、65、71-75。

[f] 参见参考文献 26。

[g] 参见参考文献 33。

[h] 参见参考文献 26、50、83。

[i] 参见参考文献 26、34、36、59、60、65、71-73，75。

[j] 参见参考文献 26、50。

[k] 参见参考文献 26、35、36、46、59、60、65、70、71-75。

[l] 参见参考文献 26、36、59、60、65、70-75。

[m] 参见参考文献 26、33、36、59、60、65、70-73、75。

[n] 参见参考文献 26、33、36、59、60、65、71-73、75。

[o] 参见参考文献 34。

[p] 参见参考文献 26、36、60、65、71-75。

[q] 参见参考文献 26、33。

[r] 参见参考文献 26。

[s] 参见参考文献 83。

[t] 参见参考文献 26、72。

[u] 参见参考文献 35、60、65、71、72。

[v] 参见参考文献 26、72。

[w] 参见参考文献 35、60、65、71、72。

[x] 参见参考文献 26、33、34、59、60、65、71-75。

[y] 参见参考文献 26、28、35、36、46-51、59、60、65、70、71-75、79、81、82。

[z] 参见参考文献 50。

[aa] 参见参考文献 26、45。

[ab] 参见参考文献 26、33、34、36、59、60、65、71-75、83。

[ac] 参见参考文献 26、35、60、65、71、72。

[ad] 参见参考文献 26、33、34、36、59、60、65、71-73。

[ae] 参见参考文献 26、33、34、35、60、65、70、71、72。

[af] 参见参考文献 26、33、34、36、59、60、65、71-73、83。

[ag] 参见参考文献 26、45。

[ah] 参见参考文献 26、35、60、65、71。

[ai] TOC 表示总有机化合物。系数是表中所有系数的总和（一氧化二氮和二氧化碳系数除外）。

[aj] VOC 表示挥发性有机物。系数是表中所有系数的总和（氯化氢、氯、甲醛、四氯乙烯、1,1,1-三氯乙烷、二氯甲烷、丙酮、一氧化二氮、甲烷和二氧化碳系数除外）。

[ak] 参见参考文献 83。

[al] 参见参考文献 19-26、33-49、51-57、77、79-82、84-86。

表 6-4 木质废料燃烧时的金属元素排放系数[a]

金属元素	平均排放系数/（lb/MMBtu）[b]	排放系数等级
锑	7.9×10^{-6}[c]	C
砷	2.2×10^{-5}[d]	A
钡	1.7×10^{-4}[c]	C
铍	1.1×10^{-6}[e]	B
镉	4.1×10^{-6}[f]	A
总铬	2.1×10^{-5}[g]	A
六价铬	3.5×10^{-6}[h]	C
钴	6.5×10^{-6}[i]	C
铜	4.9×10^{-5}[g]	A
铁	9.9×10^{-4}[k]	C
铅	4.8×10^{-5}[i]	A
锰	1.6×10^{-3}[d]	A
汞	3.5×10^{-6}[m]	A
钼	2.1×10^{-6}[c]	D
镍	3.3×10^{-5}[n]	A
磷	2.7×10^{-5}[c]	D
钾	3.9×10^{-2}[c]	D
硒	2.8×10^{-6}[o]	A
银	1.7×10^{-3}[p]	D
钠	3.6×10^{-4}[c]	D
锶	1.0×10^{-5}[c]	D
锡	2.3×10^{-5}[c]	D
钛	2.0×10^{-5}[c]	D
钒	9.8×10^{-7}[c]	D
钇	3.0×10^{-7}[c]	D
锌	4.2×10^{-4}[o]	A

[a] 热功率单位为污染物磅数/百万英热单位。要将 lb/MMBtu 转换为 lb/ton，需乘以（HHV×2 000），其中 HHV 为燃料的高热值，计量单位为 MMBtu/lb。要将 lb/MMBtu 转换为 kg/J，需乘以 4.3×10^{-10}。这些系数适用的源分类代码（SCC）为 1-0X-009-Y，其中 X = 1 表示公共设施，X = 2 表示工业，X = 3 表示商业/机构；Y = 01 表示以树皮为燃料的锅炉，Y = 02 表示以树皮和湿木为燃料的锅炉，Y = 03 表示以湿木为燃料的锅炉，Y = 08 表示以干木为燃料的锅炉。

[b] 系数代表未安装控制装置或颗粒物控制装置的锅炉。

[c] 参见参考文献 26。

[d] 参见参考文献 26、33、36、46、59、60、65、71-73、75、81。

[e] 参见参考文献 26、35、36、46、59、60、65、71-73、75。

[f] 参见参考文献 26、35、36、42、46、59、60、65、71-73、75、81。

[g] 参见参考文献 26、34、35、36、42、59、60、65、71-73、75、81。

[h] 参见参考文献 26、36、46、59、60、71、72、73、75。

[i] 参见参考文献 26、34、83。

[j] 参见参考文献 26、33-36、46、59、60、65、71-73、75、81。

[k] 参见参考文献 26、71、72、81。

[l] 参见参考文献 26、33-36、46、59、60、65、71-73、75。

[m] 参见参考文献 26、35、36、46、59、60、65、71-73、75、81。

[n] 参见参考文献 26、33-36、46、59、60、65、71-73、75、81。

[o] 参见参考文献 26、33、35、46、59、60、65、71-73、75、81。

[p] 参见参考文献 34。

表 6-5 木料/树皮燃烧锅炉的累积粒度分布和特定尺寸颗粒物的排放系数[a]

排放系数等级：E

颗粒大小[b]/μm	累积分布（质量分数）≤规定尺寸				
	非可控[c]	可控			
		多旋风[d]	多旋风[e]	洗涤器[f]	干式静电颗粒过滤器（DEGF）
15	94	96	35	98	77
10	90	91	32	98	74
6	86	80	27	98	69
2.5	76	54	16	98	65
1.25	69	30	8	96	61
1	67	24	6	95	58
0.625	ND	16	3	ND	51
总计	100	100	100	100	100

[a] 参见参考文献 89。

[b] 可表示为气体动力学当量直径。

[c] 数据来源：下部加料机。也可用作燃木锅炉的粒度分布。

[d] 数据来源：装有飞灰复燃装置的抛煤机。

[e] 数据来源：未安装飞灰复燃装置的抛煤机。

[f] 数据来源：前置式燃烧炉。假定控制效率为 94%。

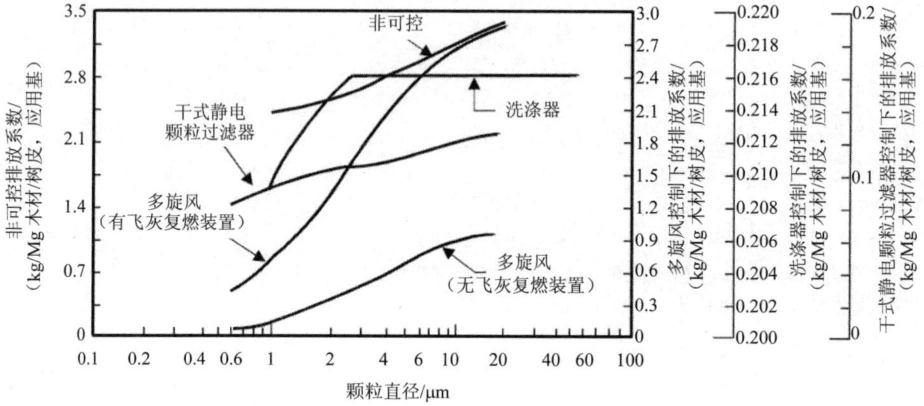

图 6-1 木料/树皮燃烧锅炉的累积特定尺寸颗粒物的排放系数

6.5 参考文献

1. *Emission Factor Documentation For AP-42 Section 1.6 —Wood Waste Combustion In Boilers*，Technical Support Division，Office of Air Quality Planning and Standards，U.S. Environmental Protection Agency，Research Triangle Park，NC，April 1993.

2. Steam，38th Edition，Babcock and Wilcox，New York，NY，1972.

3. *Atmospheric Emissions From The Pulp And Paper Manufacturing Industry*，EPA-450/1-73-002，U.S. Environmental Protection Agency，Research Triangle Park，NC，September 1973.

4. *C-E Bark Burning Boilers*，C-E Industrial Boiler Operations，Combustion Engineering，Inc.，Windsor，CT，1973.

5. *Nonfossil Fuel Fired Industrial Boilers —Background Information*，EPA-450/3-82-007，U.S. Environmental Protection Agency，Research Triangle Park，NC，March 1982.

6. Industrial Combustion Coordinated Rulemaking Database，Version 5.1.Process data. U.S. Environmental Protection Agency，1998.

7. *Control Of Particulate Emissions From Wood-Fired Boilers*，EPA 340/1-77-026，U.S. Environmental Protection Agency，Washington，DC，1977.

8. *Background Information Document For Industrial Boilers*，EPA 450/3-82-006a，U.S. Environmental Protection Agency，Research Triangle Park，NC，March 1982.

9. E. F. Aul，Jr. and K. W. Barnett，“Emission Control Technologies For Wood-Fired Boilers”，Presented at the Wood Energy Conference，Raleigh，NC，October 1984.

10. G. Moilanen，et al.，“Noncatalytic Ammonia Injection For NO_x Reduction on a Residue Wood Fired Boiler”，Presented at the 80th Annual Meeting of the Air Pollution Control Association，New York，NY，June 1987.

11. “Information On The Sulfur Content Of Bark And Its Contribution To SO_2 Emissions When Burned As A Fuel”，H. Oglesby and R. Blosser，*Journal Of The Air Pollution Control Agency*，30（7）：769-772，July 1980.

12. Written communication from G. Murray，California Forestry Association，Sacramento，CA to E. Aul，Edward Aul & Associates，Inc.，Chapel Hill，NC，Transmittal of Wood Fired Boiler Emission Test，April，24，1992.

13. L. P. Nelson，L. M. Russell，and J. J. Watson，“Global Combustion Sources of Nitrous Oxide Emissions” Research Project 2333-4 Interim Report，Radian Corporation，Sacramento，CA，1991.

14. Rebecca L. Peer，Eric P. Epner，and Richard S. Billings，*Characterization Of Nitrous Oxide Emission Sources*，EPA Contract No. 68-D1-0031，Research Triangle Park，NC，1995.

15. Steven D. Piccot，Jennifer A. Buzun，and H. Christopher Frey，*Emissions And Cost Estimates For Globally Significant Anthropogenic Combustion Sources Of* NO_x，N_2O，CH_4，*CO*，*And* CO_2，EPA Contract No. 68-02-4288，Research Triangle Park，NC，1990.

16. G. Marland，and R. M. Rotty，*Carbon Dioxide Emissions From Fossil Fuels：A Procedure For Estimation And Results For 1951-1981*，DOE/NBB-0036 TR-003，Carbon Dioxide Research Division，Office of Energy Research，U.S. Department of Energy，Oak Ridge，TN，1983.

17. *Sector-Specific Issues And Reporting Methodologies Supporting The General Guidelines For The Voluntary Reporting Of Greenhouse Gases Under Section 1605（b）Of The Energy Policy Act Of 1992*，Volume 2 of 3，U.S. Department of Energy，DOE/PO-0028，1994.

18. R. A. Kester，*Nitrogen Oxide Emissions From A Pilot Plant Spreader Stoker Bark Fired Boiler*，Department of Civil Engineering，University of Washington，Seattle，WA，December 1979.

19. *Stack Emission Test Report on Hogged Wood Fired Boilers 1，2 and 3 at Snow Mountain Pine of Oregon，LTD，Burns，Oregon*. Horizon Engineering. May 4-5，1993.

20. *Air Emissions Test，on the Wood-Fired Boilers No. 4 and 6 at Nicolet Hardwood Corp.，Laona，Wisconsin*. Environmental Technology & Engineering. June 10-11，1990.

21. *Boiler Emission Test at Nicolet Hardwood Corp.，Laorta，Wisconsin*. Badger Laboratories &

Engineering. June 25，1992.

22. *Particulate Emissions Test. Boiler Number L Thomasville Furniture Industries，Inc. West Jefferson，North Carolina*. PACE，Inc. April 16，1991.

23. No title. Tests performed at Thomasville Furniture Industries Plant C，Thomasville，NC.，by Entropy Environmentalists on May 25，1978.

24. No title. Tests performed at Thomasville Furniture Industries，Winston Salem，NC.，by Entropy Environmentalists on April 23/24，1980.

25. *Report to A.A.Laun Furniture Co.，Kiel，Wisconsin，for Particulate & Formaldehyde Emissions Testing，Wood-Fired Boiler.* Environmental Technology & Engineering Corp. March 30，1995.

26. Industrial Combustion Coordinated Rulemaking（ICCR）Emissions Test database，Version 5.0. Emissions data. U.S. Environmental Protection Agency，Research Triangle Park，NC. 1998.

27. Information Submitted to EPA by Laura Herbert and Steve Maynard，North Carolina Department of Environment and Natural Resources. January 26，1999.

28. *Boiler Emission Test at Banks Hardwood，Menomonie，Wisconsin.* Badger Laboratories & Engineering. May 25，1994.

29. *Brown County Cabinet Company Boiler Emission Test at Green Bay，WI.* Badger Laboratories & Engineering. November 6，1996.

30. *Results of the November 16，1993 State Air Emission Tests of the Cleaver Brooks Boiler at the Eggers Industries Plant Located in Two Rivers，Wisconsin*，Interpoll Laboratories，Inc. February 1，1994.

31. *Results of the April 20，1995 Particulate Emission Compliance Test on the Wood-Fired Boiler at the Dresser Lumber & Tie Plant，Haywood，Wisconsin.* Interpoll Laboratories. April 20，1995.

32. *Boiler Emission Test at America Excelsior Company，Marinette，Wisconsin.* Badger Laboratories & Engineering. December 20，1994.

33. *Hazardous Air Emissions Potential From A Wood-Fired Furnace（and attachments）*.A. J. Hubbard，Wisconsin Department of Natural Resources. Madison，WI. July 1991.

34. *Environmental Assessment of a Wood-Residue-Fired Industrial Watertube Boiler.* Acurex Corporation. November 1982.

35. *Source Emission Testing of the Wood-fired Boiler at Big Valley Lumber Company，Bieber，California.* Galson Technical Services，Inc. February，1991.

36. *Source Emission Testing of the CE Wood-Fired Boiler at Roseburg Forest Products（TAC Site*

#3）. Performed for the Timber Association of California.Galston Technical Services. January，1991.

37. *Boiler Emission Test at Nagel Lumber Company，Land Of Lakes，Wisconsin.* Badger Laboratories & Engineering. July 2，1996.

38. *Boiler Emission Test at Nagel Lumber Company，Land Of Lakes，Wisconsin.* Badger Laboratories & Engineering. April 19，1996.

39. *Stack Emission Test Report on Hogged Wood Fired Boiler #5 at Snow Mountain Pine of Oregon，LTD，Burns，Oregon.* Horizon Engineering. December 1，1992.

40. *Source Emission Evaluation on Hogged Fuel Boiler #2 at International Paper Company，Gardiner，Oregon.* AMTEST Air Quality，Inc. November 12，1993.

41. *Source Emission Evaluation on Boiler # 1 Outlet and Boiler # 2 Outlet at Bohemia Inc.，Gardiner，Oregon.* AMTEST Air Quality，INC. May 15-16 1990.

42. *Stationary Source Sampling Report for Lexington Furniture Industries Plant Number 10，Hildebran，North Carolina.ABCO Boiler Stack.* Trigon Engineering Consultants，Inc. December，1993.

43. *Stationary Source Sampling Report Lexington Furniture Industries Plant Number 11，Mocksville，North Carolina.* Entropy Environmentalists. August 15 and 16，1991.

44. *Stationary Source Sampling Report for Lexington Furniture Industries，Spruce Pine，North Carolina.* Trigon Engineering Consultants，Inc. December，1995.

45. *Stationary Source Sampling Report.ERG Reference No. 0539.Emissions Testing For：Carbon Monoxide；Dioxins；Furans；Nitrogen Oxides；Particulate（PM_{10}）；Sulfur Dioxide；Total Hydrocarbons.* Environmental Technical Group，Inc. May 19，1998.

46. *Source Emission Testing of the Wood-Fired Boiler "C" Exhaust at Bohemia，Inc. Rocklin，California*，Performed for the Timber Association of California. Galston Technical Services. December，1990.

47. *Results of the July 7，1993 Air Emission Compliance Testing on the Wood-fired Boiler at the Ashley Furniture Facility，Arcadia，Wisconsin.* Interpoll Laboratories，Inc. August 16，1993.

48. *Results of the April 14，1994 Air Emission Compliance Testing on the Wood-fired Boiler at the Ashley Furniture Facility，Arcadia，Wisconsin.* Interpoll Laboratories，Inc. May 11，1994.

49. *Results of the October 27，1994 Air Emission Compliance Testing of the Boiler at the Endeavor Hardwoods Facility，Lyndon Station，Wisconsin*，Interpoll Laboratories，Inc. November 16，1994.

50. *Source Test Report. Source Emission Testing of the Wood-fired Boiler at Ethan Allen，*

Inc.-Mayville Division.Mayville，New York. Galson Corporation. May 13，1994.

51. *Results of the October 27，1994 Air Emission Compliance Test of the Boiler at the Endevor Hardwoods Facility，Lyndon Station，Wisconsin.* Interpoll Laboratories. October 27，1994.

52. *Results of the November 10，1994 Air Emission Compliance Testing on the Wood-Fired Boiler at the Ashley Furniture Facility，Arcadia，Wisconsin.* Interpoll Laboratories，Inc. December 2，1994.

53. *Report to Laminated Products，Inc. Kenosha，Wisconsin for Particulate Emissions Testing Wood-Fired Boiler，May 31，1994.* Environmental Technology & Engineering Corp. July 7，1994.

54. *Report to Laminated Products，Inc. Kenosha，Wisconsin for Particulate Emissions Testing Wood-Fired Boiler，September* 2，*1994.* Environmental Technology & Engineering Corp. September 19，1994.

55. *Source Emission Evaluation on Wellons Boiler Exhaust Stack at WTD Industries-Trask River Lumber Company，Tillamook，Oregon.* AMTEST Air Quality，INC. August 30，1995.

56. *Wood Fired Boiler Emission Test at Marion Plywood Corp.，Marion，Wisconsin.* Badger Laboratories & Engineering. September 2 & 3，1992.

57. *Wood Fired Boiler Emission Test at Marion Plywood Corp.，Marion，Wisconsin*，Badger Laboratories & Engineering. August 11，1992.

58. *Results of the January 18，1990 Particulate Emission Compliance Test on the Konus Common Stack at the Louisiana Pacific Corporation Facility，Hayward，Wisconsin*，Pace Laboratories，Inc. January 18，1990.

59. *Source Emission Testing of the Wood-Fired Boiler #3 Exhaust at Georgia Pacific，Fort Bragg，California.* Performed for the Timber Association of California. Galston Technical Services.February，1991.

60. *Source Emission Testing of the Wood-Fired Boiler #5 Exhaust at Roseburg Forest Products，Anderson，California.* Performed for the Timber Association of California.Galston Technical Services. February，1991.

61. *Emission Test Report on the Hogged Fuel Fired Boiler at Tillamook Lumber Company，Tillamook，Oregon.* Horizon Engineering. December 20，1994.

62. *Emission Test Report on Wood Residue Boiler at Timber Products，Medford，Oregon.* BWR Associates，Inc. July 22，1993.

63. *Emission Test Report on Wood Residue Boiler at Timber Products，Medford，Oregon.* BWR Associates，Inc. November 18，1993.

64. *Emission Test Report on Wood Waste Boiler at Timber Products，Medford，Oregon.* BWR Associates，Inc. March 26，1991.

65. *Source Emission Testing of the Wood-fired Boiler At Catalyst Hudson，Inc.，Anderson，*California. Galson Technical Services，Inc. February，1991.

66. *Results of the May 18，1988 Particulate and Carbon Monoxide Emission Compliance Test on the No.1 Boiler at the Norenco Cogeneration Facility，Ladysmith，Wisconsin.* Interpoll Laboratories. May 19，1988.

67. *Emission Test Report on Wood Waste Boilers at Stone Forest Industries，White City，Oregon.* BWR Associates，Inc. December 21，1992.

68. *Results of the February 1，1994 Air Emission Compliance Test on the GEKA Common Stack at the Louisiana Pacific Waferboard Plant，Tomahawk，Wisconsin.* Interpoll Laboratories，Inc. February 1，1994.

69. *Report to Laminated Products，Inc. Kenosha，Wisconsin for Particulate Emissions Testing Wood-Fired Boiler，July 7，1995.* Environmental Technology & Engineering Corp. July 17，1995.

70. *Results of the August 17-19，1993 Air Emission Compliance Test at the Louisiana Pacific Waferboard Plant，Tomahawk，Wisconsin.* Interpoll Laboratories，Inc. August 17-19，1993.

71. *Source Emission Testing of the Wood-Fired Boiler Exhaust at Sierra Pacific，Burney，California.* Performed for the Timber Association of California. Galston Technical Services. February，1991.

72. *Source Emission Testing of the Wood-Fired Boiler #1 Exhaust Stack at Wheelabrator Shasta Energy Company（TAC Site 9），Anderson，California.* Performed for the Timber Association of California. Galston Technical Services. January，1991.

73. *Source Emission Testing of the Wood-Fired Boiler “C” Exhaust at Pacific Timber，Soctia，California.* Performed for the Timber Association of California. Galston Technical Services. February，1991.

74. *Source Emission Testing of the Wood-Fired Boiler at Yanke Energy，North Fork，California.* Performed for the Timber Association of California. Galston Technical Services. January，1991.

75. *Source Emission Testing of the Wood-Fired Boiler Exhaust at Miller Redwood Company，Crescent City，California.* Performed for the Timber Association of California. Galston Technical Services. February，1991.

76. *Nitrogen Oxide Emissions from a Pilot Plant Spreader Stoker Bark Fired Boiler. R. A. Kester，* Department of Civil Engineering. University of Washington，Seattle，WA. December，1979.

77. *Stack Emission Test Report on Hogged Wood Fired Boiler Plant at Champion International Corporation，Roseburg，Oregon.* Horizon Engineering. August 19，1991.

78. American Furniture Manufacturers Association Test Report. *Determination of Nitrogen Oxide and Carbon Monoxide Emissions. September 22，23，and 24，1998.* Air Monitoring Specialists. September，1998.

79. *Results of the April 20 & 21，1993 Air Emission Tests on the Cleaver Brooks and Kidwell Wood-Fired Boilers at the Eggers Industries Plant in Two Rivers，Wisconsin.* Interpoll Laboratories，Inc. May 25，1993.

80. *Report to Eggers Industries，Inc.，Two Rivers，Wisconsin for Stack Emission Test，West Plant Wood-Fired Boiler.* Environmental Technology And Engineering Corporation. August 5，1997.

81. *Test Report Prepared for American Furniture Manufacturing Association.* Air Monitoring Specialists，Inc. December，1996.

82. *Emission Test Program on the Wood-Fired Boiler at Goodman Forest Industries，Ltd.* Goodman，Wisconsin. Air Environmental. Inc. December 14，1995.

83. Emission Factor Documentation for AP-42 Section 1.6-Wood Waste Combustion in Boilers. Technical Support Division，Office of Air Quality Planning and Standards.U.S. Environmental Protection Agency. Research Triangle Part，NC. April，1993.

84. *Report to Eggers Industries，Inc.，Two Rivers，Wisconsin for Stack Emission Test，West Plant Wood-Fired Boiler.* Environmental Technology And Engineering Corporation. February 27，1996.

85. *Lamico，Inc.，Emission test at 474 Mariod Road，Oshkosh，WI，October 5 & 6，1989.* Badger Laboratories & Engineering Co.，Inc. November 1，1989.

86. *Cleaver-Brooks Boiler Stack Particulate Emission Testing on November 8，1994.* Environmental Services of America，Inc. December 7，1994.

87. *Inhalable Particulate Source Category Report for External Combustion Sources*，EPA Contract No. 68-02-3156，Acurex Corporation，Mountain View，CA，January 1985.

88. Oregon Department of Environmental Quality Database，Process data. State of Oregon，2001.

89. *Wood Products in The Waste Stream-Characterization and Combustion Emissions*，U.S. Environmental Protection Agency，Control Technology Center，October 1996.

7 褐煤燃烧

7.1 简述[1-5]

褐煤是煤化作用早期产物，属性介于烟煤与泥炭之间。美国盛产褐煤的两个地理区域是以北达科他州和德克萨斯州为中心的州县。两个地区的褐煤都是含水量高（20%～40%，按重计）、湿基热值低［5 000～7 500 Btu/lb（英热单位/磅）］。由于褐煤含水量高、热值低，不适于远途运输，因此都是在开采的地点随采随用。只有少量褐煤服务于工业和居民，其余主要用于发电厂生成蒸汽和发电。褐煤用途很广，从小型层燃锅炉到大型煤粉（Pulverized Coal，PC）锅炉和旋风锅炉（大于 500 MW）都适用。

褐煤的最大优点是产量相对丰富（北达科他州和德克萨斯州地区），成本相对较低（露天开采），含硫量也较低（减少对二次燃烧硫排放控制设备的需求）；缺点是，与烟煤相比，产生一单位电力消耗的燃料更多，所需设备的资本密度更高。这是由以下原因造成的：（1）褐煤热值低就表示生产给定量电力需要处理的燃料就多；（2）燃煤处理装置的能量维护成本较高；（3）褐煤本身含水量高导致锅炉效率降低；（4）褐煤的煤灰特性需要对吹灰和锅炉操作更加关注，才能保持锅炉的可用性和可靠性。

7.2 燃烧装置[3]

褐煤粉锅炉中，燃料从料堆加入锅炉旁边的煤仓，然后从煤仓投入多个粉碎机，磨成 200 目左右的颗粒。空气预热器的高温气流将燃料风干，并在空气作用下通过燃烧器喷嘴将燃料喷入锅炉的燃烧器区域。褐煤粉锅炉的燃烧方式包括四角切圆式、水平对冲式、前墙式、旋风式和流化床燃烧式。

在四角切圆燃烧方式中，褐煤粉被放入锅炉四个角垂直排列的燃烧器喷嘴，然后将整个炉膛作为燃烧器生成涡流火焰。前墙式和水平对冲式燃烧锅炉中，煤粉通过水平排列的燃烧器放入燃烧器区域。这种燃烧方式的燃烧强度比四角切圆式的大，燃烧器区域本身的热量释放率也稍高。

在这些褐煤粉燃烧方式中，煤灰以飞灰或底灰的形式从炉膛中清除。炉膛底部的干湿状态取决于煤灰是以液态熔渣还是固态清除的。煤粉锅炉有干底和湿底两种，但目前实际操作的锅炉只有干底炉膛。

还有一种类型的褐煤锅炉是旋风式燃烧器，它是敷设炉渣的高温漩涡式燃烧器。燃煤从储存区送入碎渣机，将褐煤粉碎至直径 0.25 英寸或更小的颗粒。粉碎的褐煤在粉碎机中部分风干，然后以四角切圆式或涡流模式在旋风炉中燃烧。燃烧器内的温度够高时会使煤灰熔化形成灰渣，涡流形成的离心力将熔化的灰渣带离燃烧器，在炉壁上覆盖上薄薄一层灰渣。进入燃烧器的固态褐煤颗粒在被离心力带离燃烧器后埋入灰渣层，直至燃尽。燃烧器的煤灰从与炉底平齐的放渣口不断排出。

在层燃炉中，褐煤平铺在炉排上形成床层燃烧，直至燃尽。层燃炉装置中，褐煤被粉碎成 2 英寸左右的碎块，通过下部加料机、上部加料机或抛煤炉填入炉膛。大多数层燃装置，都是褐煤在炉排上燃烧，然后逐渐从一端行进到另一端，炉排末端就只剩下煤灰（即褐煤燃尽后成为最终灰分产物）。煤灰到达炉排的末端后落入收集煤灰的灰斗，然后排出炉膛。层燃炉是固态排渣炉，与煤粉锅炉或旋风锅炉相比，通常释热率更低，温度曲线更小。

流化床燃烧炉（FBC）主要分为两大类：（1）常压流化床锅炉，在常压或接近常压下运行；（2）加压流化床锅炉，在 4～30 个标准大气压下运行。褐煤燃烧不适用于加压流化床锅炉。常压流化床锅炉主要包括两种类型：鼓泡流化床和循环流化床，两者的主要区别是流化速度。鼓泡流化床流化速度相对较低，目的是减少固体从燃烧室的携带或淘析。循环流化床流化速度较高，从而可以增加固体的携带或循环。为了提高燃料的利用率，所有循环流化床燃烧炉和部分鼓泡流化床燃烧炉都是通过高温旋风捕获固体燃煤和床层材料，然后返回主燃烧室。

7.3 排放物[2-4, 6-13]

与其他煤炭类型一样，褐煤燃烧生成的排放物也包括标准污染 PM、直径小于等于 10 μm 的颗粒物（PM_{10}）、冷凝性颗粒物（CPM）、SO_x、NO_x、CO 和 TOC；还会生成一些其他污染物，如温室气体、有机物、微量金属和酸性气体。

7.3.1 颗粒物控制

褐煤燃烧的排放水平与褐煤的灰分含量以及锅炉的燃烧方式有直接关系。煤粉锅炉中，大部分或全部褐煤会悬浮燃烧。旋风炉将煤灰作为熔炉本身的熔渣收集起来。与抛煤炉不同，层燃炉会在燃料层和底灰中保留大部分灰分。抛煤机中，大约 15%的燃煤悬浮燃烧，残留物积存在床层中。

颗粒排放物可以分为滤过性颗粒物和冷凝性颗粒物。滤过性颗粒物通常是由玻璃纤维滤网捕获的颗粒，滤网位于 Reference Method 5 和 Method 17 取样器的前半部分。通过滤网的蒸汽和颗粒直径一般小于 0.3 μm。冷凝性颗粒物通常以气态排出，之后凝结成同相或异相气溶性粒子。从本质上讲，燃煤或燃油锅炉排出的冷凝性颗粒主要为无机物。

7.3.2 硫氧化物排放

褐煤燃烧排放的 SO_x 是褐煤含硫量和褐煤成分（即含硫量、热值和碱浓度）的函数，其中硫形成 SO_x 的转化率与褐煤中碱浓度成反比。碱含量对硫的转换率影响非常大，它是去除硫氧化物的天然吸附剂。

7.3.3 氮氧化物排放

褐煤燃烧排放的 NO_x 主要是锅炉设计、燃烧方式和过量空气水平的函数。四角切圆式锅炉、层燃锅炉和流化床锅炉产生的 NO_x，通常比墙式锅炉和旋风锅炉低。1971 年和 1979 年《新污染源行为标准》（联邦政府管理条例第 40 篇，第 60 部分，子分类 D 和 Da）实施后建造的锅炉在设计中集成了 NO_x 控制装置，其 NO_x 排放的控制水平可与小型层燃锅炉相媲美。在大多数锅炉中，不管采用哪种燃烧方式，过量燃烧空气越低，NO_x 排放量也就越少。但降低褐煤锅炉过量空气量很可能也会造成灰分的沉积。

7.3.4 一氧化碳排放[14]

燃烧源的 CO 排放率取决于燃料的氧化效率。精心控制燃烧过程可将 CO 排放率降至最低。因此，如果燃烧装置操作错误或维护不当，排放的一氧化碳（以及有机化合物）浓度会增加若干个数量级。

7.3.5 温室气体[15-20]

CO_2、CH_4 和 N_2O 都是褐煤燃烧过程中生成的排放物。褐煤中几乎所有的（99%）燃料碳都会在燃烧过程中转化为 CO_2，这种转换与燃烧方式无关。尽管形成 CO 可减少 CO_2 的排放量，但是与产生的 CO_2 相比，CO 的量实在微不足道。燃料碳未转换为 CO_2 主要是由于燃烧不完全，这部分燃料碳会夹带在底灰中。

褐煤在燃烧过程中经过一系列复杂的反应形成 N_2O，其形成取决于多种因素。燃烧温度保持 1 475℉以上的高温，过量空气控制在少于 1%，形成的 N_2O 就会降至最少。除了流化床燃烧以外，褐煤燃烧只排放少量的 N_2O，其中燃料层局部低温区域生成的 N_2O 远远高于层燃炉。

甲烷的排放量取决于燃煤类型和燃烧方式，它在燃煤燃烧不完全阶段（如燃煤锅炉的启动和停炉）排放量最高。通常，在易于生成 N_2O 的条件下也容易造成 CH_4 的排放。

7.3.6 有机化合物

褐煤燃烧时排放的有机化合物很少。与 CO 排放类似，有机化合物的排放率也取决于锅炉燃烧效率。因此，燃烧方式改良，即改变燃烧留存时间、温度或紊流，会增加烟气中有机化合物的浓度。

有机排放物包括挥发性、半挥发性和冷凝性有机化合物，有些存在于褐煤中，有些则是不完全燃烧的产物（PIC）。有机排放物的主要特点是标准污染物未燃烧气相烃类，包括烷烃、烯烃、乙醛、乙醇、取代苯（如苯、甲苯、二甲苯和乙苯）。

多氯二苯并二噁英和多氯二苯并呋喃（PCDD/PCDF）也是褐煤燃烧过程中生成的，主要对环境造成影响的是四氯到八氯二噁英和呋喃。二噁英和呋喃的排放与燃烧过程中有机物的分解程度以及大气污染控制设施内的反应有关。大气污染控制设备中，PCDD/PCDF 的形成主要取决于烟气的温度，通常在温度达到 450～650℉时最有可能形成。

其余有机排放物大多来自燃烧源的凝聚相化合物。这些化合物几乎全部都归类于 POM，其中包括多环芳烃（PNA 或 PAH）。

7.3.7 微量金属

褐煤燃烧过程中还会排放微量金属，排出量通常取决于以下几个因素：

- 金属本身的物理和化学特性；
- 金属离子在褐煤中的浓度；
- 燃烧条件；
- 所用的颗粒控制装置的类型及其按颗粒大小的除尘效率。

7.3.8 酸性气体

除了排放 SO_x 和 NO_x 外，褐煤燃烧过程中还会排放氯和氟，其中以氯化氢（HCl）和氟化氢（HF）为主，另有少量的氯气和氟气。燃料中含有的部分氯离子和氟离子会被飞灰或底灰吸收。HCl 和 HF 都溶于水，因此通过酸性气体净化系统可以很容易地得到控制。

7.4 污染物控制[2-4, 6-13]

7.4.1 颗粒物

对于以褐煤为燃料的锅炉，PM 控制装置主要包括 ESP 和织物过滤器（袋式除尘器），除尘效率可达 99.5%。老式小型 ESP 除尘效率较低，可清除 PM 总量的 95%左右。多级旋风除尘器和洗涤器通常单独使用，也可以与 ESP 或袋式除尘器一起安装在小型工业层燃锅炉中使用，正常情况下对 PM 总量的除尘效率为 60%～80%。

7.4.2 硫氧化物[14]

表 7-2 列出了减少煤炭燃烧 SO_x 排放最常用的几种技术。烟气脱硫（FGD）系统当前可用于几种以褐煤为燃料的锅炉。烟气可以采用湿式、干式或半干式脱硫工艺进行处理，这些工艺分为抛弃型和回收/再生型，抛弃型是指所有废液流都被丢弃，而回收/再生型是指将 SO_x 吸收剂再生使用或重新使用。到目前为止，湿

式系统是最常用的脱硫工艺。这种工艺通常是将碱性料浆作为吸收 SO_x 的介质，这样 SO_x 的去除率可超过 90%。石灰/石灰石洗涤器、钠洗涤器、喷雾干燥法和双碱洗涤器都是很有商业价值的烟气脱硫（FGD）技术。

喷雾干燥法是一种将碱性溶液或碱性料浆以细雾态喷洒到反应容器中并与烟气混合的干洗涤方法。SO_2 与碱性溶液或碱性料浆发生反应形成液相盐。料浆被烟气的潜热烘干至约含有 1%的游离水分，被烘干的碱液继续与烟气中 SO_2 发生反应，形成亚硫酸盐或硫酸盐。喷雾干燥的固体夹带在烟气中，或者排出到颗粒控制装置，如 ESP 或袋式除尘器。

也可以将石灰石喷入炉膛（通常是流化床锅炉）与 SO_2 发生反应，形成硫酸钙。流化床（FBC）由被气流悬浮或流化的惰性物质层组成，褐煤被喷入此床层然后燃烧。石灰石也喷入此床层，被煅烧为石灰与 SO_2 发生反应，形成硫酸钙。锅炉排出的颗粒物一般会被旋风捕获，然后再循环使用或丢弃。要进一步减少颗粒物排放，旋风捕获后可使用 PM 控制附加装置，如 ESPs 或袋式除尘器。

7.4.3 氮氧化物[21]

褐煤锅炉最常见的 NO_x 控制技术是燃尽风（OFA），也就是从燃烧器抽出一部分燃烧空气（5%～20%），然后通过顶层燃烧器上方的专用风口注入。OFA 可应用于四角切圆式锅炉、墙式锅炉和层燃锅炉，但由于它会改变锅炉的释热率曲线从而改变锅炉的结渣特性，因此不能用于旋风锅炉或其他出渣型火炉。根据现有锅炉的设计，OFA 可以作为改良技术，使 NO_x 的排放从非可控水平变为可减少 20%～30%。它通常是用在新型子分类 D 型锅炉和子分类 Da 型锅炉中的 NO_x 控制技术。

褐煤锅炉的另一种 NO_x 控制技术是低 NO_x 燃烧器（LNB），也就是通过控制燃烧过程的化学当量曲线和温度曲线抑制 NO_x 的形成。低氮氧化物燃烧器（LNB）可以用作现有四角切圆式锅炉和墙式锅炉的改良技术，也可以安装在新型锅炉中；但由于燃料是在旋风锅炉的圆柱形燃烧室而不是常规燃烧器中燃烧，因此低氮氧化物燃烧器（LNB）不适用于旋风锅炉。根据锅炉的设计和要求达到的 NO_x 水平，OFA 和低氮氧化物燃烧器（LNB）可单独使用，也可以一起使用，使 NO_x 的排放从非可控水平变为可减少 50%～60%。

7.5 排放系数

SO_x、NO_x、CO、CO_2 和总非甲烷有机化合物（Total Non-methane Organic Compounds，TNMOC）的非可控排放系数见表 7-1。NO_x 和 CO 的可控排放系数见表 7-3。

滤过性颗粒物和一氧化二氮（N_2O）的非可控排放系数见表 7-4；滤过性颗粒物的可控排放系数见表 7-5。冷凝性颗粒物的排放系数见表 7-6。累积粒度分布和特定尺寸颗粒物的排放系数见表 7-7 和表 7-8。特定尺寸颗粒物排放系数的图解形式，请参见图 7-1 和图 7-2。

表 7-9 至表 7-11 分别列出了 POM、PAH 和各种有机化合物的排放系数。表 7-15 列出了氯化氢和氟化氢的排放系数。

表 7-12 列出了可用于估算 9 种微量金属可控排放和非可控排放的排放系数方程式。表 7-13 和表 7-14 分别列出了微量金属的非可控和可控排放系数。排放系数方程式是基于煤炭中微量金属的测定浓度、煤灰中的测定分数和测定颗粒物排放这三方面的统计对比。这些都是影响微量金属排放的主要指标，因此如果污染物的这些指标可以测量，建议使用排放系数方程式估算非可控和可控排放量。如果这些指标无法测量，建议使用表 7-13 或表 7-14 中所列的排放系数估算排放量。

本章的表格列出了以重量为单位（lb/ton）和以能量为单位（$lb/10^{12}Btu$）的排放系数。以 lb/ton 为单位的排放系数可以转化为以 lb/MMBtu 为单位，方法是用排放系数乘以 0.077（假定褐煤的热值为 6 500 Btu/lb）。

表 7-1 非可控褐煤燃烧 SO_x、NO_x、CO 和 CO_2 的排放系数[a]

排放系数等级：C（除非另有说明）

燃烧方式（SCC）	SO_x 排放系数[b]/（lb/ton）	NO_x 排放系数[c]/（lb/ton）	CO 排放系数[d]/（lb/ton）	CO_2 排放系数[g]/（lb/ton）	TNMOC[j, k] 排放系数/（lb/ton）
粉煤，固态排渣，四角切圆式燃烧（1-01-003-02）	30*S*	7.1[i]	ND	72.6*C*	0.04
粉煤，固态排渣，墙式燃烧[e]，NSPS 之前[f]（1-01-003-01）	30*S*	13	0.25	72.6*C*	0.04
粉煤，固态排渣，墙式燃烧[e]，NSPS[f]（1-01-003-01）	30*S*	6.3	0.25	72.6*C*	0.04
旋风式（1-01-003-03）	30*S*	15	ND	72.6*C*	0.07
抛煤机（1-01-003-06）	30*S*	5.8	ND	72.6*C*	0.03
链条炉排式上部加料机（1-01-003-04）	30*S*	ND	ND	72.6*C*	0.03
常压流化床燃烧器（1-01-003-17/18）	10*S*[l]	3.6	0.15[h]	72.6*C*	0.03

[a] 将 lb/ton 转换为 kg/Mg，需乘以 0.5。要将 lb/ton 转换为 lb/MMBtu，需乘以 0.062 5。SCC 表示源分类代码。ND 表示无数据。

[b] 参见参考文献 2。*S* 表示褐煤含硫量的重量百分比（湿基）。例如，含硫量为 3.4%，那么 $S = 3.4$。高钠灰（Na_2O>8%）取 22*S*；低钠灰（Na_2O<2%）取 34*S*；灰分钠含量未知，取 30*S*。

[c] 参见参考文献 2-3、8-9、22-23。

[d] 参照参考文献 8、23。

[e] 墙式燃烧包括前墙燃烧、后墙燃烧以及前后墙对冲燃烧设备。

[f] NSPS 之前的锅炉不属于任何 NSPS。NSPS 锅炉属于子分类 D 或子分类 Da。子分类 D 的锅炉是 1971 年 8 月 17 日之后建造、热功率高于 250 MMBtu/h 的锅炉。子分类 Da 的锅炉是 1978 年 9 月 18 日之后建造、热功率高于 250 MMBtu/h 的锅炉。

[g] 排放系数等级为 B。*C* 表示褐煤含碳量的重量百分比（按应用基计算）。例如，碳含量为 63%，那么 $C = 63$。如果含碳量的重量百分比的值未知，则使用 CO_2 排放的默认值 4 600 lb/ton。

[h] 排放系数仅用于 SCC 为 1-01-003-18 的循环流化床。

[i] 排放系数等级为 A。

[j] TNMOC：总非甲烷有机化合物。由于缺少褐煤数据，因此排放系数源于烟煤的数据（假定燃煤的排放量与热值成正比）。TNMOC 可表示为 C_2 到 C_{16} 的等效烷烃。由于数据有限，燃烧方式对 TNMOC 排放系数影响不大，因此采用所有数据的平均值作为煤粉锅炉、旋风炉、抛煤炉和上部加料机的单个平均排放系数。

[k] 参见参考文献 61。表示正常运行条件下可以达到的额定值。燃烧不完全时数值会高一个或两个数量级。

[l] 使用石灰石床料。

表 7-2 煤炭燃烧源 SO_2 燃烧后控制

控制技术	工艺	常规控制效率	备注
湿式洗涤器	石灰/石灰石	80%～95%+	适用于含硫量高的燃料，可生成湿式料浆反应物
	碳酸钠	80%～98%	5～430 MMBtu/h 常规应用范围，试剂成本高
	氧化镁/氢氧化镁	80%～95%+	可再生
	双碱法	90%～96%	用石灰重新生成钠基洗涤液
喷雾干燥法	氢氧化钙料浆，在喷洒容器中蒸发	70%～90%	适用于含硫量低或含硫量中等的燃料，可生成干式料浆反应物
炉内喷射法	在上层炉腔喷入干燥的碳酸钙/氢氧化钙	25%～50%	只在几个欧美刚启动的项目投入了商业运用
烟道喷射法	将干燥的吸附剂喷入烟道，有时可配合水雾一起喷入	25%～50%+	仅限几个刚刚启动的研究开发示范项目，尚未在美国投入商业运用

来源：参考文献 60。

表 7-3 褐煤燃烧（带有氮氧化物控制装置）氮氧化物和一氧化碳的排放系数[a]

燃烧方式（SCC）	控制设备	NO_x[b]		CO[c]	
		排放系数/（lb/ton）	排放系数等级	排放系数/（lb/ton）	排放系数等级
子分类 D 锅炉[d]：煤粉，四角切圆式燃烧（1-01-003-02）	燃尽风	6.8	C	ND	NA
煤粉，墙式燃烧（1-01-003-01）	燃尽风和低 NO_x 燃烧器	4.6	C	0.48	D
子分类 Da 锅炉[d]：煤粉，四角切圆式燃烧（1-01-003-02）	燃尽风	6	C	0.1	D

[a] 要将 lb/ton 转换为 kg/Mg，需乘以 0.5。要将 lb/ton 转换为 lb/MMBtu，需乘以 0.062 5。SCC 表示源分类代码。ND 表示无数据。NA 表示不适用。

[b] 参见参考文献 22-23。

[c] 参见参考文献 22。

[d] 子分类 D 的锅炉是 1971 年 8 月 17 日之后建造、热功率高于 250 MMBtu/h 的锅炉。子分类 Da 的锅炉是 1978 年 9 月 18 日之后建造、热功率高于 250 MMBtu/h 的锅炉。

表 7-4　非可控褐煤燃烧滤过性颗粒物和 N_2O 的排放系数[a]

排放系数等级：E（除非另有说明）

燃烧方式（SCC）	滤过性颗粒物排放系数[b]/（lb/ton）	N_2O 排放系数[c]/（lb/ton）
粉煤，固态排渣，四角切圆式燃烧（1-01-003-02）	6.5*A*	ND
粉煤，固态排渣，墙式燃烧（1-01-003-01）	5.1*A*	ND
旋风式（1-01-003-03）	6.7*A*[d]	ND
抛煤机（1-01-003-06）	8.0*A*	ND
其他层燃装置（1-01-003-04）	3.4*A*	ND
常压流化床燃烧器（1-01-003-17/18）	ND	2.5

[a] 要将 lb/ton 转换为 kg/Mg，需乘以 0.5。要将 lb/ton 转换为 lb/MMBtu，需乘以 0.062 5。SCC 表示源分类代码。ND 表示无数据。

[b] 参见参考文献 6-7、24-25。*A* 表示褐煤灰分含量的重量百分比（湿基）。例如，灰分含量为 5%，那么 $A = 5$。

[c] 参见参考文献 26。

[d] 排放系数等级为 C。

表 7-5　可控褐煤燃烧时滤过性颗粒物的排放系数[a]

排放系数等级：C（除非另有说明）

燃烧方式（SCC）	控制设备	滤过性颗粒物排放系数/（lb/ton）
子分类 D 锅炉[b]（1-01-003-01/-02）	袋式除尘器	0.08*A*
	湿式洗涤器	0.05*A*
子分类 Da 锅炉[b]（1-01-003-01/-02）	湿式洗涤器	0.01*A*
常压流化床燃烧器（1-01-003-17/18）[b,c]	ESP	0.07*A*

[a] 参见参考文献 22-23。*A* 表示褐煤灰分含量的重量百分比（湿基）。例如，褐煤的灰分含量为 2.3%，那么 $A = 2.3$。要将 lb/ton 转换为 kg/Mg，需乘以 0.5。要将 lb/ton 转换为 lb/MMBtu，需乘以 0.062 5。SCC 表示源分类代码。

[b] 子分类 D 的锅炉是 1971 年 8 月 17 日之后建造、热功率高于 250 MMBtu/h 的锅炉。子分类 Da 的锅炉是 1978 年 9 月 18 日之后建造、热功率高于 250 MMBtu/h 的锅炉。

[c] 排放系数等级为 D。

表 7-6 褐煤燃烧冷凝性颗粒物的排放系数[a]

燃烧方式[b]	污染物控制[c]	SCC	CPM-TOT[d, e] 排放系数/（lb/MMBtu）	CPM-TOT[d, e] 排放系数等级	CPM-IOR[d, e] 排放系数/（lb/MMBtu）	CPM-IOR[d, e] 排放系数等级	CPM-ORG[d, e] 排放系数/（lb/MMBtu）	CPM-ORG[d, e] 排放系数等级
所有煤粉锅炉	所有 PM 控制（FGD 控制除外）	1-01-003-01/02	$0.1S-0.03$[f, g]	C	CPM-TOT 排放系数的 80%[e]	E	CPM-TOT 排放系数的 20%[e]	E
		1-02-003-01/02						
		1-03-003-05/06						
所有煤粉锅炉	所有 PM 控制（包括 FGD 控制）	1-01-003-01/02	0.02[f]	E	ND		ND	
		1-02-003-01/02						
		1-03-003-05/06						
链条炉排式，上部加料机，抛煤机	所有PM控制或非可控	1-01-003-04/06	0.04[g]	D	CPM-TOT 排放系数的 80%[g]	E	CPM-TOT 排放系数的 20%[g]	E
		1-02-003-04/06						
		1-03-003-07/09						

[a] 有冷凝性 PM 都假定为直径小于 1.0 μm。

[b] 旋风锅炉无可用数据（SCC 为 1-01-003-03、1-02-003-03）。对于旋风锅炉，请使用煤粉锅炉及相应控制设备的系数。

[c] FGD 表示烟气脱硫。

[d] CPM-TOT 表示冷凝性颗粒物总数。CPM-IOR 表示无机冷凝性颗粒物。CPM-ORG 表示有机冷凝性颗粒物。ND 表示无数据。

[e] 系数应乘以燃烧时热功率的燃料消耗率（MMBtu）。要转换为褐煤的 lb/ton，需乘以 16 MMBtu/ton。

[f] S 表示燃烧时煤炭含硫量的重量百分比。例如，含硫量为 1.04%，那么 $S = 1.04$。如果燃煤的含硫量小于等于 0.4%，则不使用排放方程式，而是使用默认排放系数 0.01 lb/MMBtu。

[g] 参见参考文献 62-78。

[h] 参见参考文献 79 和 80。

[i] 参见参考文献 81-88。

表 7-7 褐煤粉锅炉的累积粒度分布和特定尺寸颗粒物的排放系数[a]

排放系数等级：E

颗粒大小[b]/μm	累积分布（质量百分比）≤规定尺寸		累积排放系数[c]/（lb/ton）	
	非可控	多旋风可控	非可控	多旋风可控[d]
15	51	77	3.4A	1.0A
10	35	67	2.3A	0.88A
6	26	57	1.7A	0.75A

颗粒大小[b]/μm	累积分布（质量百分比）≤规定尺寸		累积排放系数[c]/（lb/ton）	
	非可控	多旋风可控	非可控	多旋风可控[d]
2.5	10	27	0.66A	0.36A
1.25	7	16	0.47A	0.21A
1	6	14	0.40A	0.19A
0.625	3	8	0.19A	0.11A
总计			6.6A	1.3A

[a] 参见参考文献 27。基于四角切圆式燃烧设备（源分类代码为 1-01-003-02）。对于墙式燃烧设备（源分类代码为 1-01-003-01），需用表中的排放系数乘以 0.79。

[b] 可表示为气体动力学当量直径。

[c] A 表示褐煤灰分含量的重量百分比（湿基）。例如，褐煤的灰分含量为 3.4%，那么 A = 3.4。要将 lb/ton 转换为 kg/Mg，需乘以 0.5。要将 lb/ton 转换为 lb/MMBtu，需乘以 0.062 5。

[d] 按所有颗粒大小的平均值估算，多旋风装置的控制效率为 80%。

表 7-8 褐煤抛煤机的累积粒度分布和特定尺寸颗粒物的排放系数[a]

排放系数等级：E

颗粒大小[b]/μm	累积分布（质量分数）≤规定尺寸		累积排放系数[c]/（lb/ton）	
	非可控	多旋风可控	非可控	多旋风可控[d]
15	28	55	2.2A	0.88A
10	20	41	1.6A	0.66A
6	14	31	1.1A	0.50A
2.5	7	26	0.56A	0.42A
1.25	5	23	0.40A	0.37A
1	5	22	0.40A	0.35A
0.625	4	—[e]	0.33A	—[e]
总计			8.0A	1.6A

[a] 参见参考文献 27。源分类代码为 1-01-003-06。

[b] 可表示为气体动力学当量直径。

[c] A 表示褐煤灰分含量的重量百分比（湿基）。例如，褐煤的灰分含量为 5%，那么 A = 5。要将 lb/ton 转换为 kg/Mg，需乘以 0.5。要将 lb/ton 转换为 lb/MMBtu，需乘以 0.062 5。

[d] 控制效率的估算值：多旋风为 80%。

[e] 数据不足。

表 7-9 可控褐煤燃烧 POM 的排放系数[a]

排放系数等级：E

燃烧方式（SCC）	控制设备	排放系数/（$lb/10^{12}$ Btu）
		POM
煤粉（1-01-003-01）	高效率冷侧 ESP	2.3
煤粉，固态排渣（无 SCC）	多旋风	1.8～18[b]
	ESP	2.6[b]
旋风炉（1-01-003-03）	ESP	0.11[c]～1.6[b]
抛煤机（1-01-003-06）	多旋风	15[c]

[a] 参见参考文献 28-29。要将 $lb/10^{12}$ Btu 转换为 pg/J，需乘以 0.43。SCC 表示源分类代码。ND 表示无数据。

[b] 主要为三甲基丙烯基萘。

[c] 主要为联苯。

表 7-10 可控煤炭燃烧 PAH 的排放系数[a]

污染物	排放系数[b]/（lb/ton）	排放系数等级
联苯	1.70×10^{-6}	D
苊	5.10×10^{-7}	B
苊烯	2.50×10^{-7}	B
蒽	2.10×10^{-7}	B
苯并[*a*]蒽	8.00×10^{-8}	B
苯并[*a*]芘	3.80×10^{-8}	D
苯并[*b*, *j*, *k*]荧蒽	1.10×10^{-7}	B
苯并[*g*, *h*, *i*]苝	2.70×10^{-8}	D
䓛	1.00×10^{-7}	C
荧蒽	7.10×10^{-7}	B
芴	9.10×10^{-7}	B
茚并[1,2,3-*cd*]芘	6.10×10^{-8}	C
萘	1.30×10^{-5}	C
菲	2.70×10^{-6}	B
芘	3.30×10^{-7}	B
5-甲基䓛	2.20×10^{-8}	D

[a] 参见参考文献 30-40。这些系数是根据从 6 个烟煤燃烧地点、4 个次烟煤燃烧地点和 1 个褐煤燃烧地点收集的排放数据计算出来的，适用于同时配备湿式石灰石洗涤器/喷雾干燥器和 ESP/FF 的锅炉，也适用于只配备了 ESP 或 FF 的锅炉。SCC 为 1-01-003-01、1-02-003-01、1-03-003-05，适用于煤粉锅炉；SCC 为 1-01-003-02、1-02-003-02、1-03-003-06，适用于四角切圆式煤粉锅炉；SCC 为 1-01-003-03 和 1-02-003-03，适用于旋风锅炉。

[b] 排放系数应用于燃烧时的加煤装置。要将 lb/ton 转换为 lb/MMBtu，需乘以 0.062 5。要将 lb/ton 转换为 kg/Mg，需乘以 0.5。排放系数的单位是：lb 污染物/ton 燃煤。

表 7-11　可控煤炭燃烧各种有机化合物的排放系数 [a]

污染物 [b]	排放系数 [c]/（lb/ton）	排放系数等级
乙醛	5.70×10^{-4}	C
乙酰苯	1.50×10^{-5}	D
丙烯醛	2.90×10^{-4}	D
苯	1.30×10^{-3}	A
苄基氯	7.00×10^{-4}	D
邻苯二甲酸二（2-乙基己）酯（DEHP）	7.30×10^{-5}	D
三溴甲烷	3.90×10^{-5}	E
二硫化碳	1.30×10^{-4}	D
邻氯苯乙酮	7.00×10^{-6}	E
氯苯	2.20×10^{-5}	D
三氯甲烷	5.90×10^{-5}	D
异丙苯	5.30×10^{-6}	E
氰化物	2.50×10^{-3}	D
2,4-二硝基甲苯	2.80×10^{-7}	D
硫酸二甲酯	4.80×10^{-5}	E
乙苯	9.40×10^{-5}	D
氯乙烷	4.20×10^{-5}	D
二氯乙烷	4.00×10^{-5}	E
二溴乙烷	1.20×10^{-6}	E
甲醛	2.40×10^{-4}	A
己烷	6.70×10^{-5}	D
异佛尔酮	5.80×10^{-4}	D
溴甲烷	1.60×10^{-4}	D
氯甲烷	5.30×10^{-4}	D
甲基乙基酮	3.90×10^{-4}	D
甲基肼	1.70×10^{-4}	E
甲基丙烯酸甲酯	2.00×10^{-5}	E
甲基叔丁基醚	3.50×10^{-5}	E
二氯甲烷	2.90×10^{-4}	D
苯酚	1.60×10^{-5}	D
丙醛	3.80×10^{-4}	D
四氯乙烯	4.30×10^{-5}	D
甲苯	2.40×10^{-4}	A
1,1,1-三氯乙烷	2.00×10^{-5}	E
苯乙烯	2.50×10^{-5}	D

污染物[b]	排放系数[c]/（lb/ton）	排放系数等级
二甲苯	3.70×10^{-5}	C
醋酸乙烯酯	7.60×10^{-6}	E

[a] 参见参考文献 30-48。这些系数是根据从 10 个烟煤燃烧地点、8 个次烟煤燃烧地点和 1 个褐煤燃烧地点收集的排放数据计算出来的，适用于同时配备湿式石灰石洗涤器/喷雾干燥器和 ESP/FF 的锅炉，也适用于只配备了 ESP 或 FF 的锅炉。SCC 为 1-01-003-01、1-02-003-01、1-03-003-05，适用于煤粉锅炉；SCC 为 1-01-003-02、1-02-003-02、1-03-003-06，适用于四角切圆式煤粉锅炉；SCC 为 11-01-003-03、1-02-003-03，适用于旋风锅炉；SCC 为 1-01-003-18，适用于常压流化床燃烧器的循环流化床。本表与表 1-14 相同，再次列出是为了方便读者阅读。

[b] 对其进行采样但未在采样过程中进行监测的污染物包括：四氯化碳—2 个采样点；1,3-二氯丙烯—2 个采样点；*N*-亚硝基二甲胺—2 个采样点；二氯乙烷—2 个采样点；六氯丁二烯—1 个采样点；六氯乙烷—1 个采样点；二氯丙烷—2 个采样点；1,1,1,2-四氯乙烷—2 个采样点；1,1,2-三氯乙烷—2 个采样点；氯乙烯—2 个采样点；六氯苯—2 个采样点。

[c] 排放系数适用于燃煤原料（应用基）。要将 lb/ton 转换为 kg/Mg，需乘以 0.5。要将 lb/ton 转换为 lb/MMBtu，需乘以 0.062 5。

表 7-12 煤炭燃烧微量金属的排放系数方程式[a]

排放系数等级方程式：A[b]

污染物	排放系数方程式（$lb/10^{12}$ Btu）[c]
锑	$0.92\times(C/A\times\mathrm{PM})^{0.63}$
砷	$3.1\times(C/A\times\mathrm{PM})^{0.85}$
铍	$1.2\times(C/A\times\mathrm{PM})^{1.1}$
镉	$3.3\times(C/A\times\mathrm{PM})^{0.5}$
铬	$3.7\times(C/A\times\mathrm{PM})^{0.58}$
钴	$1.7\times(C/A\times\mathrm{PM})^{0.69}$
铅	$3.4\times(C/A\times\mathrm{PM})^{0.80}$
锰	$3.8\times(C/A\times\mathrm{PM})^{0.60}$
镍	$4.4\times(C/A\times\mathrm{PM})^{0.48}$

[a] 参见参考文献 49。这些方程式是根据烟煤燃烧、次烟煤燃烧和褐煤燃烧的排放数据计算出来的，可用于生成可控锅炉的系数（如果所需的输入信息可用）。排放系数方程式适用于发电厂锅炉、工业用锅炉、工商用锅炉（燃料为烟煤、次烟煤或褐煤）的所有典型燃烧方式和 PM 控制。因此，这些锅炉的所有源分类代码（SCC）都被分配到方程式中。

[b] 对排放参数进行分级的 AP-42 标准用于对方程式进行分级。

[c] 方程式生成的系数应用于热功率。要将 $lb/10^{12}$ Btu 转换为 kg/J，需乘以 4.31×10^{-16}。C 表示煤炭中的金属浓度，计量单位是 ppmwt（按重量计百万分率）。

A 表示煤炭中灰分的重量小数形式。例如，10%煤灰即灰分含量为 0.1。

PM 表示具体地点所有颗粒物的排放系数，单位是 $lb/10^6$ Btu。

表 7-13 非可控褐煤燃烧微量元素的排放系数[a]

排放系数等级：E

燃烧方式（SCC）	排放系数/（$lb/10^{12}Btu$）						
	As	Be	Cd	Cr	Mn	Hg	Ni
煤粉，液态排渣（无 SCC）	2 730	131	49～77	1 220～1 880	4 410～16 250	21	154～1 160
煤粉，固态排渣（无 SCC）	1 390	131	49	1 500～1 880	16 200	21	928～1 160
旋风炉（1-01-003-03）	235～632	131	31	253～1 880	3 760	21	157～1 160
层燃炉，配置不详（无 SCC）	ND	118	ND	ND	11 800	21	ND
抛煤机（1-01-003-06）	538～1 100	ND	23～47	1 130～1 880	ND	ND	696～1 160
链条炉排式（上部加料机）（1-01-003-04）	1 100～2 100	ND	47～90	ND	ND	ND	ND

[a] 参见参考文献 28-29。要将 $lb/10^{12}$ Btu 转换为 pg/J，需乘以 0.43。SCC 表示源分类代码。ND 表示无数据。

表 7-14 可控煤炭燃烧时微量金属的排放系数[a]

污染物	排放系数/（lb/ton）[b]	排放系数等级
锑	1.80×10^{-5}	A
砷	4.10×10^{-4}	A
铍	2.10×10^{-5}	A
镉	5.10×10^{-5}	A
铬	2.60×10^{-4}	A
铬（Ⅵ）	7.90×10^{-5}	D
钴	1.00×10^{-4}	A
铅	4.20×10^{-4}	A
镁	1.10×10^{-2}	A
锰	4.90×10^{-4}	A
汞	8.30×10^{-5}	A
镍	2.80×10^{-4}	A
硒	1.30×10^{-3}	A

[a] 参见参考文献 30-48 和 50-58。这些系数是根据 11 个烟煤燃烧设施、15 个次烟煤燃烧设施和 2 个褐煤燃烧设施的排放数据计算出来的，适用于配备了文丘里洗涤器、喷雾干燥吸收器、湿式石灰石洗涤器、ESP 或 FF 的锅炉，也适用于只配备了 ESP、FF 或文丘里洗涤器的锅炉。SCC 为 1-01-003-01、1-02-003-01、1-03-003-05，适用于煤粉锅炉；SCC 为 1-01-003-02、1-02-003-02、1-03-003-06，适用于四角切圆式煤粉锅炉；SCC 为 11-01-003-03、1-02-003-03，适用于旋风锅炉；SCC 为 1-01-003-18，适用于常压流化床燃烧器的循环流化床。

[b] 排放系数适用于燃煤原料（应用基）。要将 lb/ton 转换为 kg/Mg，需乘以 0.5。要将 lb/ton 转换为 lb/MMBtu，需乘以 0.062 5。

表 7-15 煤炭燃烧氯化氢（HCl）和氟化氢（HF）的排放系数[a]

排放系数等级：B

燃烧方式	SCC	HCl 排放系数/（lb/ton）	HF 排放系数/（lb/ton）
煤粉	1-01-003-01	1.2	0.15
	1-02-003-01		
	1-03-003-05		
煤粉，四角切圆式燃烧	1-01-003-02	1.2	0.15
	1-02-003-02		
	1-03-003-06		
旋风炉	1-01-003-03	1.2	0.15
	1-02-003-03		
链条炉排式（上部加料机）	1-01-003-04	1.2	0.15
	1-02-003-04		
	1-03-003-07		
抛煤机	1-01-003-06	1.2	0.15
	1-02-003-06		
	1-03-003-09		
FBC，循环流化床	1-01-003-18	1.2	0.15

[a] 参见参考文献 59。这些系数是根据烟煤燃烧、次烟煤燃烧和褐煤燃烧的排放数据计算出来的。要将 lb/ton 转换为 kg/Mg，需乘以 0.5。要将 lb/ton 转换为 lb/MMBtu，需乘以 0.062 5。对于可控和非可控燃烧源，这些系数都适用。

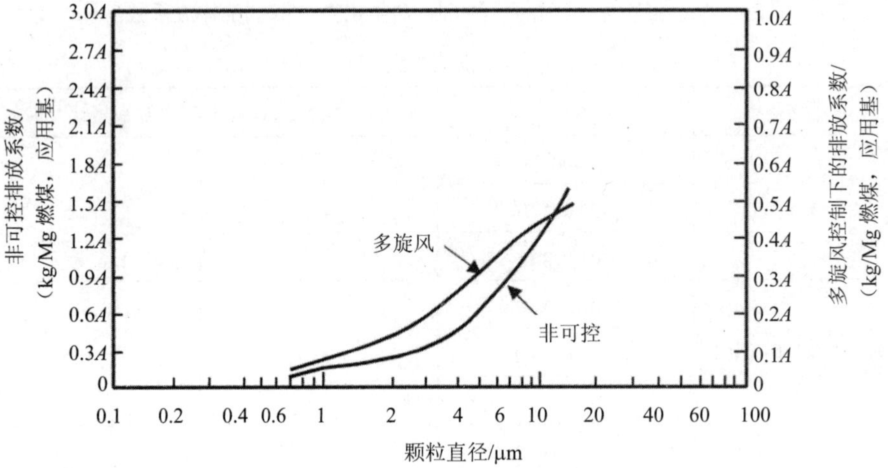

图 7-1　褐煤粉锅炉的累积特定尺寸颗粒物的排放系数

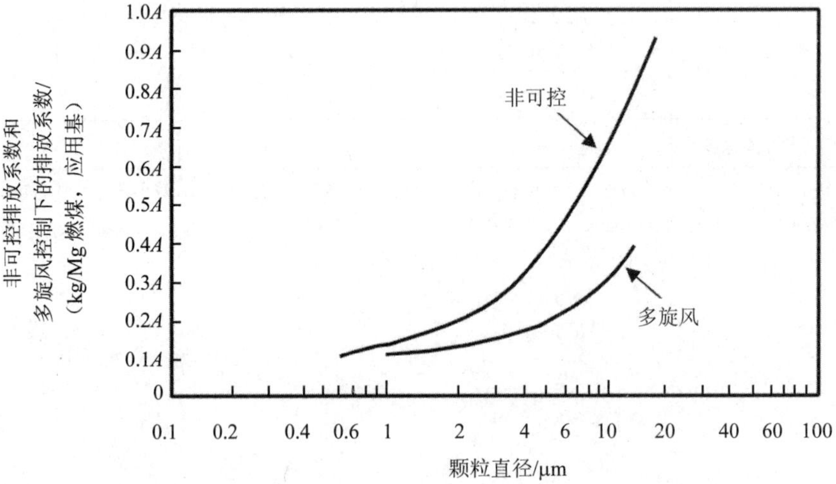

图 7-2　褐煤抛煤机的累积特定尺寸颗粒物的排放系数

7.6 参考文献

1. *Kirk-Othmer Encyclopedia Of Chemical Technology, Second Edition, Volume 12*, John Wiley and Sons，New York，NY，1967.

2. G. H. Gronhovd，*et al.*，“Some Studies on Stack Emissions from Lignite Fired Powerplants”，Presented at the 1973 Lignite Symposium，Grand Forks，ND，May 1973.

3. *Standards Support And Environmental Impact Statement：Promulgated Standards Of Performance For Lignite Fired Steam Generators：Volumes I And II*，EPA-450/2-76-030a and 030b，U.S. Environmental Protection Agency，Research Triangle Park，NC，December 1976.

4. *1965 Keystone Coal Buyers Manual*，McGraw-Hill，Inc.，New York，NY，1965.

5. B. Bartok and A. F. Sarofim（eds.），*Fossil Fuel Combustion，A Source Book*，John Wiley and Sons，Inc.，1991，p.239

6. *Source Test Data On Lignite-Fired Power Plants*，North Dakota State Department of Health，Bismarck，ND，December 1973.

7. G. H. Gronhovd，*et al.*，“Comparison Of Ash Fouling Tendencies Of High And Low Sodium Lignite From A North Dakota Mine”，Proceedings of the American Power Conferencc，Volume XXVIII，1966.

8. A. R. Crawford，*et al.*，*Field Testing：Application Of Combustion Modification To Control NO_x Emissions From Utility Boilers*，EPA-650/2-74-066，U.S. Environmental Protection Agency，Washington，DC，June 1974.

9. *Nitrogen Oxides Emission Measurements For Three Lignite Fired Power Plants，Contract No. 68-02-1401 And 68-02-1404*，Office Of Air Quality Planning And Standards，U.S. Environmental Protection Agency，Research Triangle Park，NC，1974.

10. *Coal Fired Power Plant Trace Element Study, A Three Station Comparison*，U.S. Environmental Protection Agency，Denver，CO，September 1975.

11. C. Castaldini，and M. Angwin，*Boiler Design And Operating Variables Affecting Uncontrolled Sulfur Emissions From Pulverized Coal Fired Steam Generators*，EPA-450/3-77-047，U.S. Environmental Protection Agency，Research Triangle Park，NC，December 1977.

12. C. C. Shih，*et al.*，*Emissions Assessment Of Conventional Stationary Combustion Systems，Volume III：External Combustion Sources For Electricity Generation*，EPA Contract No. 68-02-2197，

TRW Inc.，Redondo Beach，CA，November 1980.

13. Honea，*et al.*，"The Effects Of Overfire Air And Low Excess Air On NO_x Emissions And Ash Fouling Potential For A Lignite-Fired Boiler"，Proceedings of the American Power Conference，Volume 40，1978.

14. *Emission Factor Documentation For AP-42 Section 1.7，Lignite Combustion*，Prepared by Acurex Environmental Corp.，Edward Aul & Associates，Inc.，and E. H. Pechan & Associates，Inc.，EPA Contract No. 68-DO-0120，April 1993.

15. L. P. Nelson，et al.，*Global Combustion Sources Of Nitrous Oxide Emissions*，Research Project 2333-4 Interim Report，Sacramento：Radian Corporation，1991.

16. R. L. Peer，et al.，*Characterization Of Nitrous Oxide Emission Sources*，Prepared for the US EPA Contract 68-D1-0031，Research Triangle Park，NC：Radian Corporation，1995.

17. S. D. Piccot，et al.，*Emissions And Cost Estimates For Globally Significant Anthropogenic Combustion Sources Of* NO_x，N_2O，CH_4，*CO*，*And* CO_2，EPA Contract No. 68-02-4288，Research Triangle Park，NC：Radian Corporation，1990.

18. G. Marland，and R. M. Rotty *Carbon Dioxide Emissions From Fossil Fuels：A Procedure For Estimation And Results For 1951-1981*，DOE/NBB-0036 TR-003，Carbon Dioxide Research Division，Office of Energy Research，U.S. Department of Energy，Oak Ridge，TN，1983.

19. G. Marland and R. M. Rotty，"Carbon Dioxide Emissions From Fossil Fuels：A Procedure For Estimation And Results for 1950-1982，" *Tellus*，36B：232-261.

20. *Sector-Specific Issues and Reporting Methodologies Supporting the General Guidelines for the Voluntary Reporting of Greenhouse Gases under Section 1605（b）of the Energy Policy Act of 1992*（1994）DOE/PO-0028，Volume 2 of 3，U.S. Department of Energy.

21. S. Stamey-Hall，Radian Corporation，*Alternative Control Techniques Document—*NO_x *Emissions From Utility Boilers*，EPA-453/R-94-023，U.S. Environmental Protection Agency，Research Triangle Park，NC，March 1994.

22. *Source Test Data On Lignite-Fired Power Plants*，North Dakota State Department of Health，Bismarck，ND，April 1992.

23. *Source Test Data On Lignite-Fired Power Plants*，Texas Air Control Board，Austin，TX，April 1992.

24. *Source Test Data On Lignite-Fired Cyclone Boilers*，North Dakota State Department of Health，Bismarck，ND，March 1982.

25. Personal communication dated September 18，1981，Letter from North Dakota Department of Health to Mr. Bill Lamson of the U.S. Environmental Protection Agency，Research Triangle Park，NC，conveying stoker data package.

26. M. D. Mann，*et al.*，"Effect Of Operating Parameters On N_2O Emissions In A 1-MWCFBC，" Presented at the 8th Annual Pittsburgh Coal Conference，Pittsburgh，PA，October，1991.

27. *Inhalable Particulate Source Category Report For External Combustion Sources*，EPA Contract No. 68-02-3156，Acurex Corporation，Mountain View，CA，January 1985.

28. J. C. Evans，*et al.*，*Characterization Of Trace Constituents At Canadian Coal-Fired Plants，Phase I：Final Report And Appendices*，Report for the Canadian Electrical Association，R&D，Montreal，Quebec，Contract Number 001G194.

29. G. W. Brooks，*et al.*，Radian Corporation，*Locating And Estimating Air Emission From Source Of Polycyclic Organic Matter（POM）*，EPA-450/4-84-007p，U.S. Environmental Protection Agency，Research Triangle Park，NC，May 1988.

30. Field Chemical Emissions Monitoring Project：Site 22 Emissions Report. Radian Corporation，Austin，Texas. February，1994. （EPRI Report）

31. Toxics Assessment Report. Illinois Power Company. Baldwin Power Station-Unit 2. Baldwin，Illinois. Volumes I-Main Report. Roy F. Weston，Inc. West Chester，Pennsylvania. December，1993.

32. Toxics Assessment Report. Minnesota Power Company Boswell Energy Center-Unit 2. Cohasset，Minnesota. Volume 1-Main Report. Roy F. Weston，Inc. West Chester，Pennsylvania. December，1993.

33. Field Chemical Emissions Monitoring Project：Site 11 Emissions Monitoring. Radian Corporation，Austin，Texas. October，1992. （EPRI Report）

34. Field Chemical Emissions Monitoring Project：Site 21 Emissions Monitoring. Radian Corporation，Austin，Texas. August，1993. （EPRI Report）

35. Field Chemical Emissions Monitoring Project：Site 111 Emissions Report. Radian Corporation，Austin，Texas. May，1993. （EPRI Report）

36. Field Chemical Emissions Monitoring Project：Site 115 Emissions Report. Radian Corporation，Austin，Texas. November，1994. （EPRI Report）

37. Draft Final Report. A Study of Toxic Emissions from a Coal-Fired Power Plant-Niles Station No. 2. Volumes One，Two，and Three. Battelle，Columbus，Ohio. December 29，1993.

38. Final Report. A Study of Toxic Emissions from a Coal-Fired Power Plant Utilizing an ESP/Wet

FGD System. Volumes One, Two, and Three. Battelle, Columbus, Ohio. July 1994.

39. Assessment of Toxic Emissions From a Coal Fired Power Plant Utilizing an ESP. Final Report-Revision 1. Energy and Environmental Research Corporation, Irvine, California. December 23, 1993.

40. 500-MW Demonstration of Advanced Wall-Fired Combustion Techniques for the Reduction of Nitrogen Oxide (NO_x) Emissions from Coal-Fired Boilers. Radian Corporation, Austin, Texas.

41. Results of the November 7, 1991 Air Toxic Emission Study on the Nos. 3, 4, 5 & 6 Boilers at the NSP High Bridge Plant. Interpoll Laboratories, Inc. , Circle Pines, Minnesota. January 3, 1992.

42. Results of the December 1991 Air Toxic Emission Study on Units 6 & 7 at the NSP Riverside Plant. Interpoll Laboratories, Inc., Circle Pines, Minnesota. February 28, 1992.

43. Field Chemical Emissions Monitoring Project: Site 10 Emissions Monitoring. Radian Corporation, Austin, Texas. October, 1992.

44. Field Chcmical Emissions Monitoring Project: Site 12 Emissions Monitoring. Radian Corporation, Austin, Texas. November, 1992.

45. Field Chemical Emissions Monitoring Project: Site 15 Emissions Monitoring. Radian Corporation, Austin, Texas. October, 1992.

46. Field Chemical Emissions Monitoring Project: Site 101 Emissions Report. Radian Corporation, Austin, Texas. October, 1994.

47. Field Chemical Emissions Monitoring Project: Site 114 Report. Radian Corporation, Austin, Texas. May, 1994.

48. Field Chemical Emissions Monitoring Report: Site 122. Final Report, Task 1 Third Draft. EPRI RP9028-10. Southern Research Institute, Birmingham, Alabama. May, 1995.

49. *Electric Utility Trace Substances Synthesis Report, Volume I*, Report TR-104614, Electric Power Research Institute, Palo Alto, California, November 1994.

50. Results of the September 10 and 11, 1991 Mercury Removal Tests on the Units 1 & 2, and Unit 3 Scrubber Systems at the NSP Sherco Plant in Becker, Minnesota. Interpoll Laboratories, Inc. , Circle Pines, Minnesota. October 30, 1991.

51. Results of the November 5, 1991 Air Toxic Emission Study on the No. 1, 3 & 4 Boilers at the NSP Black Dog Plant. Interpoll Laboratories, Inc. , Circle Pines, Minnesota. January 3, 1992.

52. Results of the January 1992 Air Toxic Emission Study on the No. 2 Boiler at the NSP Black Dog Plant. Interpoll Laboratories, Inc., Circle Pines, Minnesota. May 4, 1992.

53. Results of the May 29，1990 Trace Metal Characterization Study on Units 1 and 2 at the Sherburne County Generating Station in Becker，Minnesota. Interpoll Laboratories，Inc.，Circle Pines，Minnesota. July，1990.

54. Results of the May 1，1990 Trace Metal Characterization Study on Units 1 and 2 at the Sherburne County Generating Station. Interpoll Laboratories，Inc.，Circle Pines，Minnesota. July 18，1990.

55. Results of the March 1990 Trace Metal Characterization Study on Unit 3 at the Sherburne County Generating Station. Interpoll Laboratories，Circle Pines，Minnesota. June 7，1990.

56. Field Chemical Emissions Monitoring Project：Site 19 Emissions Monitoring. Radian Corporation，Austin，Texas. April，1993.（EPRI Report）

57. Field Chemical Emissions Monitoring Project：Site 20 Emissions Monitoring. Radian Corporation，Austin，Texas. March，1994.（EPRI Report）

58. Characterizing Toxic Emissions from a Coal-Fired Power Plant Demonstrating the AFGD ICCT Project and a Plant Utilizing a Dry Scrubber/Baghhouse System. Final Draft Report. Springerville Generating Station Unit No. 2. Southern Research Institute，Birmingham，Alabama. December，1993.

59. *Hydrogen Chloride And Hydrogen Fluoride Emission Factors For The NAPAP Inventory*，EPA-600/7-85-041，U.S. Environmental Protection Agency，October 1985.

60. *Emission Factor Documentation for AP-42 Section 1.1-Bituminous and Subbituminous Coal Combustion*. U.S. Environmental Protection Agency，Research Triangle Park，North Carolina，27711，April 1993.

61. Atmospheric Emissions from Coal Combustion：An Inventory Guide，999-AP-24，U.S. Environmental Protection Agency，Washington，DC，April 21，1966.

62. Public Service Electric and Gas Company Mercer Generating Station Unit No. 2 Emission Compliance Test Program. November 1994.

63. Particulate Emission Study Performed for Madison Gas and Electric Company at the Blount Street Station Units 7，8，9 Inlets/Outlets. Mostardi-Platt Associates，Inc. December 6，1994.

64. Particulate Emission Study Performed for Marshfield Electric and Water Department at the Wildwood Station Marshfield Wisconsin Boiler 5 Stack. Mostardi-Platt Associates，Inc. January 23-25，1990.

65. Report on Particulate，SO_2，and NO_x Compliance Testing. Dairyland Power Cooperative J. P. Madgett Stack. Alma，Wisconsin. CAE. January 6，1995.

66. Particulate Emissions Test Results. Portland General Electric Coal-fired Power Plant. Boardman，Oregon. SAIC，Inc. January 25，1994.

67. Report on Compliance Testing Performed at Marshfield Electric and Water Department Wildwood Station Unit 5，Marshfield，Wisconsin. Clean Air Engineering，December 11，1989.

68. Portland General Electric Company Boardman Coal Plant. Unit #1 Coal-fired Boiler. Boardman，Oregon. August 24-27，1995.

69. Particulate Emission Compliance Study Performed for Portland General Electric at the Boardman Plant Unit 1 Stack. Boardman，Oregon. September 19，1996.

70. Emissions Source Test Report. Portland General Electric Coal-Fired Power Plant. Boardman，Oregon. OMNI Environmental Services，Inc. October 17，1990.

71. Source Emissions Test Report Compliance. Portland General Electric Coal-Fired Power Plant. Boardman，Oregon. OMNI Environmental Services. January 29，1991.

72. Source Test Report. Particulate Emissions. Portland General Electric Coal-Fired Power Plant. Boardman，Oregon. OMNI Environmental Services，Inc. January 14，1991.

73. Emissions Source Test Report. Portland General Electric Coal-Fired Power Plant. Boardman，Oregon. OMNI Environmental Services，Inc. April 3，1991.

74. Source Emissions Test Report. Portland General Electric Coal-Fired Power Plant. Boardman，Oregon. OMNI Environmental Services，Inc. January 21，1992.

75. Particulate Emissions Test Results. Portland General Electric Coal-fired Power Plant. Boardman，Oregon. OMNI Environmental Services，Inc. April 4，1992.

76. Particulate Emissions Test Results. Portland General Electric Coal-Fired Power Plant. Boardman，Oregon. OMNI Environmental Services，Inc. September 9，1992.

77. Particulate Emissions Test Results. Portland General Electric Coal-Fired Power Plant. Boardman，Oregon. OMNI Environmental Services，Inc. November 6，1992.

78. Particulate Emissions Test Results. Portland General Electric Coal-Fired Power Plant. Boardman，Oregon. OMNI Environmental Services，Inc. January 26，1993.

79. Stationary Source Sampling Report. Keystone Cogeneration Facility. Keystone Cogeneration Facility. Logan Township，NJ. November 1994.

80. Source Emissions Survey of City Public Service Board J. K. Spruce Unit Number 1 Stack. METCO Environmental. December 1992.

81. Report of Particulate Emission Testing on the Number 1 Boiler at Associated Milk Products

Incorporated Located in Jim Falls，Wisconsin. Environmental Services of American，Inc. November 1994.

82. Appletone Papers，Inc. Boiler Emission Test at Appleton，WI. May 11 and 12，1993. Badger Laboratories and Engineering.

83. Appleton Papers，Inc. Boiler Emission Test Report at Appleton，WI. Badger Laboratories and Engineering. October 11，1993.

84. Results of a Source Emission Compliance Test on Boiler #2 at the Hills Farm Heating Plant，Madison，Wisconsin. MMT Environmental Services，Inc. January 22，1993.

85. Results of a Source Emission Compliance Test on Boiler #2 at the Hills Farm Heating Plant，Madison，Wisconsin. MMT Environmental Services，Inc. March 2，1995.

86. Report to Mosinee Paper Company for Particulate Matter Emission Testing. No. 6 Boiler at Mosinee，Wisconsin. May 18，19，and 20，1993.

87. Report to Milwaukee County for Particulate Matter Emission Test Boiler No. 21. Environmental Technology and Engineering Corporation. November 5，1991.

88. Report on Compliance Testing Conducted at Oscar Mayer Foods Corporation，Madison，Wisconsin. Clean Air Engineering. July 21，1989.

8　糖厂蔗渣的燃烧

8.1　工艺过程说明[1-5]

蔗渣是糖厂榨制甘蔗过程中产生的并结纤维素纤维残渣。过去，蔗渣都是作为固体垃圾焚烧处理；现如今由于燃油、天然气和电力成本的增高，蔗渣也渐渐成为一种燃料而不再是废弃物。蔗渣是一种化学成分、黏稠度和热值变动幅度很大的燃料，这些特点取决于气候、甘蔗生长的土壤类型、甘蔗的种类、种植方法、甘蔗清洗程度以及榨制厂的效率。蔗渣的恒湿应用基热值一般为 3 000～4 000 Btu/lb（英热单位/磅），含水率重量百分比大多在 45%～55%。

在美国，蔗糖加工厂位于佛罗里达州、德克萨斯州、路易斯安那州、夏威夷和波多黎各的热带和亚热带地区。除了夏威夷的工厂是全年运作，其他地区的蔗糖加工厂都是每年只有 2～5 个月季节性生产。

甘蔗是一种高大的禾本科植物，茎呈竹节状，可生长到 8～15 英尺。它只有茎部含有丰富的蔗糖，可用于制糖，其他部分（叶、梢、根）都可谓是“废物”。收割后运往加工厂的甘蔗最好去掉没用的部分和其他多余的材料。甘蔗通常都会现场燃烧去掉大多数没用的部分，防止昆虫和啮齿动物的啃噬（燃烧排放量的估算方法，请参见其他相关章节）。最常见的 3 种收割方法是手工收割、机器收割和机械耙动式收割。收割方法和天气情况的不同，会造成运往特定糖厂的甘蔗杂质含量不同。在榨汁机里，通常会对要榨取的甘蔗进行几项准备工作：清洗甘蔗去除杂质、切段和破碎处理。切成段并破碎处理过的甘蔗经过凹槽轧辊在碾磨口榨成蔗汁，残留下来的就是蔗渣。

8.2 燃烧装置

燃料电池炉、马蹄锅炉和抛煤机锅炉都可以燃烧蔗渣。除了炉膛形状不同，马蹄锅炉和燃料电池炉在其他方面都很相似，如设计和操作。这些锅炉（老式锅炉最为常见）都是重力给料，通过斜槽或电池组将蔗渣送至耐火材料炉上。一次风和燃尽风流过炉壁上的风口，在表层电池组上开始燃烧。很多锅炉都装有倾倒炉，用来在设备运行时除灰。

最近建成的糖厂，蔗渣在抛煤炉锅炉中燃烧。这类锅炉将蔗渣经过燃料槽送入炉膛，然后通过空气作用或机械方式铺满炉膛，随即部分蔗渣就会悬浮燃烧。同时，固定炉排或移动炉排上会平铺上薄薄一大层蔗渣。炉排上的火焰向燃料辐射热量来辅助燃烧。炉膛的燃烧区铺设了热交换管（水冷壁）。

8.3 排放物[1-3]

蔗渣燃烧锅炉排放的主要污染物为颗粒物，这是燃烧蔗渣和成灰时燃烧气体的紊流运动造成的。从特性上讲，蔗渣的含硫量和含氮量都很低，因此排放的 SO_2 和 NO_x 比传统矿物燃料少。

锅炉启动时或蔗渣含水率过高无法燃烧时可以使用辅助燃料（一般是燃油或天然气），如果这两个阶段使用的是燃油，那么 SO_2 和 NO_x 的排放量会增加。土壤特性（如土粒的大小）会影响锅炉 PM 排放的量级。甘蔗清洗得不干净或准备不充分也会影响蔗渣的灰分含量。燃烧条件混乱会导致 CO 和未燃烧有机物排放量的增加，通常以 VOCs 和 TOC 来测量。

8.4 污染物控制

机械式除尘器和湿式洗涤器常用于蔗渣燃烧锅炉颗粒物排放的控制。机械式除尘器可按单级旋风、双级旋风和多级旋风的布置来安装。报告表明，机械除尘器的 PM 除尘效率为 20%～60%。蔗渣飞灰质地粗糙，如果维护不当，随着时间的推移机械式除尘器的性能会由于受到腐蚀而下降。

蔗渣燃烧锅炉中广泛使用的湿式洗涤器是冲击式洗涤器和文丘里洗涤器。冲击式洗涤器通常在 5～15 英寸水柱的烟气侧压降下运行；文丘里洗涤器通常在高于 15 英寸水柱的烟气侧压降下运行。由于能耗低、操作维护问题少，因此冲击式洗涤器的使用更广泛。报告表明，这两种洗涤器的 PM 除尘效率均为 90%或更高。

与其他除尘设备相比，织物过滤器和静电除尘器的成本相对较高，因此在蔗渣燃烧锅炉的 PM 控制中使用不多。织物过滤器存在引发火灾的风险。

湿式洗涤器还能够一定程度地吸收气态排放物，如 SO_2、NO_x、CO 和有机物。有时将碱性化合物用在洗涤器中是为了防止 pH 值过低。如果使用易生成 CO_2 的化合物（如碳酸钠或碳酸钙），CO_2 的排放量就会增加。

运输过程中以及甘蔗在糖厂的处理过程中都会产生扬尘。上述过程 PM 排放量的估算方法，请参见其他相关章节。

蔗渣燃烧锅炉的排放系数和排放系数等级见表 8-1。表 8-1 列出了以重量为单位（lb/ton）的排放系数。要转换为能量单位 lb/MMBtu，用 lb/ton 除以热值 7.0 MMBtu/ton 即可。

表 8-1 蔗渣燃烧锅炉的排放系数[a]

污染物	排放系数/（lb/ton）[b]	排放系数等级
PM[c]		
非可控[d]	15.6	C
可控		
机械式除尘器[e]	8.4	D
湿式洗涤器[f]	1.4	A
PM_{10}		
可控		
湿式洗涤器[g]	1.36	D
CO_2		
非可控[h]	1 560	A
NO_x		
非可控[j]	1.2	C
多环有机物		
非可控[k]	0.001	D

[a] 源分类代码为 1-02-011-01。

[b] 计量单位为 lb/ton，即污染物磅数/含水率约 50%的恒湿应用基蔗渣的吨数（按重量计算）。如果能检测到生成的蒸汽磅数，则假定 1 磅蔗渣产生 2 磅蒸汽，以此代替具体地点转换数据。要将 lb/ton 转换为 kg/Mg，需乘以 0.5。

[c] 仅包括滤过性颗粒物，即滤网上或滤网前端收集的颗粒，滤网位于 EPA 方法 5（或等同物）取样器。

[d] 参见参考文献 2。

[e] 参见参考文献 6-7。

[f] 参见参考文献 6、8-65。

[g] 参见参考文献 13。

[h] 参见参考文献 6-13、66。如果在湿式洗涤器中使用易生成 CO_2 的试剂（如碳酸钠或碳酸钙），CO_2 的排放量会增加。

[j] 参见参考文献 7、13。

[k] 参见参考文献 7。基于 PM 控制设备下游收集的数据，这些设备可清除 PM 上凝结的多环有机物。

8.5 参考文献

1. *Potential Control Strategies for Bagasse Fired Boilers*，EPA Contract No. 68-02-0627，Engineering-Science，Inc.，Arcadia，CA，May 1978.

2. *Background Document：Bagasse Combustion in Sugar Mills*，EPA-450/3-77-077，U.S. Environmental Protection Agency，Research Triangle Park，NC，January 1977.

3. *Nonfossil Fuel Fired Industrial Boilers—Background Information*，EPA-450/3-82-007，U.S. Environmental Protection Agency，Research Triangle Park，NC，March 1982.

4. *A Technology Assessment of Solar Energy Systems：Direct Combustion of Wood and Other Biomass in Industrial Boilers*，ANL/EES-TM--189，Angonne National Laboratory，Argonne，IL，December 1981.

5. *Emission Factor Documentation for AP-42 Section 1.8-Bagasse Combustion in Sugar Mills*，Technical Support Division，Office of Air Quality Planning and Standards，U.S. Environmental Protection Agency，Research Triangle Park，NC，April 1993.

6. *Particulate Emissions Test Report：Atlantic Sugar Association*，Air Quality Consultants，Inc.，December 20，1978.

7. *Stationary Source Testing of Bagasse Fired Boilers at the Hawaiian Commercial and Sugar Company：Puunene，Maui，Hawaii*，EPA Contract No. 68-02-1403，Midwest Research Institute，Kansas City，MO，February 1976.

8. *Compliance Stack Test：Gulf and Western Food Products：Report No. 238-S*，South Florida Environmental Services，Inc.，February 1980.

9. *Compliance Stack Test：Gulf and Western Food Products：Report No. 221-S*，South Florida Environmental Services，Inc.，January 1980.

10. *Compliance Stack Test：United States Sugar Corporation：Report No. 250-S*，South Florida Environmental Services，Inc.，February 1980.

11. *Compliance Stack Test：Osceola Farms Company：Report No. 215-S*，South Florida Environmental Services，Inc.，December 1979.

12. *Source Emissions Survey of Davies Hamakua Sugar Company：Report No. 79-34*，Mullins Environmental Testing Company，May 1979.

13. *Emission Test Report：U.S. Sugar Company*，*Bryant Florida*，EPA Contract No. 68-02-2818，

Monsanto Research Corporation，Dayton，OH，May 1980.

14. *Source Test Report For Particulate Emissions Twin Impingement Wet Scrubber Number 6 Boiler：Talisman Sugar Corporation*，South Bay，Florida，February 1 and 4，1991.

15. *Source Test Report For Particulate Emissions Twin Impingement Wet Scrubber Number 5 Boiler：Talisman Sugar Corporation*，South Bay，Florida，February 5，1991.

16. *Source Test Report For Particulate Emissions Twin Impingement Wet Scrubber Number 4 Boiler：Talisman Sugar Corporation*，South Bay，Florida，February 11，1991.

17. *Source Test Report For Particulate Emissions Impingement Wet Scrubber Number 3 Boiler：Atlantic Sugar Association*，Belle Glade，Florida，November 27，1990.

18. *Source Test Report For Particulate Emissions Impingement Wet Scrubber Number 4 Boiler：Atlantic Sugar Association*，Belle Glade，Florida，November 29，1990.

19. *Source Test Report Number 3 Boiler Impingement Wet Scrubber Particulate Emissions：Sugar Cane Growers Cooperative of Florida*，Belle Glade，Florida，December 6，1990.

20. *Source Test Report Number 4 Boiler Impingement Wet Scrubber Particulate Emissions：Sugar Cane Growers Cooperative of Florida*，Belle Glade，Florida，December 11，1990.

21. *Source Test Report For Particulate Emissions Impingement Wet Scrubber Number 5 Boiler：United States Sugar Cane Corporation*，Bryant，Florida，January 13，1991.

22. *Source Test Report For Particulate Emissions Impingement Wet Scrubber Number 1 Boiler：United States Sugar Corporation*，Bryant，Florida，January 8，1991.

23. *Source Test Report For Particulate Emissions Impingement Wet Scrubber Number 3 Boiler：United States Sugar Corporation*，Bryant，Florida，January 24，1991.

24. *Source Test Report Number 5 Boiler Impingement Wet Scrubbers Particulate Emissions：Sugar Cane Growers Cooperative of Florida*，Belle Glade，Florida，December 5，1990.

25. *Source Test Report Number 8 Boiler Impingement Wet Scrubber Particulate Emissions：Sugar Cane Growers Cooperative of Florida*，Belle Glade，Florida，December 12，1990.

26. *Source Test Report For Particulate Emissions Twin Impingement Wet Scrubbers Number 1 Boiler：Sugar Cane Growers Cooperative of Florida*，Belle Glade，Florida，November 19，1990.

27. *Source Test Report For Particulate Emissions Twin Impingement Wet Scrubbers Number 2 Boiler：Sugar Cane Growers Cooperative of Florida*，Belle Glade，Florida，November 28，1990.

28. *Source Test Report For Particulate Emissions Impingement Wet Scrubber Number 2 Boiler：U.S. Sugar Corporation*，Bryant，Florida，January 23，1991.

29. *Source Test Report For Particulate Emissions Twin Impingement Wet Scrubber Boiler Number 4: Talisman Sugar Corporation*, South Bay, Florida, December 9, 1991.

30. *Source Test Report For Particulate Emissions Impingement Wet Scrubber Boiler Number 8: Sugar Cane Growers Cooperative of Florida Airport Road*, Belle Glade, Florida, November 27, 1991.

31. *Source Test Report For Particulate Emissions Twin Impingement Wet Scrubbers Boiler Number 1: Sugar Cane Growers Cooperative of Florida*, Belle Glade, Florida, November 14, 1991.

32. *Source Test Report For Particulate Emissions Twin Impingement Wet Scrubbers Boiler Number 2: Sugar Cane Growers Cooperative of Florida*, Belle Glade, Florida, November 15, 1991.

33. *Source Test Report For Particulate Emissions Twin Impingement Wet Scrubbers Boiler Number 6: Talisman Sugar Corporation*, South Bay, Florida, December 11, 1991.

34. *Source Test Report For Particulate Emissions Boilers 3 and 4: Atlantic Sugar Association*, Belle Glade, Florida, Novembcr 20 and 21, 1991.

35. *Source Test Report For Particulate And Volatile Organic Compound Emissions, Nominal 10% Soil Feed Impingement Wet Scrubber Boiler Number 1*, Bryant, Florida, December 19, 1991.

36. *Source Test Report For Particulate Emissions Impingement Wet Scrubber Boiler Number 5*, Bryant, Florida, March 5, 1992.

37. *Source Test Report For Particulate And Volatile Organic Compound Emissions, Nominal 10% Soil Feed Impingement Wet Scrubber Boiler Number 3*, Bryant, Florida, December 17, 1991.

38. *Source Test Report For Particulate Emissions Impingement Wet Scrubber Boiler Number 4*, November 26, 1991.

39. *Source Test Report For Particulate Emissions Twin Impingement Wet Scrubbers Boiler Number 5*, November 20, 1991.

40. *Source Test Report For Particulate Emissions Twin Impingement Wet Scrubber Boiler Number 5*, Talisman Sugar Corporation, South Bay, Florida, December 10, 1991.

41. *Source Test Report For Particulate Emissions Twin Impingement Wet Scrubbers Boiler Number 3*, November 21, 1991.

42. *Atlantic Sugar Association Compliance Particulate Emissions Test Report Boiler #2*, Belle Glade, Florida Facility, February 1, 1991.

43. *Osceola Farms Company Compliance Particulate Emissions Test Report Boiler #2*, Pahokee, Florida Facility, February 7, 1991.

44. *Particulate Emissions Compliance Test Report Boiler #1：Atlantic Sugar Association*，Belle Glade，Florida Facility，December 11，1990.

45. *Particulate Emissions Testing，Atlantic Sugar Association Boiler #1*，Belle Glade，Florida Facility，December 16，1991.

46. *Particulate Emissions Compliance Test Report Boiler #5，Atlantic Sugar Association*，Belle Glade，Florida Facility，January 8，1992.

47. *Atlantic Sugar Association Particulate Emissions Test Report Boiler #5*，January 10，1991.

48. *Okeelanta Corporation Compliance Particulate Emissions Test Report Boiler #12*，South Bay Florida Facility，December 17，1991.

49. *Particulate Emissions Testing，Atlantic Sugar Association Boiler #2*，Belle Glade，Florida Facility，December 12，1991.

50. *Okeelanta Corporation Compliance Particulate Emissions Test Report Boiler #11*，South Bay Florida Facility，January 21 & 22，1992.

51. *Okeelanta Corporation Compliance Particulate Emissions Test Report Boiler #10*，South Bay Florida Facility，January 29，30 & 31，1992.

52. *Okeelanta Corporation Compliance Particulate Emissions Test Report Boiler #6*，South Bay Florida Facility，January 24，1992.

53. *Okeelanta Corporation Compliance Particulate Emissions Test Report Boiler #14*，South Bay Florida Facility，January 10 & 13，1992.

54. *Okeelanta Corporation Compliance Particulate Emissions Test Report Boiler #15*，South Bay Florida Facility，January 8，1992.

55. *Okeelanta Corporation Compliance Particulate Emissions Test Report Boiler #4*，South Bay Florida Facility，December 11 & 12，1991.

56. *Okeelanta Corporation Compliance Particulate Emissions Test Report Boiler #5*，South Bay Florida Facility，December 12 & 13，1991.

57. *Okeelanta Corporation Particulate Emissions Test Report Boiler #5*，December 12，1990.

58. *Okeelanta Corporation Particulate Emissions Test Report Boiler #6*，December 13-14，1990.

59. *Okeelanta Corporation Particulate Emissions Test Report Boiler #10*，January 29-30，1991.

60. *Okeelanta Corporation Particulate Emissions Test Report Boiler #4*，December 10-11，1990.

61. *Okeelanta Corporation Particulate Emissions Test Report Boiler #11*，December 6-7，1990.

62. *Particulate Emissions Testing Okeelanta Corporation Boiler #12*，January 31 and February 1，

1991.

63. *Okeelanta Corporation Particulate Emissions Test Report Boiler #14*，February 4-5，1991.

64. *Okeelanta Corporation Particulate Emissions Test Report Boiler #15*，February 8，1991.

65. *Stack Test For Total Gaseous Non-Methane Organic Compounds Report 1371-S Boiler No. 5-Bryant*，United States Sugar Corporation，February 15，1990.

66. *Source Emissions Survey：Honokaa Sugar Company*，Kennedy Engineers，Inc.，January 19，1979.

9 家用壁炉

9.1 简述[1-2]

壁炉首先是为了房屋和居所的美观，其次才是作为取暖源。它最常用的燃料是木材，也可以燃烧煤炭和致密木材“原木”。使用者需要不断将燃料添放到火中。壁炉分为两大类：（1）砖砌壁炉（通常是砖块或石头砌成，结合房屋的结构现场安装）；（2）预制壁炉（通常是金属质地，与适当的管道系统配套安装）。

通常，砖砌壁炉在对着火膛的位置有一个很大的固定开口，燃烧区上方的烟囱里安放了风门，防止室内空气和热量在壁炉停用时流失。一些砖砌壁炉在炉门和气窗上进行了设计改良，目的是减少使用过程中燃烧空气的摄入量。

预制壁炉一般都装有气窗和玻璃门，目的是减少燃烧空气的摄入量；有些预制壁炉周围装有通风管道，地面空气通过自然对流吸入管道中受热，然后返回房间。市场上可以购买到很多类型的预制壁炉。其中一类是独立式壁炉，其常见结构是火膛正上方装有反向金属板通风口和火炉管。还有一类是“零间隙”壁炉，其结构为铁制或重轨钢炉膛，内衬耐火砖，外包多层钢制炉壁，有足够的空间进行空气循环。由于可以嵌入原有砖砌壁炉的开口中，因此零间隙壁炉有时也称为嵌入式壁炉。某些壁炉配有贴合式炉门，操作和燃烧特点与柴火炉类似（请参见其他章节《家用柴火炉》）。

砖砌壁炉一般通过热辐射为房间取暖，但废气和壁炉墙会造成大量的热损失。此外，由于烟囱吸风造成空气不断补充进入室内，一部分进入房间的辐射热量都用来加热这些空气，因此最终的效果就是砖砌壁炉热效率低下。如果燃烧效果不佳、室外空气寒冷或以闷烧方式燃烧（因此会将空气吸入室内造成无法产生大量辐射热能），在居室中使用壁炉就会造成净热损失；但可以采取一些措施提高壁炉的热效率，如减少过量空气的比例，或将废气和壁炉墙损失的一部分热量转回居室中。预制壁炉采用了上述这些措施，因此其能源效率远远高于砖砌壁炉。

9.2 排放物和污染物控制[1-13]

壁炉的排放物主要是不完全燃烧造成的，其中包括 PM（主要是直径小于 10 μm 的颗粒物 PM_{10}）、CO、SO_x、NO_x 和 VOCs。由于壁炉是低效燃烧设备，过量空气比例高，没有任何形式的二次燃烧，因此会生成大量未燃尽的易燃物。二次燃烧对木材燃烧尤为重要，因为它含水率很高，按干重计算通常为 80%。

HAP 虽然很少，但它可能是木材烟尘的重要成分。POM 被认为是 HAP，其中包括苯并[*a*]芘等潜在致癌物。POM 是火焰区产生的自由基类物质相互结合形成的，主要是不完全燃烧的产物。在还原条件下，自由基链式聚合反应增强，就会形成复杂的有机物质，如 POM。POM 通常夹带在烟尘颗粒中或附着在颗粒表面，而且有可能会升华为气相。

CO_2、CH_4 和 N_2O 都是木材在家用壁炉燃烧过程中生成的排放物。大多数木材中的燃料碳都会在燃烧过程中转化为 CO_2，但由于燃烧不完全、燃烧温度较低、过量空气过多，生成的 CO 与 CO_2 的比例远远高于密封木制火炉或燃木锅炉的燃烧。与其他类型的木材燃烧相比，不完全燃烧形成 CO 能够略微减少一些 CO_2 的排放。[14-19] 但生成的 CO_2 会被再生生物量抵消，因此这种燃烧源排放的 CO_2 并不会造成大气中 CO_2 总量的增加。

木材燃烧过程中经过一系列复杂的反应形成 N_2O，其形成取决于多种因素。尽管没有可用的测试数据，但由于燃烧温度较低、过量空气过多，因此可以假定家用壁炉的 N_2O 排放量远远高于柴火炉和燃木锅炉。[14-19]

家用壁炉经常会出现低温燃烧或不完全燃烧，这两种燃烧过程中排放最多的是甲烷。与其他木材燃烧源相比，家用壁炉 VOCs 的排放量也很高。通常，在易于生成 N_2O 的条件下也容易造成 CH_4 的排放。[14-19]

木材烟尘的另一个重要成分是杂酚油。如果火焰温度够高，这种类似焦油的物质就会燃烧；但如果温度不足，杂酚油则会沉积在排气系统的表面。烟道中的杂酚油积垢存在火灾隐患，但是将烟囱隔离防止杂酚油凝结或定期清理烟囱去除积垢可以降低这种隐患风险。

为了减少壁炉 PM 和 CO 的排放，必须改善燃烧质量。随着燃烧率和火焰强度的增强，燃烧效率也会相应提高。嵌入非催化性壁炉可以减少 PM 和 CO 的排放，方法是将未燃烧的碳氢化合物和 CO 导入隔热二次燃烧室，在燃烧室中混入预加热过的新鲜空气并提高燃烧质量。[20]

壁炉排放量非常多变，是木材多种特性及操作方法的函数。一般而言，加快燃烧速度和增加火焰强度能够提高二次燃烧的质量，从而降低排放量。反之，减缓燃烧速度和降低火焰强度会使排放量增加。这种规律尤其适用于大量易燃挥发物从木材中蒸发的燃烧周期早期阶段。燃烧周期后期，所有挥发物从木材中蒸发完毕，残留木炭燃烧产生的排放物相对较少。

家用壁炉木材燃烧的排放系数和排放系数等级见表 9-1。表 9-1 列出了以重量为单位（lb/ton）的排放系数。要将 lb/ton 转换为 lb/MMBtu，用 lb/ton 除以热值 17.3 MMBtu/ton 即可。

表 9-1 家用壁炉木材燃烧的排放系数[a]

（SCC 21-04-008-001）

设备	污染物	排放系数/（lb/ton）	排放系数等级
壁炉	PM_{10}[b]	34.6	B
	CO[c]	252.6	B
	SO_x[d]	0.4	A
	NO_x[e]	2.6	C
	N_2O[f]	0.3	E
	CO_2[g]	3 400	C
	全部 VOC[h]	229	D
	POM[j]	16×10^{-3}	E
	醛类[k，m]	2.4	E

[a] 排放系数单位是：污染物磅数/燃烧干木的吨数。要将 lb/ton 转换为 kg/Mg，需乘以 0.5。SCC 表示源分类代码。

[b] 参见参考文献 2、5、7、13；包含滤过性和冷凝性 PM；排放的 PM 设定为 100%均为 PM_{10}。

[c] 参见参考文献 2、4-6、9、11、13。

[d] 参见参考文献 1、8。

[e] 参见参考文献 4、6、9、11；表示为一氧化二氮（N_2O）。

[f] 参见参考文献 21。

[g] 参见参考文献 5、13。

[h] 参见参考文献 1、4、5。用于计算平均排放系数的数据是通过多种方法收集的。由于排放系数一般表示一大类燃烧源，因此不能精准到单个燃烧源。

[j] 参见参考文献 2。

[k] 用于计算平均排放系数的数据是从单个壁炉收集的，不代表整个燃烧源群体。

[m] 参见参考文献 4、11。

9.3 参考文献

1. DeAngelis，D. G.，*et al.*，*Source Assessment：Residential Combustion Of Wood*，EPA-600/2-80-042b，U.S. Environmental Protection Agency，Cincinnati，OH，March 1980.

2. Snowden，W. D.，*et al.*，*Source Sampling Residential Fireplaces For Emission Factor Development*，EPA-450/3-76-010，U.S. Environmental Protection Agency，Research Triangle Park，NC，November 1975.

3. Shelton，J. W.，and L. Gay，*Colorado Fireplace Report*，Colorado Air Pollution Control Division，Denver，CO，March 1987.

4. Dasch，J. M.，"Particulate And Gaseous Emissions From Wood-burning Fireplaces"，*Environmental Science And Technology*，*16*（10）：643-67，October 1982.

5. *Source Testing For Fireplaces，Stoves，And Restaurant Grills In Vail，Colorado*，EPA Contract No. 68-01-1999，Pedco Environmental，Inc.，Cincinnati，OH，December 1977.

6. Written communication from Robert C. McCrillis，U.S. Environmental Protection Agency，Research Triangle Park，NC，to Neil Jacquay，U.S. Environmental Protection Agency，San Francisco，CA，November 19，1985.

7. *Development Of AP-42 Emission Factors For Residential Fireplaces*，EPA Contract No. 68-D9-0155，Advanced Systems Technology，Inc.，Atlanta，GA，January 11，1990.

8. DeAngelis，D. G.，*et al.*，*Preliminary Characterization Of Emissions From Wood Fired Residential Combustion Equipment*，EPA-600/7-80-040，U.S. Environmental Protection Agency，Cincinnati，OH，March 1980.

9. Kosel，P.，*et al.*，*Emissions From Residential Fireplaces*，CARB Report C-80-027，California Air Resources Board，Sacramento，CA，April 1980.

10. Clayton，L.，*et al.*，*Emissions From Residential Type Fireplaces*，Source Tests 24C67，26C，29C67，40C67，41C67，65C67 and 66C67，Bay Area Air Pollution Control District，San Francisco，CA，January 31，1968.

11. Lipari，F.，*et al.*，*Aldehyde Emissions From Wood-Burning Fireplaces*，Publication GMR-4377R，General Motors Research Laboratories，Warren，MI，March 1984.

12. Hayden，A.，C. S.，and R. W. Braaten，"Performance Of Domestic Wood Fired Appliances"，Presented at the 73rd Annual Meeting of the Air Pollution Control Association，Montreal，Quebec，

Canada，June 1980.

13. Barnett，S. G.，*In-Home Evaluation Of Emissions From Masonry Fireplaces And Heaters*，OMNI Environmental Services，Inc.，Beaverton，OR，September 1991.

14. L. P. Nelson，et al.，*Global Combustion Sources Of Nitrous Oxide Emissions*，Research Project 2333-4 Interim Report，Sacramento：Radian Corporation，1995.

15. R. L. Peer，et al.，*Characterization Of Nitrous Oxide Emission Sources*，Prepared for the US EPA Contract 68-D1-0031，Research Triangle Park，NC：Radian Corporation，1995.

16. S. D. Piccot，et al.，*Emissions And Cost Estimates For Globally Significant Anthropogenic Combustion Sources Of* NO_x，N_2O，CH_4，*CO*，*And* CO_2，EPA Contract No. 68-02-4288，Research Triangle Park，NC：Radian Corporation，1990.

17. G. Marland，and R. M. Rotty，*Carbon Dioxide Emissions From Fossil Fuels：A Procedure For Estimation And Results For 1951-1981*，DOE/NBB-0036 TR-003，Carbon Dioxide Research Division，Office of Energy Research，U.S. Department of Energy，Oak Ridge，TN，1983.

18. G. Marland and R. M. Rotty，"Carbon Dioxide Emissions From Fossil Fuels：A Procedure For Estimation And Results For 1950-1982，" *Tellus*，36B：232-261.

19. *Sector-Specific Issues and Reporting Methodologies Supporting the General Guidelines for the Voluntary Reporting of Greenhouse Gases under Section 1605（b）of the Energy Policy Act of 1992*（1994）DOE/PO-0028，Volume 2 of 3，U.S. Department of Energy.

20. *Guidance Document For Residential Wood Combustion Emission Control Measures*，EPA-4502-89-015，U.S. Environmental Protection Agency，Research Triangle Park，NC，September 1989.

21. Ortech Corporation，*Inventory Methods Manual for Estimating Canadian Emissions of Greenhouse Gases*，prepared for Environment Canada，1994.

10 家用柴火炉

10.1 简述[1-2]

柴火炉嵌在木质取暖器中，通过限制空气燃烧量来控制燃烧强度和燃烧时间，通常用作居室取暖设备。它既可以作为居室取暖的主要方式，也可以用作传统取暖设备的补充。根据构造、燃烧方式和排放特性的差异，家用木材燃烧设备分为五类：（1）传统柴火炉；（2）非催化性柴火炉；（3）催化性柴火炉；（4）颗粒燃料炉；（5）石造暖炉。

传统火炉是指所有未配备催化燃烧器的火炉（即非催化性火炉和颗粒燃料炉），其技术和结构特点都无法减少污染物排放，且大多是在 1986 年 7 月 1 日之前生产。这类火炉具有多种气流，如上升气流、下降气流、交叉气流和 S 形气流。

非催化性火炉是指没有使用催化剂但具备减排技术特性的火炉。最典型的非催化性火炉设计包括挡板和二次燃烧室。

催化性火炉配备有陶瓷或金属蜂窝装置（称为燃烧器或转换器），上面涂有一层贵金属，如铂或钯。催化材料用于降低烟气中未燃烧 VOCs 和 CO 的燃点，这样就可以促进火炉在正常工作温度下的点火和燃烧。这些成分燃烧时，催化剂内部的温度升高到一个临界点，在这个点烟气基本都是自持式点火。

颗粒燃料炉是指以锯末、木制品和其他生物质材料（被挤压成便于处理的形状和大小）颗粒为燃料的火炉。为了适应这类燃料，颗粒燃料炉的气流系统非常活跃，炉排设计也很独特。有一些颗粒燃料炉受 1988 年实施的《新污染源行为标准》（NSPS）的制约，而另一些颗粒燃料炉空气与燃料比例高（大于 35∶1），因此不受制约。

石造暖炉是大型的封闭式燃烧室，多由石材产品制成，或由石材产品与陶瓷材料混搭制成。这些设备重量大于 1 764 磅，因而不受 1988 年实施的《新污染源行为标准》（NSPS）制约。相对于其他类型的木制加热器，石造暖炉因其燃烧无污染、取暖形式可主可辅而得到普及。单纯燃烧木头，燃烧时间会相对较短。使用石造暖炉可促进热量传递，因此，暖炉辐射的热量能够使周围的温度在火焰燃尽后保持若干小时。

10.2 排放物

柴火炉的木材燃烧和热解产生的大气排放物包括 PM、CO、NO_x、VOCs、矿物质残渣和少量的 SO_x。它的排放量和排放类型非常多变，取决于燃烧周期的阶段等多种因素。在刚刚填满木材的初始燃烧阶段，排放物（主要是 VOCs）显著增加。燃烧速度快的初始阶段过后，进入木炭燃烧阶段，这个阶段的特点是燃烧速度减缓、排放物减少。这个阶段的排放率是循环性的，特点是低排放阶段相对时间较长，排放峰值阶段相对时间较短。

此处定义的颗粒排放物为 EPA Method 5H（Oregon Method 7）取样器上测量的总捕获量。[1]柴火火炉颗粒排放物包括少部分元素碳和木材的“固体”颗粒。大部分颗粒排放物凝结为未完全燃烧的有机产物，其气体动力学当量直径小于等于 10 μm（PM_{10}）。尽管缺乏颗粒大小的实测数据，但参考数据表明柴火炉 95%的颗粒排放物大小都在 0.4 μm 以下。[3]

SO_x 是木材中的硫经过氧化形成；NO_x 是燃料氮和大气氮经过氧化形成；钾和钠化合物等矿物组分则是木基复合材料燃烧过程中释放出来的。

高阶有机化合物和 CO 是木材不完全燃烧产生的排放物。木材烟尘有机成分的类型多样，挥发性也相差很多，其中包括碳数从 1 到 7（C_1—C_7）的简单碳氢化合物（以气态形式存在或在常温状态下挥发）和复杂低挥发性物质（在常温状态下凝结）。这些低挥发性冷凝物质一般沸点都在 572℉以下。

POM 是木材烟尘冷凝性物质的重要成分，它包含的化合物范围很广，其中有自由基类组合在火焰区不完全燃烧形成的有机化合物。这些化合物归类于 1990 年实施的《清洁空气法修正案》第Ⅲ编中规定的有害空气污染物，其中包括 PAH。

10.3 污染物控制[4]

要减少柴火炉 PM 和 CO 的排放，必须提高燃烧效率。催化性和非催化性控制技术都可以提高效率、降低排放。催化性燃烧器减少排放物的方法是：用涂有贵金属（如铂或钯）层的陶瓷催化剂，使有机物和其他易燃物在远远低于非催化火室所需的温度下燃烧。

老式非催化性柴火炉减少排放物的方法是：将未燃烧的碳氢化合物（Hydrocarbons，HCs）和 CO 导入二次燃烧室，在燃烧室中混入预加热过的新鲜空气进一步燃烧。现今的非催化性柴火炉是将新鲜空气喷入一次燃烧室顶部，点燃 HCs。某些柴火炉有自己的控制装置，也就是用多风道加上挡板捕获并保留火室顶部的热量，使燃烧更加容易。

家用柴火炉、颗粒燃料炉及石造暖炉的排放系数和排放系数等级见表 10-1 至表 10-7。本章的表格列出了以重量为单位（lb/ton）的排放系数。要转换为能量单位 lb/MMBtu，用 lb/ton 除以热值 17.3 MMBtu/ton 即可。对这些排放系数修订的分析说明，请参见相关文档。[4]这些表格包括标准污染物（PM_{10}、CO、NO_x、SO_x）、CO_2、TOC、衍生有机化合物、PAH 和其他一些元素的排放系数。排放系数按木制加热器的类型列出。PM_{10}和 CO 的排放系数按火炉认证类别进一步分类。II 相炉是指经认证符合 1990 年 7 月 1 日实施的 EPA 标准的火炉；I 相炉是指仅符合 1988 年 7 月 1 日实施的 EPA 标准的火炉；前期 I 相炉是指符合任意 EPA 标准的火炉，但多数情况下必须符合俄亥俄州 1986 年实施的认证标准。[1]

表 10-1 和表 10-2 中 PM 和 CO 的排放系数是从实际操作环境下获得的全部实测数据的平均值。某些柴火炉、颗粒燃料炉和石造暖炉的排放物可能会较多。颗粒排放物是指 EPA Method 5H 收集的总颗粒排放物的等同物。这种方法先使用预加热过滤器，然后使用 3 个碰撞器、1 个未加热过滤器和 1 个最终碰撞器。对于用其他方法收集的数据需酌情进行转换。

表 10-5 按设备类型列出净效率（完全由实测数据确定）。净效率或总效率是燃烧效率与传热效率的乘积。木质加热器效率、排放系数和下降百分比都是计算 PM_{10} 减排信用的重要指标。下降百分比与柴火炉控制设施或催化剂经过一段时间操作后的效率损失有关。包括非催化性柴火炉在内的所有火炉，控制设施效率下降可能是密封垫或垫圈失效、挡板或旁路机构未关严、耐火材料破损或其他功能组件损毁造成的。控制设施效率下降造成的排放物增加尚未量化。

表 10-1　家用柴火炉燃烧的排放系数[a]

污染物/EPA 认证[b]	排放系数等级	柴火炉排放系数/（lb/ton）			颗粒燃料炉[c] 排放系数/（lb/ton）（SCC 21-04-008-053）		石造暖炉排放系数/（lb/ton）（SCC 21-04-008-055）
		传统型（SCC 21-04-008-051）	非催化型（SCC 21-04-008-050）	催化型（SCC 21-04-008-030）	已认证	免认证	免认证[d]
PM_{10}[e]							
前期 I 相	B	30.6	25.8	24.2	ND	ND	ND
I 相	B	ND	20.0	19.6	ND	ND	ND
II 相	B	ND	14.6	16.2	4.2	ND	ND
全部	B	30.6	19.6	20.4	4.2	8.8	5.6
CO							
前期 I 相	B	230.8	ND	ND	ND	ND	ND
I 相	B	ND	ND	104.4	ND	ND	ND
II 相	B	ND	140.8	107.0	39.4	ND	ND
全部	B	230.8	140.8	104.4	39.4	52.2	149.0
NO_x		2.8[f]	ND	2.0[g]	13.8[g]	ND	ND
SO_x	B	0.4	0.4	0.4	0.4	ND	ND
CO_2[j]	C	ND	ND	ND	2 952	3 671	3 849
TOC[k]	C	83	28	26.6	ND	ND	ND

污染物/EPA 认证[b]	排放系数等级	柴火炉排放系数/（lb/ton）			颗粒燃料炉[c] 排放系数/（lb/ton）（SCC 21-04-008-053）		石造暖炉排放系数/（lb/ton）（SCC 21-04-008-055）
		传统型（SCC 21-04-008-051）	非催化型（SCC 21-04-008-050）	催化型（SCC 21-04-008-030）	已认证	免认证	免认证[d]
甲烷	C	30	16	11.6	ND	ND	ND
TNMOC	C	53	12	15	ND	ND	ND

[a] 要将 lb/ton 转换为 kg/Mg，需乘以 0.5。SCC 表示源分类代码。ND 表示无数据。TNMOC 表示总非甲烷有机化合物。

[b] 前期 I 相表示未经 1988 年 EPA 排放标准认证；I 相表示经过 1988 年 EPA 排放标准认证；II 相表示经过 1990 年 EPA 排放标准认证。

[c] 已认证表示依据 1988 年 NSPS 进行认证；免认证表示免除 1988 年 NSPS 认证（即空气与燃料比例＞35：1）。

[d] 免认证表示免除 1988 年 NSPS 认证（即设备重量＞800 kg）。

[e] 参见参考文献 5-18。PM_{10} 的定义是 EPA method 5H 取样器收集的总颗粒排放物的等同物。

[f] 排放系数等级为 C。

[g] 排放系数等级为 E。

[h] 参见参考文献 12、15-18。

[j] 生成的 CO_2 会被再生生物量抵消，因此这种燃烧源排放的 CO_2 并不会造成大气中 CO_2 总量的增加。

[k] 参见参考文献 12、19-22。数据表明一大类燃烧源变化性很大。系数不能精准到单个燃烧源。

表 10-2 家用柴火炉燃烧的有机化合物排放系数[a, b]

排放系数等级：E

化合物	柴火炉类型排放系数/（lb/ton）	
	传统型（SCC 21-04-008-051）	催化型（SCC 21-04-008-030）
乙烷	1.47	1.376
乙烯	4.49	3.482
乙炔	1.124	0.564
丙烷	0.358	0.158
丙烯	1.244	0.734
异丁烷	0.028	0.01
正丁烷	0.056	0.014
丁烯[c]	1.192	0.714
戊烯[d]	0.616	0.15
苯	1.938	1.464
甲苯	0.73	0.52
呋喃	0.342	0.124
甲基乙基酮	0.29	0.062
2-甲基呋喃	0.656	0.084
2,5-二甲基呋喃	0.162	0.002
糠醛	0.486	0.146
邻二甲苯	0.202	0.186

[a] 参见参考文献 19。要将 lb/ton 转换为 kg/Mg，需乘以 0.5。SCC 表示源分类代码。

[b] 数据表明一大类燃烧源变化性很大。系数不能精准到单个燃烧源。

[c] 1-丁烯、*i*-丁烯、*t*-2-丁烯、*c*-2-丁烯、2-甲基-2-丁烯、2-甲基丁烯都属于丁烯家族。

[d] 1-戊烯、*t*-2-戊烯和 *c*-2-戊烯都属于戊烯家族。

表 10-3 家用柴火炉燃烧的 PAH 排放系数[a, b]

排放系数等级：E

污染物	火炉类型排放系数/（lb/ton）			
	传统型[c]（SCC 21-04-008-051）	非催化型[d]（SCC 21-04-008-050）	催化型[e]（SCC 21-04-008-030）	免除颗粒型[f]（SCC 21-04-008-053）
PAH				
苊	0.01	0.01	0.006	ND
苊烯	0.212	0.032	0.068	ND
蒽	0.014	0.009	0.008	ND

污染物	火炉类型排放系数/（lb/ton）			
	传统型[c]（SCC 21-04-008-051）	非催化型[d]（SCC 21-04-008-050）	催化型[e]（SCC 21-04-008-030）	免除颗粒型[f]（SCC 21-04-008-053）
苯并[*a*]蒽	0.02	＜0.001	0.024	ND
苯并[*b*]荧蒽	0.006	0.004	0.004	2.60×10^{-5}
苯并[*g, h, i*]荧蒽	ND	0.028	0.006	ND
苯并[*k*]荧蒽	0.002	＜0.001	0.002	ND
苯并[*g, h, i*]芘	0.004	0.02	0.002	ND
苯并[*a*]芘	0.004	0.006	0.004	ND
苯并[*e*]芘	0.012	0.002	0.004	ND
联苯	ND	0.022	ND	ND
䓛	0.012	0.01	0.01	7.52×10^{-5}
二苯并[*a, h*]蒽	BDL	0.004	0.002	ND
7,12-二甲基苯[*a*]蒽	ND	0.004	ND	ND
荧蒽	0.02	0.008	0.012	5.48×10^{-5}
芴	0.024	0.014	0.014	ND
茚并[1,2,3-*cd*]芘	BDL	0.02	0.004	ND
9-甲基蒽	ND	0.004	ND	ND
12-甲基苯[*a*]蒽	ND	0.002	ND	ND
3-甲基胆蒽	ND	＜0.001	ND	ND
1-甲基菲	ND	0.03	ND	ND
萘	0.288	0.144	0.186	ND
硝基萘	ND	BDL	ND	ND
二萘嵌苯	ND	0.002	ND	ND
菲	0.078	0.118	0.048	3.32×10^{-5}
菲酚	ND	BDL	ND	ND
苯酚	ND	＜0.001	ND	ND
芘	0.024	0.008	0.01	4.84×10^{-5}
PAH 总计	0.73	＜0.500	0.414	2.38×10^{-4}

[a] 要将 lb/ton 转换为 kg/Mg，需乘以 0.5。SCC 表示源分类代码。ND 表示无数据。BDL 表示低于检测限。“＜”表示数值都低于此检测限。

[b] 数据表明一大类或一小类燃烧源变化性很大。系数不能精准到单个燃烧源。

[c] 参见参考文献 19。

[d] 参见参考文献 20、23-25。

[e] 参见参考文献 13、19-20、23、26。

[f] 参见参考文献 18。免认证表示免除 1988 年 NSPS 认证（即空气与燃料比例＞35∶1）。

表 10-4 家用柴火炉燃烧的微量元素排放系数[a, b]

排放系数等级：E

元素	柴火炉类型排放系数/（lb/ton）		
	传统型（SCC 21-04-008-051）	非催化型（SCC 21-04-008-050）	催化型（SCC 21-04-008-030）
镉（Cd）	2.2×10^{-5}	2×10^{-5}	4.6×10^{-5}
铬（Cr）	＜1.0×10^{-6}	＜1.0×10^{-6}	＜1.0×10^{-6}
锰（Mn）	1.7×10^{-4}	1.4×10^{-4}	2.2×10^{-4}
镍（Ni）	1.4×10^{-5}	2.0×10^{-5}	2.2×10^{-6}

[a] 参见参考文献 19、25。要将 lb/ton 转换为 kg/Mg，需乘以 0.5。SCC 表示源分类代码。“＜”表示数值都低于此检测限。

[b] 用于说明这些排放系数的数据表明一大类燃烧源变化性很大。系数不能精准到单个燃烧源。

表 10-5 柴火炉净效率总结[a]

木制加热器类型	源分类代码	净效率/%	参考文献
柴火炉			
传统型	21-04-008-051	54	16
非催化型	21-04-008-050	68	7、10、16
催化型	21-04-008-030	68	16、27
颗粒燃料炉			
已认证[b]	21-04-008-053	68	9
免认证[c]		56	17
石造暖炉			
全部	21-04-008-055	58	18

[a] 净效率是燃烧效率与传热效率的函数。此处的百分比是基于从家用设备测试收集的数据。参见参考文献 5、8、10-11、17-18、28。

[b] 已认证表示依据 1988 年 NSPS 进行认证。

[c] 免认证表示免除 1988 年 NSPS 认证（即空气与燃料比例＞35∶1）。

10.4 参考文献

1. *Standards Of Performance For New Stationary Sources：New Residential Wood Heaters*，53 FR 5573，February 26，1988.

2. R. Gay and J. Shah，*Technical Support Document For Residential Wood Combustion*，EPA-450/4-85-012，U.S. Environmental Protection Agency，Research Triangle Park，NC，February 1986.

3. J. A. Rau and J. J. Huntzicker，*Composition And Size Distribution Of Residential Wood Smoke Aerosols*，Presented at the 21st Annual Meeting of the Air and Waste Management Association，Pacific Northwest International Section，Portland，OR，November 1984.

4. *Emission Factor Documentation For AP-42 Section 1.10，Residential Wood Stoves*，Office of Air Quality Planning and Standards，U.S. Environmental Protection Agency，Research Triangle Park，NC，April 1993.

5. S. G. Barnett，*Field Performance Of Advanced Technology Woodstoves In Glens Falls，N.Y.1988-1989.*，Vol. 1，New York State Energy Research and Development Authority，Albany，NY，October 1989.

6. P. G. Burnet，*The Northeast Cooperative Woodstove Study*，Volume 1，EPA-600/7-87-026a，U.S. Environmental Protection Agency，Cincinnati，OH，November 1987.

7. D. R. Jaasma and M. R. Champion，*Field Performance Of Woodburning Stoves In Crested Butte During The 1989-90 Heating Season*，Town of Crested Butte，Crested Butte，CO，September 1990.

8. S. Dernbach，*Woodstove Field Performance In Klamath Falls，OR*，Wood Heating Alliance，Washington，DC，April 1990.

9. C. A. Simons and S. K. Jones，*Performance Evaluation Of The Best Existing Stove Technology（BEST）Hybrid Woodstove And Catalytic Retrofit Device*，Oregon Department Of Environmental Quality，Portland，OR，July 1989.

10. S. G. Barnett and R. B. Roholt，*In-home Performance Of Certified Pellet Stoves In Medford And Klamath Falls，OR*，U.S. Department of Energy Report No. PS407-02，July 1990.

11. S. G. Barnett，*In-Home Evaluation Of Emission Characteristics Of EPA-Certified High-Tech Non-Catalytic Woodstoves In Klamath Falls，OR，1990*，prepared for the Canada Center for Mineral and Energy Technology，Energy，Mines and Resources，Canada，DSS File No. 145Q，23440-9-9230，

June 1， 1990.

12. R. C. McCrillis and R. G. Merrill，"Emission Control Effectiveness Of A Woodstove Catalyst And Emission Measurement Methods Comparison，" Presented at the 78th Annual Meeting of the Air And Waste Management Association，Detroit，MI，1985.

13. K. E. Leese and S. M. Harkins，*Effects Of Burn Rate，Wood Species，Moisture Content And Weight Of Wood Loaded On Woodstove Emissions*，EPA-600/2-89-025，U.S. Environmental Protection Agency，Cincinnati，OH，May 1989.

14. S. G. Barnett，*In-Home Evaluation Of Emissions From A Tulikivi KTU 2100 Masonry Heater*，OMNI Environmental Services，Inc.，Beaverton，OR，March 1992.

15. S. G. Barnett，*In-Home Evaluation Of Emissions From A Royal Crown 2000 Masonry Heater*，OMNI Environmental Services，Inc.，Beaverton，OR，March 1992.

16. S. G. Barnett，*In-Home Evaluation Of Emissions From A Biofire 4x3 Masonry Heater*，OMNI Environmental Services，Inc.，Beaverton，OR，March 1992.

17. S. G. Barnett and R. D. Bighouse，*In-Home Demonstrations Of The Reduction Of Woodstove Emissions From The Use Of Densified Logs*，Oregon Department of Energy and U.S. Environmental Protection Agency，July 1992.

18. S. G. Barnett and P. G. Fields，*In-Home Performance Of Exempt Pellet Stoves In Medford，Oregon*，U.S. Department Of Energy，Oregon Department Of Energy，Tennessee Valley Authority，And Oregon Department Of Environmental Quality，July 1991.

19. P. G. Burnet，*et al.*，*Effects Of Appliance Type And Operating Variables On Woodstove Emissions*，Vol. I.，Report and Appendices 6-C，EPA-600/2-90-001a，U.S. Environmental Protection Agency，Cincinnati，OH，January 1990.

20. L. E. Cottone and E. Mesner，*Test Method Evaluations And Emissions Testing For Rating Wood Stoves*，EPA-600/2-86-100，U.S. Environmental Protection Agency，Cincinnati，OH，October 1986.

21. Letter and attachments to Susan Stamey-Hall，Radian Corp. from Robert C. McCrillis，U.S. EPA concerning VOC emissions from wood stoves.May 8，1995.

22. Jaasma，D. R.，Stern，C. H.，and M. Champion，*Field Performance Of Woodburning Stove In Crested Butte Durring The 1991-92 Heating Season*，EPA-600/R-94-061，U.S. Environmental Protection Agency，Research Triangle Park，April 1994.

23. J. M. Allen *et al.*，*Study of the Effectiveness Of A Catalytic Combustion Device On A Wood Burning Appliance*，EPA-600/7-84-046，U.S. Environmental Protection Agency，Research Triangle

Park，NC，March 1984.

24. R. S. Truesdale and J. G. Cleland，*Residential Stove Emissions From Coal And Other Alternative Fuels Combustion*，in papers at the Specialty Conference on Residential Wood and Coal Combustion，Louisville，KY，March 1982.

25. *Residential Wood Heater Test Report*，Phase Ⅱ Testing，Vol. 1，TVA，Division Of Energy，Construction And Rates，Chattanooga，TN，August 1983.

26. D. G. DeAngelis，*et al.*，*Preliminary Characterization Of Emissions From Wood-fired Residential Combustion Equipment*，EPA-600/7-80-040，U.S. Environmental Protection Agency，Cincinnati，OH，March 1980.

27. C. A. Simons *et al.*，*Woodstove Emission Sampling Methods Comparability Analysis And In-situ Evaluation Of New Technology Woodstoves*，EPA-600/7-89-002，U.S. Environmental Protection Agency，Cincinnati，OH，January 1989.

28. S. G. Barnett，*Summary Report Of The In-Home Emissions And Efficiency Performance Of Five Commercially Available Masonry Heaters*，the Masonry Heater Association，Reston，VA，May 1992.

11 废油燃烧

11.1 简述[1]

废油包括用过的汽车和卡车曲轴箱润滑油、用过的工业润滑油（如金属加工油）和其他用过的工业油（如传热液体）。由于物理特性发生变化或被接触过的物质污染，这些被丢弃的油剂就变为废油。在允许使用的情况下，废油可以混合燃烧或单独燃烧。废油或用过的油可以在各种燃烧设备中燃烧，如工业锅炉、商业/机构锅炉、空间加热器、沥青制造设备、水泥石灰窑、其他类型的烘干和煅烧炉以及炼钢高炉。锅炉和空间加热器的燃烧消耗大量废油。空间加热器大多是热功率低于 250 000 Btu/h 的小型燃烧设备，通常在能够提供曲轴箱废润滑油的汽车维修站和汽车修理厂使用。

无论对优化燃烧是否修正，以 6 号燃油（残渣油）或某种馏分油为燃料的锅炉都可以用废油燃烧。把废油与燃油掺在一起改善废油属性，然后将达到清洁燃料要求的混合燃油作为锅炉改良的替代品。

11.2 排放物[1]

废油燃烧产生的排放物反映出废油的成分变化。可能产生的污染物包括 CO、SO_x、NO_x、PM、直径小于 10 μm 的颗粒（PM_{10}）、有毒金属、有机化合物、氯化氢和引起全球变暖的气体（CO_2、CH_4）。

11.2.1 颗粒物[1]

废油中的灰分水平往往比馏分油或残渣油的灰分水平高很多。相对于纯净燃油中微量元素的浓度，废油中微量元素的浓度要高得多。如果不对空气污染物进行控制，废油中灰分和微量金属的高含量会导致所产生的 PM 和微量金属的排放水平高于纯净燃油的排放水平。

11.2.2 硫氧化物[1]

SO_x 的排放是燃料中含硫量的函数。每种燃料中的含硫量是不同的，但一些数据表明，如果用废油替代馏分油，非可控 SO_x 的排放会增加；如果用废油替代残渣油，非可控 SO_x 的排放会降低。

11.2.3 氯代有机物[1]

废油中成分氯的浓度通常高于纯净馏分油和残渣油的氯浓度。不小心或特意在废油中添加污染物溶剂会导致卤化溶剂水平增高。很多高效燃烧器能够破坏燃料中 99%以上的氯化物溶剂。但由于指定了燃烧废油的燃烧器类型，因此无法清除排放物中的这些化合物。

11.2.4 其他有机物[1]

废油燃烧产生的烟气通常包含有机化合物而不是氯化物溶剂。在 10^{-6}（按重量计）水平下，废油中有包含多种危害性有机化合物。废油取样中检测到含有苯、甲苯、多氯联苯（Polychlorinated Biphenyls，PCBs）、多氯二苯并二噁英等少量危害性化合物。这些危害性有机化合物是废油在燃烧过程中未完全燃烧形成的。

11.3 污染物控制[1]

对废油进行预处理清除污染前体物或用排放物控制装置清除空气污染物，这样就可以控制污染物的排放。降低排放水平不是对废油进行预处理的唯一目的，重要的是它可以提高燃烧效率，减少燃烧器内表面的磨损和腐蚀。最常用的预处理方法是先沉降后过滤。排出废水和大粒径颗粒（直径大于 10 μm）对硫含量、氮含量和氯含量影响不大。其他预处理的方法，如白土吸附、酸洗、溶解、化学接触或热处理，都可以排除残水和轻馏分。为了废油回收再利用或作为减废方案，后面的处理方法受到较多关注，但成本的增加对燃烧过程中使用这些方法造成了阻碍。

对废油掺入纯净燃油进行了多次实践，结果表明效果与上述预处理工艺相同。为了便于计算排放系数，假定这种混合物属于非可控类别。

废油是燃烧器（以馏分油和残渣油为燃料）的备用燃料，因此在第一次燃烧时就需要适当进行排放控制。对于小型锅炉和空间加热器，所有用于确定排放系数的合格测试数据都来自非可控燃烧源。对于沥青制造设备，PM 排放物（包含在集料干燥过程中产生的粉尘）通过织物过滤器进行控制。

废油燃烧时的排放系数和排放系数等级见表 11-1 至表 11-5。排放系数是根据燃烧废油的非可控小型锅炉和空间加热器的排放数据确定的。如果废油是用于燃烧的主要燃料，这些系数既适用于混搭废油也适用于非混搭废油。如果纯净燃油是用于燃烧的主要燃料，应使用“第 3 章　燃油燃烧”中列出的排放系数。

废油生成的蒸发排放物(用作批量沥青制造设备中的稀释剂)可参考美国 EPA 其他相关章节所列出的步骤进行估算。

本章的表格列出了按体积计算的排放系数单位（lb/10^3gal)。要转换为能量单位（lb/MMBtu)，用 lb/10^3gal 除以单位为 MMBtu/10^3gal 的燃油热值即可（如果已知）。如果热值未知，并且废油与残渣油混合，则需要用 lb/10^3gal 除以热值 150 MMBtu/10^3gal。如果废油与馏分油混合，则需要用 lb/10^3gal 除以热值 140 MMBtu/10^3gal。

表 11-1 废油燃烧 PM、直径小于 10 μm 的排放物（PM_{10}）和铅（Pb）的排放系数[a]

燃烧源类别（SCC）	PM[b]		PM_{10}[c]		Pb[d]	
	排放系数/（$lb/10^3$ gal）	排放系数等级	排放系数/（$lb/10^3$ gal）	排放系数等级	排放系数/（$lb/10^3$ gal）	排放系数等级
小型锅炉（1-03-013-02）	$64A^{d}$	C	$51A$	C	$55L^{f}$	D
空间加热器汽化燃烧器（1-05-001-14、1-05-002-14）	$2.8A$	D	ND	NA	$0.41L$	D
喷雾雾化燃烧器（1-05-001-13、1-05-002-13）	$66A$	D	$57A$	E	$50L$	D

[a] 单位为 $lb/10^3$ gal（污染物磅数/燃烧的废油的 10^3 加仑数）。要将 $lb/10^3$ gal 转换为 kg/m^3，需乘以 0.12。SCC 表示源分类代码。ND 表示无数据。NA 表示不适用。

[b] 参见参考文献 2-5。

[c] 参见参考文献 1。

[d] 参见参考文献 4-6。

[e] A 表示燃料中灰分含量的重量百分比。数值与 A 的乘积即为排放系数。例如，灰分含量为 5%，那么 $A = 5$。

[f] L 表示燃料中含铅量的重量百分比。数值与 L 的乘积即为排放系数。例如，含铅量为 5%，那么 $L = 5$。

表 11-2 废油燃烧 NO_x、SO_x 和 CO 的排放系数[a]

燃烧源类别（SCC）	NO_x[b]		SO_x[b]		CO[c]	
	排放系数/（$lb/10^3$ gal）	排放系数等级	排放系数/（$lb/10^3$ gal）	排放系数等级	排放系数/（$lb/10^3$ gal）	排放系数等级
小型锅炉（1-03-013-02）	19	C	$147S^{d}$	C	5	D
空间加热器汽化燃烧器（1-05-001-14、1-05-002-14）	11	D	$100S^{d}$	D	1.7	D
喷雾雾化燃烧器（1-05-001-13、1-05-002-13）	16	D	$107S^{d}$	D	2.1	D

[a] 单位为 $lb/10^3$ gal（污染物磅数/燃烧的废油的 10^3 加仑数）。要将 $lb/10^3$ gal 转换为 kg/m^3，需乘以 0.12。SCC 表示源分类代码。

[b] 参见参考文献 4、7。

[c] 参见参考文献 2、5。

[d] S 表示燃料中含硫量的重量百分比。数值与 S 的乘积即为排放系数。例如，含硫量为 3.4%，那么 $S = 3.4$。

表 11-3 废油燃烧 TOC、氯化氢（HCl）和 CO_2 的排放系数[a]

燃烧源类别（SCC）	TOC[b]		HCl[b]		CO_2[c]	
	排放系数/（lb/10^3 gal）	排放系数等级	排放系数/（lb/10^3 gal）	排放系数等级	排放系数/（lb/10^3 gal）	排放系数等级
小型锅炉（1-03-013-02）	1	D	66Cl[d]	C	22 000	C
空间加热器汽化燃烧器（1-05-001-14、1-05-002-14）	1	D	ND	NA	22 000	D
喷雾雾化燃烧器（1-05-001-13、1-05-002-13）	1	D	ND	NA	22 000	D

[a] 单位为 lb/10^3 gal（污染物磅数/燃烧的废油的 10^3 加仑数）。要将 lb/10^3 gal 转换为 kg/m^3，需乘以 0.12。SCC 表示源分类代码。ND 表示无数据。NA 表示不适用。

[b] 参见参考文献 1。

[c] 参见参考文献 2-4。根据含碳量的不同，CO_2 的排放系数为 18 000～25 000 CO_2 lb/10^3gal。

[d] Cl 表示燃料中含氯量的重量百分比。数值与 Cl 的乘积即为排放系数。例如，含氯量为 3%，那么 Cl = 3。

表 11-4 废油燃烧衍生金属的排放系数[a]

排放系数等级：D

污染物	小型锅炉排放系数（SCC 1-03-013-02）/（lb/10^3 gal）[b]	空间加热器：汽化燃烧器排放系数（SCC 1-05-001-14、1-05-002-14）/（lb/10^3 gal）[c]	空间加热器：喷雾雾化燃烧器排放系数（SCC 1-05-001-13、1-05-002-13）/（lb/10^3 gal）[c]
锑	BDL	3.4×10^{-4}	4.5×10^{-3}
砷	1.1×10^{-1}	2.5×10^{-3}	6.0×10^{-2}
铍	BDL	BDL	1.8×10^{-3}
镉	9.3×10^{-3}	1.5×10^{-4}	1.2×10^{-2}
铬	2.0×10^{-2}	1.9×10^{-1}	1.8×10^{-1}
钴	2.1×10^{-4}	5.7×10^{-3}	5.2×10^{-3}
锰	6.8×10^{-2}	2.2×10^{-3}	5.0×10^{-2}
镍	1.1×10^{-2}	5.0×10^{-2}	1.6×10^{-1}
硒	BDL	BDL	BDL
磷	ND	3.6×10^{-2}	ND

[a] 本表中的污染物代表对废油燃烧器测量的金属组分。废油燃烧还会排放其他金属组分，但未对其进行测量，而且其浓度也低于分析检测限。单位为 lb/10^3 gal（污染物磅数/燃烧的废油的 10^3 加仑数）。要将 lb/10^3 gal 转换为 kg/m^3，需乘以 0.12。BDL 表示低于检测限。SCC 表示源分类代码。ND 表示无数据。

[b] 参见参考文献 4。

[c] 参见参考文献 4-5。

表 11-5 废油燃烧衍生有机化合物的排放系数[a]

排放系数等级：D

污染物	空间加热器：汽化燃烧器（SCC 1-05-001-14、1-05-002-14）排放系数/（$lb/10^3$ gal）	空间加热器：喷雾雾化燃烧器（SCC 1-05-001-13、1-05-002-13）排放系数/（$lb/10^3$ gal）
苯酚	2.4×10^{-3}	2.8×10^{-5}
二氯苯	8.0×10^{-7}	ND
萘	1.3×10^{-2}	9.2×10^{-5}
菲/蒽	1.1×10^{-2}	1.0×10^{-4}
邻苯二甲酸二丁酯	ND	3.4×10^{-5}
邻苯二甲酸丁苄酯	5.1×10^{-4}	ND
邻苯二甲酸二（2-乙基己）酯	2.2×10^{-3}	ND
芘	7.1×10^{-3}	8.3×10^{-6}
苯并[*a*]蒽/䓛	4.0×10^{-3}	ND
苯并[*a*]芘	4.0×10^{-3}	ND
三氯乙烯	ND	ND

[a] 参见参考文献 4。本表中的污染物代表对废油燃烧器测量的有机物组分。废油燃烧还会排放其他有机物组分，但未对其进行测量，而且其浓度也低于分析检测限。单位为 $lb/10^3gal$（污染物磅数/燃烧的废油的 10^3 加仑数）。要将 $lb/10^3gal$ 转换为 kg/m^3，需乘以 0.12。SCC 表示源分类代码。ND 表示无数据。

11.4 参考文献

1. *Emission Factor Documentation For AP-42 Section 1.11，Waste Oil Combustion（Draft）*，Technical Support Division，Office of Air Quality Planning and Standards，U.S. Environmental Protection Agency，Research Triangle Park，NC，April 1993.

2. *Environmental Characterization Of Disposal Of Waste Oils In Small Combustors*，EPA-600/2-84-150，U.S. Environmental Protection Agency，Cincinnati，OH，September 1984.

3. *Used Oil Burned As A Fuel*，EPA-SW-892，U.S. Environmental Protection Agency，Washington，DC，August 1980.

4. *The Fate Of Hazardous And Nonhazardous Wastes In Used Oil Disposal And Recycling*，DOE/BC/10375-6，U.S. Department of Energy，Bartlesville，OK，October 1983.

5. "Comparisons of Air Pollutant Emissions from Vaporizing and Air Atomizing Waste Oil

Heaters"，*Journal Of The Air Pollution Control Association*，33（7），July 1983.

6. "Waste Oil Combustion：An Environmental Case Study"，Presented at the 75th Annual Meeting of the Air Pollution Control Association，June 1982.

7. *Chemical Analysis Of Waste Crankcase Oil Combustion Samples*，EPA600/7-83-026，U.S. Environmental Protection Agency，Research Triangle Park，NC，April 1983.

12 固定式燃气涡轮发动机

12.1 简述 [1]

燃气涡轮发动机也称为“燃气轮机”，应用十分广泛，其中包括发电、废热发电、天然气输送和各种工艺中的应用。它的输出功率为 300～268 000 马力（1 马力=745.700 W），平均输出功率为 40 200 马力。[2] 燃气涡轮发动机使用的燃料主要是天然气和馏分（2 号）燃油。[3]

12.2 工艺过程说明 [1, 2]

燃气涡轮发动机是一种内燃机，采用旋转运动而不是往复运动。它本质上由三部分组成：压气机、燃烧室和动力涡轮机。压气机将周围的空气抽入，压缩到环境压力的 30 倍，然后送入燃烧室，燃料也是在这里进入、点火和燃烧。燃烧室可以是环形、环管型或筒形。环形燃烧室只有一个连续的整体环形，从垂直平面上的涡轮环绕延伸至气流通道。环管型燃烧室与环形燃烧室类似，但它在燃烧室内有若干个管状筒，而不是一个连续的整体燃烧室。环形与环管型燃烧室都是以航空涡轮机技术为基础，通常在规模较小的设施中使用。筒形（火焰型）燃烧室是指一个或多个安装在燃气涡轮机主体外部的燃烧室，比环形或环管型燃烧室体积大，通常在规模较大的设施中使用。

燃气涡轮机的燃烧过程分为扩散火焰燃烧和贫燃料预混分级燃烧。扩散火焰燃烧是指燃料与空气在一次燃烧区一边混合一边燃烧，这样就会生成近化学当量的燃料与空气混合区域，温度非常高。贫燃料预混燃烧是指燃料与空气在初级阶段充分混合，形成贫燃料、未燃烧的均匀混合气，然后转到发生燃烧反应的第二阶段。生产厂家使用不同类型的燃料/空气分级（燃料分级、空气分级，或两种分级一起使用），但原则上使用的都是贫燃料预混分级燃烧。使用分级燃烧的燃气涡轮机也称为干式低 NO_x 燃烧室。目前生产的燃气涡轮机主要是贫燃料预混分级燃烧涡轮机。

燃烧室的高温燃气经过压气机产生的附加风稀释后流入动力涡轮机，温度高达 2 600℉。排放出的高温气体在动力涡轮机中膨胀产生热能，以轴功率的形式进行回收。轴功率的 50%以上都需要用来推动内部压气机，回收轴功率的余量用来推动外部负荷。[2] 燃气涡轮机有 1～3 根传动轴，用来在进气压缩机组、动力涡轮机和废气涡轮机之间传送动力。涡轮机排出的废气中所含的热量可以通过以下方法进行处理：不经过热量回收直接排出（简单循环）；通过热交换器回收，对进入燃烧室的燃烧空气预加热（回热循环）；通过热回收蒸汽发生器回收并生成生产用汽，有无补燃皆可（热电联产）；回收后为汽轮机朗肯循环提供蒸汽，有无补燃皆可（联合循环或再生能源）。

简单循环是燃气涡轮机最基本的运转循环，热效率为 15%～42%。循环热效率是指有用的轴能量与燃料能量输入的比率。简单循环燃气涡轮机通常用于不回收废热的轴功率设施，如能够提供应急用电和高峰用电的电力企业。

回热循环由简单循环燃气涡轮机外加一个热交换器组成。热交换器用涡轮机的废气加热燃烧空气，减少达到燃烧室温度所需的燃料量。回热循环的热效率为 35%左右。但是，虽然提高了燃料效率并节省了燃料的使用量，但添置热交换器带来的资本成本增加让这种工艺失色不少。

热电联产循环由简单循环燃气涡轮机与热回收蒸汽发生器（Heat Recovery Steam Generator，HRSG）组成。这种循环的热效率高达 84%。HRSG 在热电联产循环中生成的蒸汽，可以在各种压力和温度下传送到工地现场的其他热加工设备。对于需要更多蒸汽的情况，可以在 HRSG 的排气管束中安放辅助燃烧器或风道燃烧器，从而满足工地现场的蒸汽需求。

联合循环是由燃气涡轮机与应用于电力公司的 HRSG 组成。燃气涡轮机带动发电机运行，HRSG 生成的蒸汽推动蒸汽涡轮机做功，同时也带动发电机运行。辅助燃烧锅炉用于增加蒸汽的生成量。联合循环燃气涡轮机的热效率为 38%～60%。

燃气涡轮机应用范围很广，其中包括石油工业、应急发电设施、独立电力生产商（Independent Electric Power Producers，IPP）、电力企业和其他工业应用。石油工业通常采用功率为 300～20 000 马力的简单循环燃气涡轮机，为燃油和燃气的生成与传送供给轴功率。应急发电设施采用的也是简单循环燃气涡轮机，为关键网络或设备提供备用或应急电力。其功率通常在 5 000 马力以下。

独立电力生产商发电转售给大型电力公司。简单循环、回热循环和联合循环一般由 IPP 使用，而大多数设施使用的都是联合循环燃气涡轮机。IPP 采用的燃气涡轮机功率为 1 000～100 000 马力。大型电力企业大多把燃气涡轮机用作调峰机组，满足商业和工业用户每日或季节性用电高峰的需求，所用燃气涡轮机均为简单循环，功率为 20 000～200 000 马力。采用燃气涡轮机的其他工业应用有制浆造纸、化学加工和食品加工。在这些工业应用中，联合循环燃气涡轮机用于热电联产。

12.3 排放物

燃气涡轮发动机的主要污染物是 NO_x、CO 和少量 VOCs，燃烧液态燃料时还会排放 PM。NO_x 的形成很大程度上是由于燃烧室中的高温。CO、VOCs、HAP 和 PM 主要是不完全燃烧造成。燃气涡轮机会排放少量 HAP 和 SO_2。燃料中的灰分和金属添加剂也会造成 PM 的排放。涡轮机只有在燃烧重质油时才会排放一定量的 SO_x，硫化物（主要是 SO_2）的排放量与燃料的含硫量直接相关。

可用的排放数据表明，涡轮机的工作负荷对排放水平影响很大。燃气涡轮机通常在高负荷（大于等于 80%额定功率）下运行才能达到最高热效率和燃烧室火焰温度峰值。如果负荷降低（低于 80%额定功率）或负荷变动频繁，燃烧区火焰温度就会低于高负荷温度，继而导致热效率降低、不完全燃烧增多。本节的排放系数是根据燃气涡轮机在高负荷工况下的运行状态得出的，EPA 背景资料文档和排放数据库中包含燃气涡轮机在各种负荷工况下运行时的排放数据。

燃烧馏分油的燃气涡轮机可能会由于油中含有金属元素而排放微量金属。如果燃料成分分析结果已知，燃料灰分的金属含量应该用于烟气排放系数（假定所有金属都通过涡轮机）。

如果 HRSG 没有补燃，特定于简单循环输入的排放系数（lb/MMBtu）（磅/百万英热单位）也适用于热电联产或联合循环系统。如果 HRSG 有补燃，补燃引起的排放也必须用于估算烟囱总排放。

12.3.1 氮氧化物

氮氧化物的生成机理主要有三个：对于燃烧天然气或馏分油的涡轮机，第一个也是最主要的生成机理是热力型 NO_x，即燃烧空气高温分解，然后氮气（N_2）与氧气（O_2）分子发生反应形成 NO_x。多数热力型 NO_x 是在燃料喷射器下游的高温化学当量火焰小片区域生成的，燃烧空气在这里与燃料充分混合，形成峰值温度的燃料/空气接触面。

第二个生成机理称为快速型 NO_x，即燃烧空气中的氮分子与燃料中碳氢化合物发生早期反应。快速型 NO_x 机理是在火焰内部发生反应，与热力型 NO_x 的生成量相比几乎可以算是微乎其微。

第三个生成机理是演变而来的，称为燃料型 NO_x，即燃料中的氮化合物与氧气发生反应。虽然存在分子态氮，但天然气几乎不会与燃料氮发生化学反应。天然气燃烧产生的所有 NO_x 基本都是热力型 NO_x。馏分油中燃料氮含量水平很低。燃烧馏分油的涡轮机产生的主要是燃料型 NO_x，这是由于装备了强力控制热力型 NO_x 的装置，否则，热力型 NO_x 会成为燃烧馏分油涡轮机的 NO_x 主要形成机理。

在略贫燃料混合物的情况下产生的热力型 NO_x 最多，因为可供反应的氧气量过剩。要减少热力型 NO_x 的产生，对化学当量的控制非常关键。对于给定的化学当量，如果降至绝热火焰温度以下，热力型 NO_x 也会迅速减少。同时对燃烧温度和化学当量进行控制，可以最大限度地减少热力型 NO_x 的产生。由于稀释燃烧空气才能使涡轮机入口温度低于设计限，因此燃气涡轮机需要在整体高水平过量空气的条件下运行。以扩散火焰形式燃烧的老式燃气涡轮机多在初级火焰下游进行稀释，这样火焰的峰值温度不会降低，也就不会抑制热力型 NO_x 的产生。

扩散火焰的特点是近化学当量的燃料与空气混合区域的温度非常高，产生的热力型 NO_x 非常多。涡轮机进气口的水汽能够降低火焰的峰值温度，从而减少热力型 NO_x 的排放。还可以通过在扩散型涡轮机中注水或注蒸汽来减少热力型 NO_x 的排放。喷入的水或蒸汽就类似散热器，使燃烧区的温度降低，从而减少热力型 NO_x 的排放。新型燃气涡轮机使用贫燃料预混燃烧，即燃料与理论空气量的 50%以上预先混合，达到降低火焰温度的目的，从而抑制热力型 NO_x 的产生。

相较于外部燃烧设备，环境条件对涡轮机的排放和功率输出影响更大。在高过量空气水平和高压下运行会加大对入口湿度、温度和压力的影响。[4] 随着环境湿度和温度的变化，排放量也不断变化（30%或更高）。水转化为蒸汽会吸收初级火焰区的热量。由于热能都供给了水向蒸汽的转化，因此火焰区的温度就会下降，热力型 NO_x 的产生也会减少。对于给定的燃料燃烧率，降低环境温度就会降低火焰的峰值温度，也就会大大减少热力型 NO_x 的排放。同样，燃气涡轮机的运转负荷也会影响 NO_x 的排放。由于火焰区峰值温度升高会引起热力型 NO_x 排放增加，因此运转负荷越大，NO_x 的排放就越多。

12.3.2 一氧化碳和挥发性有机物

排放 CO 和 VOCs 都是不完全燃烧造成的。在峰值温度的停留时间过短或燃料碳氧化时与氧气混合不够充分，都会生成 CO。与大多数碳氢化合物的氧化反应相比，在燃气涡轮机的温度下 CO 形成 CO_2 的反应过程较为缓慢。稀释空气的淬熄会造成燃气涡轮机无法燃尽 CO。使用液态燃料时这种情况尤为严重，因为燃料喷射器上雾化器携带的液滴过大。CO 的排放还取决于燃气涡轮机的负荷。例如，燃气涡轮机在满负荷下运行，燃料效率较高，CO 的生成就会减少。反之亦然，燃气涡轮机在轻负荷或中负荷下运行，燃料效率降低（不完全燃烧），CO 的生成就会增加。

归类为挥发性有机物的污染物范围很广，其中包括一些有害空气污染物。如果一部分燃料未燃尽或在燃烧过程中未完全燃烧，这些有机物就会排放到大气中。天然气中夹带的一些有机物是天然气未发生反应的微量成分，另外一些则是重质碳氢化合物成分的热解产物。液态燃料燃烧排放的未反应和未完全热解的挥发性有机物，大部分是转移到淬熄区的大液滴。

与 CO 的排放类似，VOCs 的排放也受燃气涡轮机运行负荷工况的影响。与高负荷下运行的燃气涡轮机相比，低负荷下运行的涡轮机排放的 VOCs 更多。

12.3.3 颗粒物[13]

涡轮机排放的 PM 主要是由燃料中夹带着不可燃微量成分造成的。天然气燃烧排放的 PM 微乎其微；而馏分油由于灰分含量低，燃烧时排放的 PM 略多一些。排放的 PM 分为滤过性颗粒物和冷凝性颗粒物。滤过性 PM 在烟囱中以固态或液态存在，而且可以在 EPA Method 5 过滤器中进行测量。冷凝性 PM 在烟囱中以气态存在，但会在遇到冷空气时凝结，形成颗粒物。由于是以气态形式存在，因此冷凝性 PM 会透过 Method 5 过滤器，通常需要通过分析碰撞器或取样器的后半部分进行测量。对碰撞器的收集、回收和分析，可参见《联邦政府管理条例》第 51

部附录 M 的 EPA Method 202 中的说明。冷凝性 PM 由有机化合物和无机化合物组成，一般空气动力学直径都小于 1.0 μm。

12.3.4 温室气体[5-11]

CO_2 和 N_2O 都是天然气和馏分油在燃气涡轮机中燃烧时产生的。几乎所有的燃料碳都会在燃烧过程中转化为 CO_2，这种转换与燃烧方式无关。CH_4 也是废气的组成部分，它是天然气未燃尽或馏分油燃烧的产物。

尽管形成 CO 可减少 CO_2 的排放量，但是与产生的 CO_2 相比，CO 的量实在微不足道。燃料碳未转换为 CO_2 主要是由于燃烧不完全。

燃料燃烧过程中经过一系列复杂的反应形成 N_2O，其形成取决于多种因素。但是，燃烧温度保持 1 475℉以上的高温，过量空气控制在少于 1%，形成的 N_2O 就会降至最少。

12.3.5 HAP 排放

可用数据表明，燃气涡轮机的 HAP 排放水平低于其他燃烧源，这是因为涡轮机正常运行时可以达到很高的燃烧温度。排放数据还表明，甲醛是涡轮机燃烧时排放的主要 HAP。天然气涡轮机甲醛排放量占 HAP 排放总量的 2/3，剩下的 1/3 是 PAH、苯、甲苯、二甲苯和其他 HAP。2 号馏分油涡轮机排放的 HAP 包括少量金属和燃气涡轮机也会排放的一些气态 HAP。金属 HAP 是燃料成分中本来就有的。燃烧过程中形成 CO 明确表明预期的 HAP 排放水平。与 CO 的排放类似，工作负荷越小，HAP 排放就越多。通常，燃气涡轮机在满负荷下运行，燃料效率提高，CO 和 HAP 的排放量就会减少。

12.4 污染物控制技术[12]

燃气涡轮机排放控制包括三大类：注水或注蒸汽降低燃烧温度来控制 NO_x 排放的湿式控制法；使用先进燃烧器装置抑制 NO_x 排放并促进 CO 完全燃尽的干式控制法；有选择性地减少 NO_x 排放并使 CO 氧化的二次燃烧催化控制法。近年来开发的其他技术可确保分散燃烧型燃气涡轮机 NO_x 和 CO 的排放水平大大降低。目前，很多装置中都应用了这些技术。

本节的排放系数是由无附加控制设备的燃气涡轮机（非可控排放）确定的。

本节列出了不同燃烧控制（如注水或注蒸汽）类型和贫燃料预混设备的 NO_x 和 CO 排放系数。各种附加控制类型非可控排放的其他信息，可在本章的数据库中找到。为了说明燃烧改良法对排放的影响，本节列出了非可控、贫燃料预混和注水的排放系数。

12.4.1 注水技术

注水或注蒸汽技术已证实对抑制氮氧化物排放十分有效，其作用是通过稀释增加热质量，因而降低火焰区的峰值温度。注水技术还有一个好处就是能够吸收火焰区产生的汽化潜热。水或蒸汽通常以小于 1 的水/燃料重量比喷入。

根据 NO_x 的初始水平，以这种比率喷入可减少 60%甚至更多的 NO_x 排放。注水或水蒸气技术通常会带来 2%～3%的效率损失，但功率输出会增加 5%～6%。功率输出增加，保持涡轮机入口温度（按制造商说明书中规定）所需的质量流量就会增加。注水技术会造成 CO 与 VOCs 排放增加，增加的水平取决于注水量。

12.4.2 干式控制技术

热力型 NO_x 是温度（指数）与时间（线性）的函数，因此干式控制法的目的是用空气分级或燃料分级的贫燃料混合物降低燃烧室温度，或者减少在燃烧室的停留时间。结合使用这些方法可用于 NO_x 的减排，如贫燃料燃烧和分级燃烧两者结合使用（两个阶段都是贫燃料燃烧或两个阶段一富一贫燃烧）。

贫燃料燃烧可增加混合物的空燃比，这样燃烧室内的峰值温度和平均温度就会低于化学当量混合物的温度，从而抑制 NO_x 的生成。引入过量空气不仅能使混合物更加贫燃料，而且能减少在峰值温度的停留时间。

两个阶段都是贫燃料的燃烧室本质上是燃料分级预混燃烧，每个阶段都是贫燃料燃烧。通过这种燃烧方式，涡轮机可以在完全贫燃料的条件下运行，从而确保燃烧火焰的稳定。化学当量引燃火焰点燃预混合气体并使火焰稳定燃烧。高温引燃火燃产生的 NO_x 排放非常少。通过贫燃料降低火焰温度的燃烧室设计可降低 NO_x 排放，且可通过燃料和空气的预混避免局部“热点”。

两个阶段一富一贫燃烧室本质上是空气分级预混燃烧，一次燃烧区富燃料燃烧，二次燃烧区贫燃料燃烧。由于燃烧不完全，富燃料混合物产生的温度较低（与化学当量相比），CO 和 H_2 的浓度较高。富燃料混合物还会减少生成 NO_x 可用的氧气量。进入二次燃烧区之前，一次燃烧区排出的气体被大量空气淬熄（为了熄灭火焰），生成贫燃料混合气体。贫燃料混合物是预先点燃的，燃烧是在二次燃烧区完成。贫燃料低温燃烧可减少第二阶段 NO_x 的生成。分级燃烧可以用很多名称表示，如干式低 NO_x（Dry-Low NO_x，DLN）、干式低排放（Dry-Low Emissions，DLE）或 SoLoNO_x。

12.4.3 催化还原系统

将 NH_3 喷入催化剂上游的废气流中，SCR 系统可以有选择地减少 NO_x 排放。NO_x、NH_3 和 O_2 在催化剂表面发生反应，生成 N_2 和 H_2O。废气中必须包含少量 O_2 并处于特定温度范围内（通常是 450～850℉），SCR 系统才能正确运行。

温度范围由催化剂材料决定，催化剂通常由贵金属材料、普通金属氧化物（如钒和钛）或沸石基材料制成。工作状态良好的话，SCR 系统的还原效率通常在 65%～90%。废气温度超过上限（850℉），NO_x 和 NH_3 尚未发生反应就通过催化剂。如果指定使用 SCR 系统，就需要考虑氨气的排放，这种情况称为氨泄漏。

氨气（无论是液体无水氨还是水氢氧化氨）存储在现场，然后喷入催化剂排气流上游。虽然 SCR 系统可以单独运行，但它通常与注水/注蒸汽系统或贫燃料预混系统一起使用，将 NO_x 的排放降至最低水平（SCR 和湿式喷射系统共同作用且含氧量为 15%时低于 10×10^{-6}）。用于填埋气或沼气涡轮机的 SCR 系统需要预处理大量燃气才能去除可污染催化剂的微量污染物，因此，SCR 和其他催化处理方法不适用于填埋气或沼气涡轮机。

NO_x、O_2 和 NH_3 在催化剂表面发生反应需要排气流量大、停留时间长，因此 SCR 系统使用的催化剂和催化剂外壳必须量大且密集（就表面积和体积比而言）。多数催化剂都是平行板蜂窝状，以此来增加催化剂的表面积/体积之比。一些 SCR 装置中包含 CO 催化氧化模块和 NO_x 还原性催化剂，同时对 CO 和 NO_x 进行控制。

涡轮机通常用一氧化碳氧化催化剂控制 CO 排放，蒸汽涡轮机尤为需要进行控制，因为它的废气中 CO 和未燃尽碳氢化合物浓度非常高。CO 催化剂还可用于 VOCs 和有机性 HAP 的减排。催化剂通常由贵金属构成，如铂、钯、铑；也会使用其他的剂型，如金属氧化物，用于控制包含氯代化合物的排放物流。排放物流通过催化剂床层时，CO 催化剂促进 CO 和碳氢化合物氧化为 CO_2 和 H_2O。氧化过程自然发生，无须添加反应物。在燃气涡轮机中使用氧化催化剂系统，可使 90%以上的 CO 得到控制，85%～90%的甲醛得到控制。预计氧化催化剂系统对其他 HAP 也有类似的减排效果。

12.4.4 其他催化还原系统[14, 15]

催化还原新技术的开发，使其正式投入商业应用，目前已在燃气轮机中使用。这种新技术包括 SCONOX 系统、XONON 系统和其他系统，前两个系统都用于 NO_x 和 CO 的减排。SCONOX 系统适用于天然气燃气涡轮机，它是催化氧化和吸附技术的完美结合。CO 和 NO 在催化作用下氧化为 CO_2 和 NO_2，然后 NO_2 分子被吸附在 SCONOX 催化剂处理过的表面。系统制造商保证 CO 排放为 1×10^{-6}，NO_x 排放为 2×10^{-6}。SCONOX 系统不需要使用氨气，因而也就排除了氨泄漏的可能性（这种情况明显存在于现有 SCR 系统）。对于装有 SCONOX 系统的燃气涡轮机，能够获得的排放数据十分有限，因此这些数据只能反映 HAP 的排放情况，不足以证明制造商的声明。

XONON 系统适用于扩散和贫燃料预混燃烧，当前很多优秀的燃气涡轮机制造商都在用这个系统。XONON 系统使用的是无焰燃烧，即燃料与空气在催化剂表面发生反应，防止生成 NO_x，同时减少 CO 和未燃尽碳氢化合物的排放。整个燃烧过程如下：先是燃料在催化剂中部分燃烧，然后在催化剂下游完全燃烧。催化剂内的部分燃烧不会产生 NO_x，催化剂下游发生的均相反应无焰燃烧也几乎不会产生 NO_x。XONON 系统整个包裹在燃气涡轮机的燃烧室内，而且不是涡轮机废气的净化程序。需要说明的一点，截至本节草案形成，此技术尚未得到广泛应用。催化剂制造商声明装有 XONON 催化系统的燃气涡轮机 NO_x 排放水平低于 3×10^{-6}，CO 和未燃尽碳氢化合物排放水平低于 10×10^{-6}。截至本节草案形成，尚未有装有 XONON 催化系统的燃气涡轮机的可用排放数据。

表 12-1 固定式燃气涡轮机的 NO_x 和 CO 排放系数[a]

涡轮机类型	氮氧化物		一氧化碳	
天然气涡轮机[b]	排放系数/（lb/MMBtu）[c]（燃料加入）	排放系数等级	排放系数/（lb/MMBtu）[c]（燃料加入）	排放系数等级
非可控	3.2×10^{-1}	A	8.2×10^{-2}[d]	A
注水和蒸汽	1.3×10^{-1}	A	3.0×10^{-2}	A
贫燃料预混	9.9×10^{-2}	D	1.5×10^{-2}	D
馏分油涡轮机[e]	排放系数/（lb/MMBtu）[f]（燃料加入）	排放系数等级	排放系数/（lb/MMBtu）[f]（燃料加入）	排放系数等级
非可控	8.8×10^{-1}	C	3.3×10^{-3}	C
注水和蒸汽	2.4×10^{-1}	B	7.6×10^{-2}	C
填埋气涡轮机[g]	排放系数/（lb/MMBtu）[h]（燃料加入）	排放系数等级	排放系数/（lb/MMBtu）[h]（燃料加入）	排放系数等级
非可控	1.4×10^{-1}	A	4.4×10^{-1}	A
沼气涡轮机[j]	排放系数/（lb/MMBtu）[k]（燃料加入）	排放系数等级	排放系数/（lb/MMBtu）[k]（燃料加入）	排放系数等级
非可控	1.6×10^{-1}	D	1.7×10^{-2}	D

[a] 该系数是在单元操作的高负荷（80%负荷）条件下得出。在其他负荷下的信息，请参考本章的背景报告（参考文献 16），也可在 www.epa.gov /ttn/chief 上查阅。

[b] 天然气涡轮机的源分类代码（SCC）为 2-01-002-01、2-02-002-01、2-02-002-03、2-03-002-02 和 2-03-002-03。本表中的排放系数可以转化为其他天然气热值，方法是用给定排放系数乘以衍生热值与平均热值的比值。

[c] 排放系数是基于 60℉下天然气热值(HHV)的平均值 1 020 Btu/scf。要将 lb/MMBtu 转换为 lb/10^6 scf，需乘以 1 020。

[d] 一般认为 CO 的非可控排放系数高于注水-蒸汽及贫燃料预燃烧的排放系数，这与预料的恰好相反。EPA 不会去找出这种行为的原因，除非用于推演这些系数的数据组出现差异。

[e] 馏分油涡轮机的源分类代码（SCC）为 2-01-001-01、2-02-001-01、2-02-001-03 和 2-03-001-02。

[f] 排放系数是基于馏分油热值的平均值 139 MMBtu/10^3 gal。要将 lb/MMBtu 转换为 lb/10^3 gal，需乘以 139。

[g] 填埋气涡轮机的源分类代码（SCC）为 2-03-008-01。

[h] 排放系数是基于 60℉下填埋气热值的平均值 400 Btu/scf。要将 lb/MMBtu 转换为 lb/10^6 scf，需乘以 400。

[j] 沼气涡轮机的源分类代码（SCC）为 2-03-007-01。

[k] 排放系数是基于 60℉下沼气热值的平均值 600 Btu/scf。要将 lb/MMBtu 转换为 lb/10^6 scf，需乘以 600。

表 12-2 固定式燃气涡轮机的标准污染物和温室气体排放系数

排放系数[a]—非可控				
	天然气涡轮机[b]		馏分油涡轮机[d]	
污染物	排放系数/（lb/MMBtu）[c]（燃料加入）	排放系数等级	排放系数/（lb/MMBtu）[e]（燃料加入）	排放系数等级
CO_2[f]	110	A	157	A
N_2O	0.003[g]	E	ND	NA
铅	ND	NA	1.4×10^{-5}	C
SO_2	$0.94S$[h]	B	$1.01S$[h]	B
甲烷	8.6×10^{-3}	C	ND	NA
VOC	2.1×10^{-3}	D	4.1×10^{-4}[j]	E
TOC[k]	1.1×10^{-2}	B	4.0×10^{-3}[l]	C
PM（冷凝性）	4.7×10^{-3}[l]	C	7.2×10^{-3}[l]	C
PM（滤过性）	1.9×10^{-3}[l]	C	4.3×10^{-3}[l]	C
PM（全部）	6.6×10^{-3}[l]	C	1.2×10^{-2}[l]	C

[a] 该系数是在单元操作的高负荷（80%负荷）条件下得出。其他负荷下的信息，请参考本章的背景报告（参考文献16），也可在 www.epa.gov /ttn/chief 上查阅。ND 表示无数据，NA 表示不适用。

[b] 天然气涡轮机的源分类代码（SCC）为 2-01-002-01、2-02-002-01 & 03 和 2-03-002-02 & 03。

[c] 排放系数是基于60℉下天然气热值(HHV)的平均值 1 020 Btu/scf。要将 lb/MMBtu 转换为 $lb/10^6$ scf，需乘以 1 020。同样，这些排放系数也可以转换为其他天然气热值。

[d] 馏分油涡轮机的源分类代码（SCC）为 2-01-001-01、2-02-001-01、2-02-001-03 和 2-03-001-02。

[e] 排放系数是基于馏分油热值的平均值 139 $MMBtu/10^3$ gal。要将 lb/MMBtu 转换为 $lb/10^3$ gal，需乘以 139。

[f] 依据是：对于天然气，燃料碳形成 CO_2 的转化率为 99.5%；对于馏分油，燃料碳形成 CO_2 的转化率为 99%。CO_2(天然气)(lb/MMBtu)=(0.0036 scf/Btu)(%CON)(C)(D)，其中%CON 表示燃料碳转化为 CO_2 的重量百分比，C 表示燃料的含碳量（按重计），D 表示燃料的密度。对于天然气，假设 C 为 75%，D 为 4.1×10^4 $lb/10^6$scf。对于馏分油，CO_2(馏分油)(lb/MMBtu)=(26.4 gal/MMBtu)(%CON)(C)(D)，其中假设 C 为 87%，D 为 6.9 lb/gal。

[g] 排放系数是从 AP-42 以前的版本（增补 B，1996 年 10 月）沿袭下来的，基于单个使用注水技术的涡轮机有限的源检测数据（参考文献 5）。

[h] 假定燃料中的所有硫都转化为 SO_2。S 表示燃料中含硫量的百分比。例如，燃料的含硫量为 3.4%，那么 $S = 3.4$。如果 S 的值不详，则使用 3.4×10^{-3} lb/MMBtu（天然气涡轮机）或 3.3×10^{-2} lb/MMBtu（馏分油涡轮机）。当然，等式里的值更为准确。

[j] 假定 VOCs 的排放等于有机物排放的总和。

[k] 排放检测中收集的污染物被称为 THC。由于基于 EPA Test Method 25A，因此假定 THC 为 TOC。

[l] 排放系数是基于使用注水和蒸汽技术的燃气涡轮机。

表 12-3 固定式燃气涡轮机的标准污染物和温室气体排放系数（二）

排放系数[a]—非可控				
	填埋气涡轮机[b]		沼气涡轮机[d]	
污染物	排放系数/（lb/MMBtu）[c]	排放系数等级	排放系数/（lb/MMBtu）[e]	排放系数等级
CO_2[f]	50	D	27	C
铅	ND	NA	$<3.4\times10^{-6}$[g]	D
PM_{10}	2.3×10^{-2}	B	1.2×10^{-2}	C
SO_2	4.5×10^{-2}	C	6.5×10^{-3}	D
VOC[h]	1.3×10^{-2}	B	5.8×10^{-3}	D

[a] 该系数是在单元操作的高负荷（80%负荷）条件下得出。在其他负荷下的信息，请参考本章的背景报告（参考文献 16），也可在 www.epa.gov /ttn/chief 上查阅。ND 表示无数据，NA 表示不适用。

[b] 填埋气涡轮机的源分类代码（SCC）为 2-03-008-01。

[c] 排放系数是基于 60℉下填埋气热值（HHV）的平均值 400 Btu/scf。要将 lb/MMBtu 转换为 $lb/10^6$ scf，需乘以 400。

[d] 沼气涡轮机的源分类代码（SCC）为 2-03-007-01。

[e] 排放系数是基于 60℉下沼气热值的平均值 600 Btu/scf。要将 lb/MMBtu 转换为 $lb/10^6$ scf，需乘以 600。

[f] 对于填埋气和沼气，CO_2 在检测数据中显示为排气流的体积百分比（4.0%～4.5%）。

[g] 未检测到化合物。显示的排放值是基于检测限的 1/2。

[h] 基于在 NMHC 中添加了甲醛排放。

表 12-4 固定式燃气涡轮机的有害空气污染物排放系数[a]

排放系数[b]—非可控		
污染物	排放系数/（lb/MMBtu）[c]	排放系数等级
1,3-丁二烯[d]	$<4.3\times10^{-7}$	D
乙醛	4.0×10^{-5}	C
丙烯醛	6.4×10^{-6}	C
苯[e]	1.2×10^{-5}	A
乙苯	3.2×10^{-5}	C
甲醛[f]	7.1×10^{-4}	A
萘	1.3×10^{-6}	C
PAH	2.2×10^{-6}	C
环氧丙烷[d]	$<2.9\times10^{-5}$	D
甲苯	1.3×10^{-4}	C
二甲苯	6.4×10^{-5}	C

[a] 天然气涡轮机的源分类代码（SCC）为 2-01-002-01、2-02-002-01、2-02-002-03、2-03-002-02 和 2-03-002-03。HAP 在《清洁空气法》第 112（b）节进行了定义。

[b] 该系数是在单元操作的高负荷（80%负荷）条件下得出。在其他负荷下的信息，请参考本章的背景报告（参考文献 16），也可在 www.epa.gov /ttn/chief 上查阅。

[c] 排放系数是基于 60℉下天然气热值(HHV)的平均值 1 020 Btu/scf。要将 lb/MMBtu 转换为 $lb/10^6$ scf，需乘以 1 020。这些排放系数可以转化为其他天然气热值，方法是用给定排放系数乘以衍生热值与此热值的比值。

[d] 未检测到化合物。显示的排放值是基于检测限的 1/2。

[e] 包含 SCONOX 还原剂的苯为 9.1×10^{-7}，排放系数等级为 D。

[f] 包含 SCONOX 还原剂的甲醛为 2.0×10^{-5}，排放系数等级为 D。

表 12-5 燃烧馏分油的固定式燃气涡轮机的有害空气污染物排放系数 [a]

排放系数 [b]—非可控		
污染物	排放系数/（lb/MMBtu）[c]	排放系数等级
1,3-丁二烯 [d]	$<1.6\times10^{-5}$	D
苯	5.5×10^{-5}	C
甲醛	2.8×10^{-4}	B
萘	3.5×10^{-5}	C
PAH	4.0×10^{-5}	C

[a] 馏分油涡轮机的源分类代码（SCC）为 2-01-001-01、2-02-001-01、2-02-001-03 和 2-03-001-02。HAP 在《清洁空气法》第 112（b）节进行了定义。

[b] 该系数是在单元操作的高负荷（80%负荷）条件下得出。在其他负荷下的信息，请参考本章的背景报告（参考文献 16），也可在 www.epa.gov /ttn/chief 上查阅。

[c] 排放系数是基于馏分油热值（HHV）的平均值 139 MMBtu/10^3 gal。要将 lb/MMBtu 转换为 lb/10^3 gal，需乘以 139。

[d] 未检测到化合物。显示的排放值是基于检测限的 1/2。

表 12-6 燃烧馏分油的固定式燃气涡轮机的金属有害空气污染物排放系数 [a]

排放系数 [b]—非可控		
污染物	排放系数/（lb/MMBtu）[c]	排放系数等级
砷 [d]	$<1.1\times10^{-5}$	D
铍 [d]	$<3.1\times10^{-7}$	D
镉	4.8×10^{-6}	D
铬	1.1×10^{-5}	D
铅	1.4×10^{-5}	D
锰	7.9×10^{-4}	D
汞	1.2×10^{-6}	D
镍 [d]	$<4.6\times10^{-6}$	D
硒 [d]	$<2.5\times10^{-5}$	D

[a] 馏分油涡轮机的源分类代码（SCC）为 2-01-001-01、2-02-001-01、2-02-001-03 和 2-03-001-02。HAP 在《清洁空气法》第 112（b）节进行了定义。

[b] 该系数是在单元操作的高负荷（80%负荷）条件下得出。在其他负荷下的信息，请参考本章的背景报告（参考文献 16），也可在 www.epa.gov /ttn/chief 上查阅。

[c] 排放系数是基于馏分油热值（HHV）的平均值 139 MMBtu/10^3 gal。要将 lb/MMBtu 转换为 lb/10^3 gal，需乘以 139。

[d] 未检测到化合物。显示的排放值是基于检测限的 1/2。

表 12-7 燃烧填埋气的固定式燃气涡轮机的有害空气污染物排放系数[a]

污染物	排放系数[b]—非可控	
	排放系数/（lb/MMBtu）[c]	排放系数等级
乙腈[d]	$<1.2\times10^{-5}$	D
苯	2.10×10^{-5}	B
苄基氯[d]	$<1.2\times10^{-5}$	D
四氯化碳[d]	$<1.8\times10^{-6}$	D
氯苯[d]	$<2.9\times10^{-6}$	D
三氯甲烷[d]	$<1.4\times10^{-6}$	D
二氯甲烷	2.3×10^{-6}	D
四氯乙烯[d]	$<2.5\times10^{-6}$	D
甲苯	1.1×10^{-4}	B
三氯乙烯[d]	$<1.9\times10^{-6}$	D
氯乙烯[d]	$<1.6\times10^{-6}$	D
二甲苯	3.1×10^{-5}	B

[a] 填埋气涡轮机的源分类代码（SCC）为 2-03-008-01。HAP 在《清洁空气法》第 112（b）节进行了定义。

[b] 该系数是在单元操作的高负荷（80%负荷）条件下得出。在其他负荷下的信息，请参考本章的背景报告（参考文献 16），也可在 www.epa.gov /ttn/chief 上查阅。

[c] 排放系数是基于 60℉下填埋气热值（HHV）的平均值 400 Btu/scf。要将 lb/MMBtu 转换为 lb/10^6 scf，需乘以 400。

[d] 未检测到化合物。显示的排放值是基于检测限的 1/2。

表 12-8 燃烧沼气的固定式燃气涡轮机的有害空气污染物排放系数[a]

污染物	排放系数[b]—非可控	
	排放系数/（lb/MMBtu）[c]	排放系数等级
1,3-丁二烯[d]	$<9.8\times10^{-6}$	D
1,4-二氯苯[d]	$<2.0\times10^{-5}$	D
乙醛	5.3×10^{-5}	D
四氯化碳[d]	$<2.0\times10^{-5}$	D
氯苯[d]	$<1.6\times10^{-5}$	D
三氯甲烷[d]	$<1.7\times10^{-5}$	D
二氯乙烷[d]	$<1.5\times10^{-5}$	D
甲醛	1.9×10^{-4}	D
二氯甲烷[d]	$<1.3\times10^{-5}$	D
四氯乙烯[d]	$<2.1\times10^{-5}$	D
三氯乙烯[d]	$<1.8\times10^{-5}$	D
氯乙烯[d]	$<3.6\times10^{-5}$	D
偏二氯乙烯[d]	$<1.5\times10^{-5}$	D

[a] 沼气涡轮机的源分类代码（SCC）为 2-03-007-01。HAP 在《清洁空气法》第 112（b）节进行了定义。

[b] 该系数是在单元操作的高负荷（80%负荷）条件下得出。在其他负荷下的信息，请参考本章的背景报告（参考文献 16），也可在 www.epa.gov /ttn/chief 上查阅。

[c] 排放系数是基于 60℉下沼气热值（HHV）的平均值 600 Btu/scf。要将 lb/MMBtu 转换为 lb/10^6 scf，需乘以 600。

[d] 未检测到化合物。显示的排放值是基于检测限的 1/2。

表 12-9 燃烧沼气的固定式燃气涡轮机的金属有害空气污染物排放系数[a]

	排放系数[b]—非可控	
污染物	排放系数/（lb/MMBtu）[c]	排放系数等级
砷[d]	$<2.3\times10^{-6}$	D
镉[d]	$<5.8\times10^{-7}$	D
铬[d]	$<1.2\times10^{-6}$	D
铅[d]	$<3.4\times10^{-6}$	D
镍	2.0×10^{-6}	D
硒	1.1×10^{-5}	D

[a] 沼气涡轮机的源分类代码（SCC）为 2-03-007-01。HAP 在《清洁空气法》第 112（b）节进行了定义。

[b] 该系数是在单元操作的高负荷（80%负荷）条件下得出。在其他负荷下的信息，请参考本章的背景报告（参考文献 16），也可在 www.epa.gov /ttn/chief 上查阅。

[c] 排放系数是基于 60℉下沼气热值（HHV）的平均值 600 Btu/scf。要将 lb/MMBtu 转换为 lb/10^6 scf，需乘以 600。

[d] 未检测到化合物。显示的排放值是基于检测限的 1/2。

12.5 参考文献

1. *Alternative Control Techniques Document-NO_x Emissions from Stationary Gas Turbines*，EPA 453/R-93-007，January 1993.

2. C. C. Shih，*et al.*，*Emissions Assessment Of Conventional Stationary Combustion Systems*，*Vol. II*：*Internal Combustion Sources*，EPA-600/7-79-029c，U.S. Environmental Protection Agency，Cincinnati，OH，February 1979.

3. *Final Report-Gas Turbine Emission Measurement Program*，GASLTR787，General Applied Science Laboratories，Westbury，NY，August 1974.

4. *Standards Support And Environmental Impact Statement*，*Volume 1*：*Proposed Standards Of Performance For Stationary Gas Turbines*，EPA-450/2-77-017a，U.S. Environmental Protection Agency，Research Triangle Park，NC，September 1977.

5. L. P. Nelson，*et al.*，*Global Combustion Sources Of Nitrous Oxide Emissions*，Research Project 2333-4 Interim Report，Sacramento：Radian Corporation，1991.

6. R. L. Peer，*et al.*，*Characterization Of Nitrous Oxide Emission Sources*，U.S. Environmental Protection Agency，Office of Research and Development，Research Triangle Park，NC，1995.

7. S. D. Piccot，*et al.*，*Emissions And Cost Estimates For Globally Significant Anthropogenic*

Combustion Sources Of NO_x，N_2O，CH_4，CO，And CO_2，U.S. Environmental Protection Agency，Office of Research and Development，Research Triangle Park，NC，1990.

8. G. Marland and R. M. Rotty，*Carbon Dioxide Emissions From Fossil Fuels：A Procedure For Estimation And Results For 1951-1981*，DOE/NBB-0036 TR-003，Carbon Dioxide Research Division，Office of Energy Research，U.S. Department of Energy，Oak Ridge，TN，1983.

9. G. Marland and R. M. Rotty，*Carbon Dioxide Emissions From Fossil Fuels：A Procedure For Estimation And Results For 1950-1982*，Tellus 36B：232-261，1984.

10. *Inventory Of U.S. Greenhouse Gas Emissions And Sinks：1990-1991*，EPA-230-R-96-006，U.S. Environmental Protection Agency，Washington，DC，November 1995.

11. *IPCC Guidelines For National Greenhouse Gas Inventories Workbook*，Intergovernmental Panel on Climate Change/Organization for Economic Cooperation and Development，Paris，France，1995.

12. L. M. Campbell and G. S. Shareef，*Sourcebook：NO_x Control Technology Data*，Radian Corp.，EPA-600/2-91-029，Air and Energy Engineering Research Laboratory，U.S. Environmental Protection Agency，Research Triangle Park，July 1991.

13. *In-stack Condensible Particulate Matter Measurement and Permitting Issues for Maryland Power Plants*，Maryland Department of Natural Resource，Prepared by Versar，INC，January 1998.

14. *Catalysts for Power Generation，The SCONOX System*.Goal Line Environmental Technologies，www.glet.com/gl_prod_SCO*NOX*.htm，March 1998.

15. Information form Chuck Solt of Catalytica Combustion Systems，Inc.，to EPA，XONON Flameless Combustion，January 1996.

16. *Emission Factor Documentation of AP-42 Section 3.1*，*Stationary Combustion Turbines*，EPA Contract No. 68-D7-0070，Alpha-Gamma Technologies Inc.，Raleigh，North Carolina，April 2000.

13 燃烧天然气的往复式发动机

13.1 简述[1-3]

多数燃烧天然气的往复式发动机在天然气工业的管道压缩机存储站以及天然气加工厂使用。这些发动机为压缩机和泵提供机械轴功率。管道压缩机站的发动机用于天然气站与站之间的传输；天然气存储站的发动机用于将天然气喷入高压储气库；天然气加工厂的发动机用于传输设备中的燃料，满足压缩过程的需求（如制冷循环）。这些发动机的制动功率为 50～11 000 马力。此外，一些工作了 50～60 年之久的发动机在设计上与新型发动机有很大差距，排放水平及性能（用新部件或新的控制装置进行改装）差距也很大。

在管道压缩机站，往复式发动机为往复式压缩机提供动力，使压缩的天然气［500～2 000 psi（磅/平方英寸）］在管道中流动。从天然气供应区到市场区的管道沿线，每隔 50～100 英里就有一个压缩机站。为了保持下一个压缩机站下游和各个下游传输点所需的吸入压力，往复式压缩机会增加管道中天然气的排气压力，消除压缩机站上游管道中摩擦损失带来的影响。管道中气体流过的体积和因此带来的摩擦损失量很大程度上取决于市场环境，天气和工业活动的变化都会引起很大的压力变化。压缩机站运行的发动机数量、各个发动机的速度、压缩天然气时每个发动机所需的马力（负荷），都取决于压缩机站接收的压缩气体压力、所需的排气压力和天然气在管道中的流量。往复式压缩机的工作带宽比离心式压缩机更广，可在流量发生变化时灵活掌握。离心式压缩机是由天然气涡轮机提供动力，也在一些压缩机站使用。

存储服务站的压缩机用泵将天然气从低压储气库（500～800 psi）输送到高压输气管道（700～1 000 psi），或者从低压输气管道（500～800 psi）输送到高压储气库（800～2 000 psi）。

往复式压缩机存储必须足够灵活，方可适应吸入及排气压、容积变量的大范围的波动。压缩机必须能够在低容量高压缩比和高容量低压缩比下进行压缩。这些条件需要往复式发动机在变速和变负荷（马力）的工况下为往复式压缩机提供动力。

为了满足压缩过程的需求（如制冷循环），往复式压缩机还可以在天然气加工厂使用。天然气被压缩的体积不尽相同，但压缩过程需要的压力比上述两种情况稳定。

13.2 工艺过程说明[1-3]

燃烧天然气的往复式发动机设计分为三类：二冲程贫燃料燃烧、四冲程贫燃料燃烧和四冲程富燃料燃烧。二冲程发动机是指曲轴旋转一圈即可完成一个工作循环，而四冲程发动机是指曲轴旋转两圈才能完成一个工作循环。这几类发动机均为火花点火。

在二冲程发动机中，活塞位于做功冲程底部附近，可燃混合气体进入气缸。然后进气口被挡住并关闭，活塞运动到气缸顶端，压缩可燃混合气体。点火燃烧后，活塞向下运动，做功冲程开始。活塞到达做功冲程底部时，排气口或气门打开，用排气或换气的方式清除燃烧产物，然后新的可燃混合气体进入。二冲程发动机可以用废气动力涡轮进行涡轮增压，为进入气缸的可燃混合气体加压并增加气缸扫气效率。非涡轮增加发动机可以用扫气泵或活塞扫气，清除燃烧产物。以往二冲程的设计广泛用于管道设施。但是据反映，目前工业设施的固定式设备中，二冲程发动机的使用有所下降。

四冲程发动机是用单独发动机旋转完成进气/压缩循环和做功/排气循环，可以是自然吸气式（用活塞抽取的方式产生可燃空气）或涡轮增压式（用废气动力涡轮给可燃混合气加压）。涡轮增加装置对于给定发动机排量产生的功率输出较高；而自然吸气装置初始成本较低、需要的维护也较少。

富燃料燃烧发动机在接近化学当量空燃比（16∶1）、排气余氧量小于 4%（通常接近 1%）的情况下运行。此外，即使都是富燃料燃烧发动机，在过剩氧量为 4%与接近化学当量空燃比的情况下运行排放概况也大不相同，这些考量都可能影响排放系数的数值。还有重要的一点需要注意：理论上富燃料燃烧发动机是在过剩氧量为4%的情况下运行，而实际上是在化学当量空燃比±1的情况下运行。虽然数值变化范围很小，但排放量仍然相差很大，有时甚至会超过一个数量级。测定现有系数收集的排放数据中未提供空燃比。

贫燃料燃烧发动机可以在不超过贫燃火焰熄灭极限的条件下运行，排气余氧量为12%或更多。贫燃料燃烧发动机的空燃比的范围为20∶1～50∶1，通常高于24∶1；排气余氧量为8%左右，通常在4%～17%变动。某些贫燃料燃烧发动机被定性为干净燃烧发动机。“干净燃烧”技术是Cooper能源系统有限公司的注册商标，表示在高空燃比下运行来减少NO_x排放的发动机。高空燃比（大于30∶1）下运行的发动机可能需要对燃烧进行改良，使高过量空气条件下的燃烧更加稳定。改良的方法是使用涡轮增压器或PCC。涡轮增压器的作用是强制更多的空气进入燃烧室；PCC的作用是点燃富燃料混合气，然后扩散到主气缸并点燃贫燃料的可燃空气。贫燃料燃烧发动机的NO_x排放通常比富燃料燃烧发动机低。

13.3 排放物

燃烧天然气的往复式发动机主要标准污染物为NO_x、CO和VOCs。NO_x的生成量与发动机气缸的燃烧温度呈指数关系，CO和VOCs等其他污染物主要是不完全燃烧的产物。排放的PM包括微量金属、不燃性无机材料和冷凝性半挥发有机物，这些都是润滑油挥发、发动机磨损或不完全燃烧造成的。硫氧化物的排放非常少，因为天然气中的硫化合物在加工厂就被清除了。为了检测泄漏与否，城市供气站在输送天然气之前会在其中添加少量含有添味剂的硫。

应该强调的是，由于发动机运行工况不同，实际排放与公布的排放系数相差很大。工况不同是因为发动机在不同条件下运行，如空燃比、点火正时、扭矩、速度、环境温度、湿度和其他因素的不同。同一个操作员在同一家工厂对使用同样燃料的两台相同发动机进行排放测试，结果却相差很大，这样的情况并不罕见。这种测试数据的多变性在数据采集报告的高相对标准偏差中得到证实。

13.3.1 氮氧化物

氮氧化物的生成机理主要有三个：对于燃气发动机，第一个也是最主要的一个生成机理是热力型NO_x，即燃烧空气高温分解，然后N_2与O_2分子发生反应形成NO_x。多数热力型NO_x机理形成的NO_x是在气缸高温区生成的，燃烧空气在这里与燃料充分混合，形成峰值温度的燃料/空气接触面。第二个生成机理称为快速型 NO_x，即燃烧空气中的氮分子与燃料中碳氢化合物发生早期反应。快速型 NO_x 机理是在火焰内部发生反应，与热力型机理生成的 NO_x 相比几乎可以算是微乎其微。第三个生成机理是演变而来的，称为燃料型 NO_x，即燃料中的氮化合物与氧气发生反应。虽然存在分子态氮，但天然气几乎不会与燃料氮发生化学反应。

燃烧天然气的往复式发动机产生的所有 NO_x 基本都是通过热力型 NO_x 机理形成的。只有抑制了热力型 NO_x 机理后，又对富燃料燃烧发动机的 NO_x 排放进行了强力控制，快速型 NO_x 机理才会形成大量 NO_x。通过热力型 NO_x 机理形成 NO_x 生成率的高低取决于化学当量比、燃烧温度和在燃烧温度的停留时间。热力型 NO_x 机理在接近化学当量空燃比时形成的 NO_x 最多，因为在此比值下燃烧温度最高。

13.3.2 一氧化碳和挥发性有机物

CO 和 VOCs 都是不完全燃烧的产物。在峰值温度的停留时间过短不足以完成碳氢化合物氧化的最后一步时，就会生成 CO。在往复式发动机中，排放 CO 表示燃烧气体在气缸壁或气门表面发生早期淬熄。与大多数碳氢化合物的氧化反应相比，CO 形成 CO_2 的反应过程较为缓慢。

归类为 VOCs 的污染物范围很广，其中包括大气中发生光化学反应形成的污染物。如果一部分气体未燃尽或在燃烧过程中未完全燃烧，就会生成 VOCs。天然气中夹带的一些有机物是天然气未发生反应的微量成分，另外一些则是重质碳氢化合物成分的热解产物。碳氢化合物未完全燃烧会造成燃烧之前或燃烧过程中空气与燃料混合不充分，还会造成燃烧过程中气缸的空燃比出错（由于发动机燃料系统失调）。另外，对气缸壁的过度冷却或燃烧体积膨胀（完成燃烧之前活塞运动造成）带来气体早期冷却使气缸温度过低，因此碳氢化合物不能完全燃烧。

13.3.3 颗粒物控制 [4]

PM 排放是燃料和润滑油中夹带不燃性微量成分或者不完全燃烧造成的。燃烧天然气的往复式发动机排放的 PM 一般极小，包括滤过性和冷凝性 PM。PM 排放的增多会引起空气与燃料混合不充分或维护问题。

13.3.4 二氧化碳、甲烷和一氧化二氮 [5]

CO_2、CH_4 和 N_2O 被称为温室气体。这些气体对入射的太阳辐射基本透明，但能吸收地面重新发射的红外辐射。如果可用，这些污染物的排放系数会在本章的排放系数表中列出。

13.4 污染物控制技术

往复式发动机开发了 3 种基本控制技术：参数控制（在略小空燃比下正时点火和运行）；燃烧改良（对新资源使用高级发动机设计或对现有资源进行大幅改良；对清洁燃烧的发动机进行气缸盖设计，对富燃料燃烧发动机的可燃空气进行预分层燃烧）；燃烧后处理催化控制（安装在发动机排气系统）。燃烧后处理催化技术包括用于贫燃料燃烧发动机的 SCR、用于富燃料燃烧发动机的 NSCR 和用于贫燃料燃烧发动机的 CO 氧化催化。

13.4.1 四冲程富燃料燃烧发动机的控制技术[4,6]

NSCR

非选择性催化还原（Nonselective Catalytic Reduction，NSCR）技术将富燃料燃烧发动机废气中残余的碳氢化合物和 CO 用作 NO_x 还原剂，碳氢化合物和 CO 被 O_2 和 NO_x 氧化。过量的碳氢化合物、CO 和 NO_x 通过催化剂（通常是铂、铑、钯等贵金属），过量的碳氢化合物和 CO 氧化为水和 CO_2，而 NO_x 还原为 N_2。NO_x 的还原效率通常在 90%以上，而 CO 的还原效率在 90%左右。

NSCR 技术将发动机的排气氧含量有效限制在正常水平（4%或更少），其中包括四冲程富燃料燃烧自然吸气发动机和一些四冲程富燃料燃烧涡轮增压发动机。使用 NSCR 技术的发动机对空气与燃料的控制要求十分严格，才能保持较高的还原效率而不会排放过多的碳氢化合物。要达到更好的还原效果，发动机运行时可能需要比平常更多的富燃料，这样排气余氧量会更接近 1%。由于排气温度过低，贫燃料燃烧发动机无法通过 NSCR 技术改善排放水平。

预分层燃烧

预分层燃烧是一种仅限于四冲程化油器式燃气发动机使用的改良系统。该系统将一定量的空气按序按量引入进气歧管，建立富燃料和贫燃料区。这样分层既可以建立富燃料点火区，又可以使贫燃料区的火焰快速冷却，减少 NO_x 的生成。预分层燃烧装置一般包含新进气歧管、空气软管、过滤器、控制阀和控制系统。

13.4.2 贫燃料燃烧往复式发动机的控制技术[4,6]

选择性催化还原[4,6]

选择性催化还原（SCR）是一种燃烧后处理技术，对于减少贫燃料燃烧发动机废气中 NO_x 的排放十分有效。SCR 系统由氨库、进料系统以及催化剂和催化剂外壳组成。将氨气（无论是液体无水氨还是水氢氧化氨）喷入催化剂上游的废气流中，SCR 系统可以有选择地减少 NO_x 排放。NO_x、NH_3 和 O_2 在催化剂表面发生反应，生成 N_2 和 H_2O。要使 SCR 系统正确运行，废气必须在特定的温度范围内（通常为 450～850℉）。温度范围由催化剂材料决定，催化剂通常由贵金属材料、普通金属氧化物（如钒和钛）或沸石基材料制成。废气温度超过上限（850℉），NO_x 和 NH_3 尚未发生反应就通过催化剂。如果指定使用 SCR 系统，就需要重点考虑氨气的排放，这种情况称为氨泄漏。SCR 最适合在固定负荷下运行的贫燃料燃烧发动机，还原效率可达 90%。对于通常在变动负荷下运行的发动机（如输气管道上的发动机），SCR 可能不起作用，因而会导致氨泄漏或还原反应所需的氨气不足。

催化氧化

催化氧化是一种燃烧后处理技术，仅在有限的情况下应用于发动机（通常是贫燃料燃烧发动机）排气中 CO 的氧化。如上所述，贫燃料燃烧可能会导致 CO 排放的增加。可见，催化氧化技术的应用对贫燃料燃烧发动机 CO 的减排十分有效。在催化氧化系统中，CO 通过催化剂氧化为 CO_2，氧化效率为 70%左右［二冲程贫燃料燃烧（2SLB）发动机］或 90%［四冲程贫燃料燃烧（4SLB）发动机］。

表 13-1 二冲程贫燃料燃烧发动机的非可控排放系数[a]（SCC 2-02-002-52）

污染物	排放系数/（lb/MMBtu）[b]（燃料加入）	排放系数等级
标准污染物和温室气体		
NO_x[c] 90%～105%负荷	3.17	A
NO_x[c] ＜90%负荷	1.94	A
CO[c] 90%～105%负荷	3.86×10^{-1}	A
CO[c] ＜90%负荷	3.53×10^{-1}	A
CO_2[d]	1.10×10^{2}	A
SO_2[e]	5.88×10^{-4}	A
TOC[f]	1.64	A
甲烷[g]	1.45	C
VOC[h]	1.20×10^{-1}	C
PM_{10}（滤过性）[i]	3.84×10^{-2}	C
$PM_{2.5}$（滤过性）[i]	3.84×10^{-2}	C
PM（冷凝性）[j]	9.91×10^{-3}	E
微量有机化合物		
1,1,1,2-四氯乙烷[k]	6.63×10^{-5}	C
1,1,2-三氯乙烷[k]	5.27×10^{-5}	C
1,1-二氯乙烷	3.91×10^{-5}	C
1,2,3-三甲基苯	3.54×10^{-5}	D
1,2,4-三甲基苯	1.11×10^{-4}	C
1,2-二氯乙烷	4.22×10^{-5}	D
1,2-二氯丙烷	4.46×10^{-5}	C
1,3,5-三甲基苯	1.80×10^{-5}	D
1,3-丁二烯[k]	8.20×10^{-4}	D
1,3-二氯丙烷[k]	4.38×10^{-5}	C
2,2,4-三甲基戊烷[k]	8.46×10^{-4}	B
2-甲基萘[k]	2.14×10^{-5}	C
苊[k]	1.33×10^{-6}	C
苊烯[k]	3.17×10^{-6}	C
乙醛[k，l]	7.76×10^{-3}	A
丙烯醛[k，l]	7.78×10^{-3}	A

污染物	排放系数/（lb/MMBtu）[b]（燃料加入）	排放系数等级
蒽[k]	7.18×10^{-7}	C
苯并[*a*]蒽[k]	3.36×10^{-7}	C
苯[k]	1.94×10^{-3}	A
苯并[*a*]芘[k]	5.68×10^{-9}	D
苯并[*b*]荧蒽[k]	8.51×10^{-9}	D
苯并[*e*]芘[k]	2.34×10^{-8}	D
苯并[*g*, *h*, *i*]苝[k]	2.48×10^{-8}	D
苯并[*k*]荧蒽[k]	4.26×10^{-9}	D
联苯[k]	3.95×10^{-6}	C
丁烷	4.75×10^{-3}	C
正丁醛/异丁醛	4.37×10^{-4}	C
四氯化碳[k]	6.07×10^{-5}	C
氯苯[k]	4.44×10^{-5}	C
三氯甲烷[k]	4.71×10^{-5}	C
䓛[k]	6.72×10^{-7}	C
环己烷	3.08×10^{-4}	C
环戊烷	9.47×10^{-5}	C
乙烷	7.09×10^{-2}	A
乙苯[k]	1.08×10^{-4}	B
二溴乙烷[k]	7.34×10^{-5}	C
荧蒽[k]	3.61×10^{-7}	C
芴[k]	1.69×10^{-6}	C
甲醛[k, l]	5.52×10^{-2}	A
茚并（1,2,3-*cd*）芘[k]	9.93×10^{-9}	D
异丁烷	3.75×10^{-3}	C
甲醇[k]	2.48×10^{-3}	A
甲基环己烷	3.38×10^{-4}	C
二氯甲烷[k]	1.47×10^{-4}	C
正己烷[k]	4.45×10^{-4}	C
正壬烷	3.08×10^{-5}	C
正辛烷	7.44×10^{-5}	C
正戊烷	1.53×10^{-3}	C
萘[k]	9.63×10^{-5}	C

污染物	排放系数/（lb/MMBtu）[b]（燃料加入）	排放系数等级
PAH[k]	1.34×10^{-4}	D
二萘嵌苯[k]	4.97×10^{-9}	D
菲[k]	3.53×10^{-6}	C
苯酚[k]	4.21×10^{-5}	C
丙烷	2.87×10^{-2}	C
芘[k]	5.84×10^{-7}	C
苯乙烯[k]	5.48×10^{-5}	A
甲苯[k]	9.63×10^{-4}	A
氯乙烯[k]	2.47×10^{-5}	C
二甲苯[k]	2.68×10^{-4}	A

[a] 参见参考文献 7。系数表示非可控水平。对于 NO_x、CO 和 PM_{10}，“非可控”表示无燃烧或附加控制，但系数可以包括涡轮增压设备。对于其他所有污染物，“非可控”表示无氧化控制；数据集可以包括带有控制技术的设备用于 NO_x 的控制，如用于贫燃料燃烧发动机的 PCC 和 SCR，以及用于富燃料燃烧的 PSC。系数是以大量发动机为基础。系数适用于所有负荷状态下的发动机，除非另有说明。SCC 表示源分类代码。TOC 表示总有机化合物。PM_{10} 表示空气动力学直径小于等于 10 μm 的颗粒物。系数前的小于号（<）表示对应的系数是基于方法检测极限的 1/2。

[b] 排放系数的计算单位是 lb/MMBtu（基于 EPA Method 19 中的工序）。要将 lb/MMBtu 转换为 lb/10^6 scf，需乘以燃料的热含量。如果热含量不可用，则使用 1 020 Btu/scf。要将 lb/MMBtu 转换为 lb/（hp·h），请使用下列方程式：

$$\text{lb/（hp·h）=（lb/MMBtu）（热功率，MMBtu/h）（1/运行功率，1/hp）}$$

[c] 数据集中不包括未报告负荷条件下的排放测试。

[d] 前提是 99.5%燃料碳转化为 CO_2。CO_2（lb/MMBtu）=(3.67)(%CON)(C)(D)(1/h)，其中，%CON 表示燃料碳转化为 CO_2 的重量百分比，即燃料的含碳量（按重计为 0.75），D 表示燃料的密度（4.1×10^4 lb/10^6 scf），h 表示天然气的热值（假定 60℉下为 1 020 Btu/scf）。

[e] 前提是燃料硫几乎 100%转化为 SO_2。假定天然气中的硫含量为 2 000 gr/10^6 scf。

[f] TOC 的排放系数是基于 43 个检测点测量的排放水平。

[g] 甲烷的排放系数等于 TOC 排放系数减去 VOC 与乙烷的排放系数。对甲烷的测量排放系数与计算排放系数进行比较，结果比较吻合，分别为 1.48 lb/MMBtu 和 1.45 lb/MMBtu。

[h] VOC 排放系数等于所有衍生有机化合物（除了乙烷和甲烷）排放系数之和。

[i] 暂定空气动力学直径小于等于 1 μm，因此对于滤过性 PM 排放物，PM_{10}（滤过性）排放系数= $PM_{2.5}$（滤过性）排放系数。

[j] 冷凝性 PM 排放物无可用数据。列出的排放系数反映 4SLB 发动机的系数。

[k] 有害空气污染物在《清洁空气法》第 112（b）节进行了定义。

[l] 对于贫燃料燃烧发动机，使用 CARB 430 中醛的排放数值可获知烟气中氮浓度对样品的干扰程度。列出的排放系数是基于 FTIR 测量结果。基于 CARB 430 的排放数据可在背景报告中查阅。

表 13-2 四冲程贫燃料燃烧发动机的非可控排放系数[a]（SCC 2-02-002-54）

污染物	排放系数/（lb/MMBtu）[b]（燃料加入）	排放系数等级
标准污染物和温室气体		
NO_x[c] 90%～105%负荷	4.08	B
NO_x[c] ＜90%负荷	8.47×10^{-1}	B
CO[c] 90%～105%负荷	3.17×10^{-1}	C
CO[c] ＜90%负荷	5.57×10^{-1}	B
CO_2[d]	1.10×10^{2}	A
SO_2[e]	5.88×10^{-4}	A
TOC[f]	1.47	A
甲烷[g]	1.25	C
VOC[h]	1.18×10^{-1}	C
PM_{10}（滤过性）[i]	7.71×10^{-5}	D
$PM_{2.5}$（滤过性）[i]	7.71×10^{-5}	D
PM（冷凝性）[j]	9.91×10^{-3}	D
微量有机化合物		
1,1,1,2-四氯乙烷[k]	＜4.00×10^{-5}	E
1,1,2-三氯乙烷[k]	＜3.18×10^{-5}	E
1,1-二氯乙烷	＜2.36×10^{-5}	E
1,2,3-三甲基苯	2.30×10^{-5}	D
1,2,4-三甲基苯	1.43×10^{-5}	C
1,2-二氯乙烷	＜2.36×10^{-5}	E
1,2-二氯丙烷	＜2.69×10^{-5}	E
1,3,5-三甲基苯	3.38×10^{-5}	D
1,3-丁二烯[k]	2.67×10^{-4}	D
1,3-二氯丙烷[k]	＜2.64×10^{-5}	E
2-甲基萘[k]	3.32×10^{-5}	C
2,2,4-三甲基戊烷[k]	2.50×10^{-4}	C
苊[k]	1.25×10^{-6}	C
苊烯[k]	5.53×10^{-6}	C
乙醛[k, l]	8.36×10^{-3}	A

污染物	排放系数/（lb/MMBtu）[b]（燃料加入）	排放系数等级
丙烯醛[k, l]	5.14×10^{-3}	A
苯[k]	4.40×10^{-4}	A
苯并[*b*]荧蒽[k]	1.66×10^{-7}	D
苯并[*e*]芘[k]	4.15×10^{-7}	D
苯并[*g*, *h*, *i*]苝[k]	4.14×10^{-7}	D
联苯[k]	2.12×10^{-4}	D
丁烷	5.41×10^{-4}	D
正丁醛/异丁醛	1.01×10^{-4}	C
四氯化碳[k]	$<3.67\times10^{-5}$	E
氯苯[k]	$<3.04\times10^{-5}$	E
氯乙烷	1.87×10^{-6}	D
三氯甲烷[k]	$<2.85\times10^{-5}$	E
䓛[k]	6.93×10^{-7}	C
环戊烷	2.27×10^{-4}	C
乙烷	1.05×10^{-1}	C
乙苯[k]	3.97×10^{-5}	B
二溴乙烷[k]	$<4.43\times10^{-5}$	E
荧蒽[k]	1.11×10^{-6}	C
芴[k]	5.67×10^{-6}	C
甲醛[k, l]	5.28×10^{-2}	A
甲醇[k]	2.50×10^{-3}	B
甲基环己烷	1.23×10^{-3}	C
二氯甲烷[k]	2.00×10^{-5}	C
正己烷[k]	1.11×10^{-3}	C
正壬烷	1.10×10^{-4}	C
正辛烷	3.51×10^{-4}	C
正戊烷	2.60×10^{-3}	C
萘[k]	7.44×10^{-5}	C
PAH[k]	2.69×10^{-5}	D
菲[k]	1.04×10^{-5}	D
苯酚[k]	2.40×10^{-5}	D
丙烷	4.19×10^{-2}	C

污染物	排放系数/（lb/MMBtu）[b]（燃料加入）	排放系数等级
芘[k]	1.36×10^{-6}	C
苯乙烯[k]	＜2.36×10^{-5}	E
四氯乙烷[k]	2.48×10^{-6}	D
甲苯[k]	4.08×10^{-4}	B
氯乙烯[k]	1.49×10^{-5}	C
二甲苯[k]	1.84×10^{-4}	B

[a] 参见参考文献 7。系数表示非可控水平。对于 NO_x、CO 和 PM_{10}，“非可控”表示无燃烧或附加控制，但系数可以包括涡轮增压设备。对于其他所有污染物，“非可控”表示无氧化控制；数据集可以包括带有控制技术的设备用于 NO_x 的控制，如用于贫燃料燃烧发动机的 PCC 和 SCR，以及用于富燃料燃烧的 PSC。该系数是以大量发动机的数据为基础。系数适用于所有负荷状态下的发动机，除非另有说明。SCC 表示源分类代码。TOC 表示总有机化合物。PM_{10} 表示空气动力学直径小于等于 10 μm 的颗粒物。系数前的小于号（＜）表示对应的系数是基于方法检测极限的 1/2。

[b] 排放系数的计算单位是 lb/MMBtu（基于 EPA Method 19 中的工序）。要将 lb/MMBtu 转换为 lb/10^6 scf，需乘以燃料的热含量。如果热含量不可用，则使用 1 020 Btu/scf。要将 lb/MMBtu 转换为 lb/（hp·h），请使用下列方程式：

$$\text{lb/（hp·h）} = \text{（lb/MMBtu）（热功率，MMBtu/h）（1/运行功率，1/hp）}$$

[c] 数据集中不包括未报告负荷条件下的排放测试。

[d] 前提是 99.5%燃料碳转化为 CO_2。CO_2（lb/MMBtu）=(3.67)(%CON)(C)(D)(1/h)，其中，%CON = 燃料碳转化为 CO_2 的重量百分比，即燃料的含碳量（按重计为 0.75），D 表示燃料的密度（4.1×10^4 lb/10^6 scf），h 表示天然气的热值（假定 60℉下为 1 020 Btu/scf）。

[e] 前提是燃料硫几乎 100%转化为 SO_2。假定天然气中的硫含量为 2 000 gr/10^6scf。

[f] TOC 的排放系数是基于 22 个源检测点测量的排放水平。

[g] 甲烷的排放系数等于 TOC 排放系数减去 VOC 与乙烷的排放系数。对甲烷的测量排放系数与计算排放系数进行比较，结果比较吻合，分别为 1.31 lb/MMBtu 和 1.25 lb/MMBtu。

[h] VOC 排放系数等于所有衍生有机化合物（除了乙烷和甲烷）排放系数之和。

[i] 暂定空气动力学直径小于等于 1 μm，因此对于滤过性 PM 排放物，PM_{10}（滤过性）排放系数= $PM_{2.5}$（滤过性）排放系数。

[j] PM（冷凝性）= PM（冷凝性无机物）+ PM（冷凝性有机物）。

[k] 有害空气污染物在《清洁空气法》第 112（b）节进行了定义。

[l] 对于贫燃料燃烧发动机，使用 CARB 430 中醛的排放数值可获知烟气中氮浓度对样品的干扰程度。列出的排放系数是基于 FTIR 测量结果。基于 CARB 430 的排放数据可在背景报告中查阅。

表 13-3 四冲程富燃料燃烧发动机的非可控排放系数[a]（SCC 2-02-002-53）

污染物	排放系数/（lb/MMBtu）[b]（燃料加入）	排放系数等级
标准污染物和温室气体		
NO_x[c] 90%～105%负荷	2.21	A
NO_x[c] ＜90%负荷	2.27	C
CO[c] 90%～105%负荷	3.72	A
CO[c] ＜90%负荷	3.51	C
CO_2[d]	1.10×10^{2}	A
SO_2[e]	5.88×10^{-4}	A
TOC[f]	3.58×10^{-1}	C
甲烷[g]	2.30×10^{-1}	C
VOC[h]	2.96×10^{-2}	C
PM_{10}（滤过性）[i,j]	9.50×10^{-3}	E
$PM_{2.5}$（滤过性）[j]	9.50×10^{-3}	E
PM（冷凝性）[k]	9.91×10^{-3}	E
微量有机化合物		
1,1,1,2-四氯乙烷[l]	2.53×10^{-5}	C
1,1,2-三氯乙烷[l]	$<1.53\times10^{-5}$	E
1,1-二氯乙烷	$<1.13\times10^{-5}$	E
1,2-二氯乙烷	$<1.13\times10^{-5}$	E
1,2-二氯丙烷	$<1.30\times10^{-5}$	E
1,3-丁二烯[l]	6.63×10^{-4}	D
1,3-二氯丙烷[l]	$<1.27\times10^{-5}$	E
乙醛[l,m]	2.79×10^{-3}	C
丙烯醛[l,m]	2.63×10^{-3}	C
苯[l]	1.58×10^{-3}	B
正丁醛/异丁醛	4.86×10^{-5}	D
四氯化碳[l]	$<1.77\times10^{-5}$	E
氯苯[l]	$<1.29\times10^{-5}$	E
三氯甲烷[l]	$<1.37\times10^{-5}$	E
乙烷[n]	7.04×10^{-2}	C

污染物	排放系数/（lb/MMBtu）[b]（燃料加入）	排放系数等级
乙苯[l]	$<2.48\times10^{-5}$	E
二溴乙烷[l]	$<2.13\times10^{-5}$	E
甲醛[l, m]	2.05×10^{-2}	A
甲醇[l]	3.06×10^{-3}	D
二氯甲烷[l]	4.12×10^{-5}	C
萘[l]	$<9.71\times10^{-5}$	E
PAH[l]	1.41×10^{-4}	D
苯乙烯[l]	$<1.19\times10^{-5}$	E
甲苯[l]	5.58×10^{-4}	A
氯乙烯[l]	$<7.18\times10^{-6}$	E
二甲苯[l]	1.95×10^{-4}	A

[a] 参见参考文献 7。系数表示非可控水平。对于 NO_x、CO 和 PM_{10}，“非可控”表示无燃烧或附加控制，但系数可以包括涡轮增压设备。对于其他所有污染物，“非可控”表示无氧化控制；数据集可以包括带有控制技术的设备用于 NO_x 的控制，如用于贫燃料燃烧发动机的 PCC 和 SCR，以及用于富燃料燃烧的 PSC。该系数是以大量发动机数据为基础。系数适用于所有负荷状态下的发动机，除非另有说明。SCC 表示源分类代码。TOC 表示总有机化合物。PM_{10} 表示空气动力学直径小于等于 10 μm 的颗粒物。系数前的小于号（＜）表示对应的系数是基于方法检测极限的 1/2。

[b] 排放系数的计算单位是 lb/MMBtu（基于 EPA Method 19 中的工序）。要将 lb/MMBtu 转换为 $lb/10^6$ scf，需乘以燃料的热含量。如果热含量不可用，则使用 1 020 Btu/scf。要将 lb/MMBtu 转换为 lb/（hp·h），请使用下列方程式：

lb/（hp·h）=（lb/MMBtu）（热功率，MMBtu/h）（1/运行功率，1/hp）

[c] 数据集中不包括未报告负荷条件下的排放测试。

[d] 前提是 99.5%燃料碳转化为 CO_2。CO_2（lb/MMBtu）=(3.67)(%CON)(C)(D)(1/h)，其中，%CON 表示燃料碳转化为 CO_2 的重量百分比，即燃料的含碳量（按重计为 0.75），D 表示燃料的密度（4.1×10^4 lb/10^6 scf），h 表示天然气的热值（假定 60℉下为 1 020 Btu/scf）。

[e] 前提是燃料硫几乎 100%转化为 SO_2。假定天然气中的硫含量为 2 000 gr/10^6scf。

[f] TOC 的排放系数是基于 6 个源检测点测量的排放水平。

[g] 甲烷的排放系数等于 TOC 排放系数减去 VOC 与乙烷的排放系数。

[h] VOC 排放系数等于所有衍生有机化合物排放系数之和。此发动机类别未测量甲烷和乙烷的排放。

[i] 非可控发动机无可用数据。PM_{10} 排放适用于带有 PCC 的发动机。

[j] 暂定空气动力学直径小于等于 1 μm，因此对于滤过性 PM 排放物，PM_{10}（滤过性）排放系数= $PM_{2.5}$（滤过性）排放系数。

[k] 冷凝性排放物无可用数据。列出的排放系数反映 4SLB 发动机的系数。

[l] 有害空气污染物在《清洁空气法》第 112（b）节进行了定义。

[m] 对于富燃料燃烧发动机，疑似对醛的排放数值无干扰。列出的排放系数是基于 FTIR 和 CARB 430 排放数据测量结果。

[n] 甲烷的排放系数等于 NMHC 排放系数减去 VOC 排放系数。

13.5 参考文献

1. *Engines，Turbines，And Compressors Directory*，American Gas Association，Catalog #XF0488.

2. *Standards Support And Environmental Impact Statement，Volume I：Stationary Internal Combustion Engines*，EPA-450/2-78-125a，U.S. Environmental Protection Agency，Office of Air Quality Planning and Standards，Research Triangle Park，NC，July 1979.

3. *Alternative Control Techniques Document-NO_x Emissions From Stationary Reciprocating Engines*，EPA-453/R-93-032，July 1993.

4. *Handbook-Control Technologies For Hazardous Air Pollutants*，EPA-625/6-91-014，June 1991.

5. *Limiting Net Greenhouse Gas Emissions In The United States，Volume II：Energy Responses*，Report for the Office of Environmental Analysis，Office of Policy，Planning and Analysis，Department of Energy（DOE），DOE/PE-0101 Volume II，September 1991.

6. C. Castaldini，*NO_x Reduction Technologies For Natural Gas Industry Prime Movers*，GRI-90/0215，Gas Research Institute，Chicago，IL，August 1990.

7. *Emission Factor Documentation for AP-42 Section 3.2，Natural Gas-Fired Reciprocating Engines*，EPA Contract No. 68-D2-0160，Alpha-Gamma Technologies，Inc.，Raleigh，North Carolina，July 2000.

14 汽油和柴油工业发动机

14.1 简述

本章提到的发动机分类是指工业用汽油和柴油内燃（Internal Combustion，IC）机，如空运、叉车、移动式制冷机组、发电机、泵、扫街车、工业除尘器、材料装卸设备（如传送带）和便携式钻井设备。往复式内燃机的燃料主要有 3 种：汽油、柴油（2 号）和天然气。汽油主要用于移动便携式发动机。柴油的用途最广，可用于所有规格的内燃机。这些发动机的额定功率范围相当大，汽油发动机最高可达 250 马力，柴油发动机最高可达 600 马力。（额定功率大于 600 马力的柴油发动机，请参见“第 15 章　大型固定式柴油发动机和所有固定式双燃料发动机”。）可想而知，发动机工作循环存在实质差异，因此，为了确定排放系数，必须对使用方法做出合理的假设。

14.2 工艺过程说明

所有往复式内燃机都是按相同的基本流程运行的。首先，可燃混合物在活塞头与气缸之间的小空间中压缩；然后点火，燃烧生成的高压产物推动活塞在气缸内往复运动。这种直线运动通过曲轴转换为旋转运动，最后，活塞返回原位，排出废气，然后重复循环。

往复式固定内燃机的点火方式有两种：压燃点火（Compression Ignition，CI）和火花点火（Spark Ignition，SI）。本章将论述这两种类型的往复式内燃机。所有柴油发动机都是压燃点火，所有汽油发动机都是火花点火。

CI 发动机是燃烧空气先在气缸中受热，然后由于空气温度高于柴油的自燃温度，于是喷入高温空气中的柴油自动点燃。SI 发动机是由放电火花产生火焰燃烧。燃料与空气通常在化油器中（汽油）或进气阀附近（天然气）混合，偶尔燃料也会喷入气缸的压缩空气中。

由于压缩过程中没有燃料，因此 CI 发动机运行的压缩比（一个冲程活塞到达底部时气缸容积与活塞到达顶部时气缸容积的比率）通常比 SI 发动机高，因而也就不会出现过早自燃的危险。压力比（压力比随压缩比变化）越高，发动机的热效率越高，因此 CI 发动机通常比 SI 发动机效率高。这种高效率带来的结果是对负荷变化响应缓慢，而且为了承受高压因此结构比较笨重。[1]

14.3 排放物

内燃机的主要污染物是通过废气排放的，但有一些 TOC 是曲轴箱窜气（经过活塞环从气缸出来后又窜到油底壳的气体）以及油箱和化油器汽化产生的。柴油内燃机废气排放的 TOC 几乎全部都会进入大气中。由于柴油挥发性低，因此柴油发动机的蒸发损失极小。

内燃机的主要污染物有 NO_x、TOC、CO 和颗粒物，其中包括可见排放物（烟尘）和不可见排放物。NO_x 的形成与燃料中的氮（如果有）含量以及燃烧过程中的高压和高温有直接关系。碳氢化合物（HC）、CO 和烟尘等其他污染物主要是不完全燃烧的产物。燃料的灰分和金属添加剂也是废气颗粒的组成部分。此外，内燃机废气中还包含 SO_x。含硫化合物（主要是 SO_2）与燃料的含硫量有直接关系。[2]

14.3.1 氮氧化物

氮氧化物的生成机理主要有两个：对于内燃机，第一个也是最主要的生成机理是热力型 NO_x，即燃烧空气高温分解，然后 N_2 与 O_2 分子发生反应形成 NO_x。大部分热力型 NO_x 是燃烧空气中的游离氮离子在火焰的高温区形成的。某些氮氧化物（也称为快速型 NO_x）是在火焰早期氮中间产物与烃基发生反应形成的。第二个生成机理是演变而来的，称为燃料型 NO_x，即燃料中的氮化合物与氧气发生反应。汽油和大部分馏分油中的燃料氮不会发生化学反应，因此基本上形成的所有 NO_x 都是热力型 NO_x。

14.3.2 总有机化合物

归类为碳氢化合物的污染物通常包括多种有机化合物，并在燃料未燃尽或只燃烧了一部分时排放到大气中。大多数碳氢化合物未燃尽是燃烧过程中燃料液滴流入或喷入淬熄层造成的。淬熄层区域紧挨着燃烧室表面，在这个区域中通过气缸传出的热量会使混合物温度过低而无法燃烧。

生成未完全燃烧碳氢化合物的原因有很多，如空气与燃料在燃烧之前或燃烧过程中混合不均匀（未完全混合）、发动机燃料系统失调引起燃烧过程中气缸的空燃比出错、燃料液滴过大（柴油发动机）、气缸壁冷却过度（淬熄）造成气缸温度过低或燃烧体积膨胀（燃烧完成之前活塞运动引起）的气体冷却过早。[2]

14.3.3 一氧化碳

一氧化碳无色、无臭且偏惰性，是无法转化为 CO_2 时在废气中形成的气体中间燃烧产物。如果燃烧过程中碳氢化合物（燃料）分子附近缺氧、气体温度过低或在气缸的停留时间过短，就会产生一氧化碳。CO 的氧化率受限于反应动力学，因此只能靠改善空气与燃料在燃烧过程中的混合程度来促进其氧化。[2-3]

14.3.4 烟尘和颗粒物

内燃机会排放白烟、蓝烟和黑烟。发动机冷机启动、怠速或低负荷运转状态下，液体颗粒在废气中呈白烟状，是气缸壁附近的淬熄层温度过低无法点燃燃料时形成的。由于活塞环磨损导致润滑油泄漏到燃烧室部分燃烧，发动机就会排出蓝烟。合理维护是防止排放蓝烟的最有效方法，对所有类型的内燃机都适用。黑烟主要由聚集的碳颗粒（碳烟）组成，是缺氧条件下在燃烧混合物的区域形成的。[2]

14.3.5 硫氧化物

硫氧化物的排放仅是燃料中含硫量的函数，而不是任何燃烧变量的函数。实际上，所有的硫在燃烧过程中基本上都氧化为 SO_2。SO_2 氧化形成 SO_3，SO_3 继续与水发生反应形成 H_2SO_4，就会造成酸雨。硫酸与基础物质发生反应会生成硫酸盐，即构成 PM_{10} 和降低能见度的细颗粒。硫氧化物的排放还会造成发动机零件的腐蚀。[2-3]

14.4 污染物控制技术

发动机的主要污染物是 NO_x 和 CO，所以到目前为止的控制措施就是限制其排放。从 NO_x 控制方面来讲，最大的区别在于不同型号和种类的往复式发动机是富燃料燃烧还是贫燃料燃烧。富燃料燃烧发动机空燃比的操作范围近似化学当量或等于富燃料化学当量，因此废气中没有余氧量或余氧量很少。贫燃料燃烧发动机空燃比的操作范围等于贫燃料化学当量，因此余氧量中等甚至很多。柴油发动机和双燃料发动机最常用的 NO_x 控制技术是改善燃烧过程。SCR 和 NSCR 等燃烧后处理技术也十分常用。CO 控制技术只适用于一部分移动设备。[4]

燃烧改良法包括延迟喷射正时（Injection Timing Retard，ITR）、预点火室燃烧（Preignition Chamber Combustion，PCC）、调整空燃比和降额。将燃料喷入内燃机气缸，燃烧过程开始。延迟柴油喷射正时会导致燃烧过程在做功冲程中滞后，此时活塞向下运动，燃烧室体积不断增加。体积增加，燃烧温度和压力下降，就会减少 NO_x 的形成。ITR 可减少所有柴油发动机的 NO_x 排放，但减少量要具体到每个发动机型号。喷油正时延迟得越多，NO_x 的生成量就越少。[4]

漩涡燃烧室是一种先进的模式，能促进空气与燃料充分混合，其中包括 PCC。PCC 的作用是点燃用于扩散到主燃烧室的富燃料混合物。PCC 出口速度快，这样贫燃料空气燃料混合物就会充分混合完全燃烧，燃烧温度就会下降，因此可以减少 NO_x 的排放。[4]

每个气缸的空燃比都可以通过控制进入气缸的燃料量来调整。空燃比小于化学当量（富燃料），燃烧在缺氧的条件下发生，NO_x 就会增加（由于含氧量和温度都较低）。降额是指将发动机运行的功率输出限制在正常水平，它可以减小气缸压力、降低气缸温度，因此能够减少 NO_x 的生成率。[4]

SCR 是装在发动机尾部废气流中的附加 NO_x 控制装置，其工作原理是将 NH_3 喷入烟气，然后 NH_3 与 NO_x 在催化剂的作用下发生反应，生成水和氮气。SCR 是否有效取决于燃料品质和发动机工作循环（负荷波动）。燃料中的致污物会污染并遮挡催化剂表面，造成催化剂活动减少或终止。负荷波动会造成排气温度和 NO_x 浓度的变化，引发 SCR 系统的效用问题。[4]

催化剂反应器能同时减少 NO_x、CO 和碳氢化合物（HC），因此 NSCR 被称为三效转化催化剂系统，催化剂通常放在发动机的废气流中。这种反应要求含氧量保持在较低的水平，并且发动机在富燃料空燃比下运行。[4]

计算此排放最准确的方法是使用比排放系数 lb/（hp·h）[磅/（马力·小时）]。排放量是比排放系数、使用的小时数、可用的额定功率与负荷系数（实际所用功率除以可用功率）的乘积。但如果有排放清单，根据所用燃料估算排放量就容易得多了。

一旦查清某个分类的合理使用工作循环，排放值就汇总到列出的标准污染物和有机污染物系数中。表 14-1 中系数的计量单位是 lb/MMBtu（磅/百万英热单位）。根据工业发动机共用的预估材料，可以加权计算特定设计类型的排放数据。这些表中排放系数适用于所有工业发动机（因为具有共同性），而不是某个发电厂。表 14-2 列出了未加权的衍生有机化合物和空气有毒污染物的排放系数（仅基于两台发动机）。本章的内容仅用于量级粗略估算。

表 14-3 总结了各种柴油发动机减排技术（其中一些也适用于汽油发动机）通常会增加或是减少选定的参数。这些技术分为燃料改良、发动机改进和排气后处理。目前数据不足，无法量化改进的结果。表 14-3 提供了选定参数变化趋势的基本资料。

表 14-1 非可控工业汽油发动机和工业柴油发动机的排放系数[a]

污染物	汽油（SCC 2-02-003-01、2-03-003-01）		柴油（SCC 2-02-001-02、2-03-001-01）		排放系数等级
	排放系数/[lb/（hp·h）]（功率输出）	排放系数/[lb/（hp·h）]（燃料输入）	排放系数/[lb/（hp·h）]（功率输出）	排放系数/[lb/（hp·h）]（燃料输入）	
NO_x	0.011	1.63	0.031	4.41	D
CO	6.96×10^{-3}[d]	0.99[d]	6.68×10^{-3}	0.95	D
SO_x	5.91×10^{-4}	0.084	2.05×10^{-3}	0.29	D
PM_{10}[b]	7.21×10^{-4}	0.1	2.20×10^{-3}	0.31	D
CO_2[c]	1.08	154	1.15	164	B
乙醛	4.85×10^{-4}	0.07	4.63×10^{-4}	0.07	D
TOC					
排气	0.015	2.1	2.47×10^{-3}	0.35	D
蒸发	6.61×10^{-4}	0.09	0	0	E
曲轴箱	4.85×10^{-3}	0.69	4.41×10^{-5}	0.01	E
续燃料	1.08×10^{-3}	0.15	0	0	E

[a] 参见参考文献 2、5-6、9-14。如有必要，平均有效燃油消耗率（Brake-Specific Fuel Consumption，BSFC）7 000 Btu/（hp·h）可用于 lb/MMBtu 到 lb/（hp·h）的转换。要将 lb/（hp·h）转换为 kg/（kW·h），需乘以 0.608。要将 lb/MMBtu 转换为 ng/J，需乘以 430。SCC 表示源分类代码。TOC 表示总有机化合物。

[b] PM_{10} 表示空气动力学直径小于等于 10 μm 的颗粒物。假定所有颗粒都小于 1 μm。

[c] 假定 99%的燃料碳都转化为二氧化碳（柴油含碳量的重量百分比为 87%，汽油的为 86%，平均 BSFC 为 7 000 Btu/（hp·h），柴油热值为 19 300 Btu/lb，汽油热值为 20 300 Btu/lb）。

[d] 代替原有的 0.439 lb/（hp·h）（功率输出）和 62.7 lb/MMBtu（燃料输入），使用正确的排放系数值 6.96×10^{-3} lb/（hp·h）（功率输出）和 0.99 lb/MMBtu（燃料输入）。已于 2009 年 3 月 24 日更正此排版错误。

表 14-2 非可控柴油发动机的衍生有机化合物排放系数[a]

排放系数等级：E

污染物	排放系数（燃料输入）/（lb/MMBtu）
苯[b]	9.33×10^{-4}
甲苯[b]	4.09×10^{-4}
二甲苯[b]	2.85×10^{-4}
丙烯	2.58×10^{-3}
1,3-丁二烯[b,c]	$<3.91\times10^{-5}$
甲醛[b]	1.18×10^{-3}
乙醛[b]	7.67×10^{-4}
丙烯醛[b]	$<9.25\times10^{-5}$
PAH	
萘[b]	8.48×10^{-5}
苊烯	$<5.06\times10^{-6}$
苊	$<1.42\times10^{-6}$
芴	2.92×10^{-5}
菲	2.94×10^{-5}
蒽	1.87×10^{-6}
荧蒽	7.61×10^{-6}
芘	4.78×10^{-6}
苯并[*a*]蒽	1.68×10^{-6}
䓛	3.53×10^{-7}
苯并[*b*]荧蒽	$<9.91\times10^{-8}$
苯并[*k*]荧蒽	$<1.55\times10^{-7}$
苯并[*a*]芘	$<1.88\times10^{-7}$
茚并[1,2,3-*cd*]芘	$<3.75\times10^{-7}$
二苯并[*a, h*]蒽	$<5.83\times10^{-7}$
苯并[*g, h, i*]苝	$<4.89\times10^{-7}$
全部 PAH	1.68×10^{-4}

[a] 基于参考文献 6-7 中非可控水平的两台柴油发动机。源分类代码为 2-02-001-02、2-03-001-01。要将 lb/MMBtu 转换为 ng/J，需乘以 430。

[b] 有害空气污染物在《清洁空气法》中列出。

[c] 基于一台发动机的数据。

表 14-3 各种排放控制技术对柴油发动机的影响[a]

技术	受影响的参数	
	增加	减少
燃料改良		
含硫量增加	PM，磨损	
芳香族含量增加	PM，NO_x	
十六烷值		PM，NO_x
沸点的 10%和 90%		PM
燃料添加剂		PM，NO_x
水/乳化燃料		NO_x
发动机改进		
喷射正时延迟	PM，BSFC	NO_x，功率
燃料喷射压力	PM，NO_x	
喷射率控制		NO_x，PM
快速回流喷嘴		PM
电子定时和计量		NO_x，PM
喷嘴几何形状		PM
燃烧室改良		NO_x，PM
涡轮增压	PM，功率	NO_x
充气冷却		NO_x
排气再循环	PM，功率，磨损	NO_x
油耗控制		PM，磨损
排气后处理		
颗粒捕集器		PM
选择性催化还原		NO_x
氧化催化剂		TOC，CO，PM

[a] 参见参考文献 8。PM 表示颗粒物。BSFC 表示有效燃油消耗率。

14.5 参考文献

1. H. I. Lips, *et al.*, *Environmental Assessment Of Combustion Modification Controls For Stationary Internal Combustion Engines*, EPA-600/7-81-127, U.S. Environmental Protection Agency, Cincinnati, OH, July 1981.

2. *Standards Support And Environmental Impact Statement, Volume 1: Stationary Internal Combustion Engines*, EPA-450/2-78-125a, U.S. Environmental Protection Agency, Research Triangle Park, NC, July 1979.

3. M. Hoggan, *et al.*, *Air Quality Trends In California's South Coast And Southeast Desert Air Basins, 1976-1990, Air Quality Management Plan, Appendix II-B*, South Coast Air Quality Management District, July 1991.

4. R. B. Snyder, *Alternative Control Techniques Document. NO_x Emissions From Stationary Reciprocating Internal Combustion Engines*, EPA-453/R-93-032, U.S. Environmental Protection Agency, Research Triangle Park, July 1993.

5. C. T. Hare and K. J. Springer, *Exhaust Emissions From Uncontrolled Vehicles And Related Equipment Using Internal Combustion Engines, Part 5: Farm, Construction, And Industrial Engines*, APTD-1494, U.S. Environmental Protection Agency, Research Triangle Park, NC, October 1973.

6. *Pooled Source Emission Test Report: Oil And Gas Production Combustion Sources, Fresno And Ventura Counties, California*, ENSR 7230-007-700, Western States Petroleum Association, Bakersfield, CA, December 1990.

7. W. E. Osborn and M. D. McDannel, *Emissions Of Air Toxic Species: Test Conducted Under AB2588 For The Western States Petroleum Association*, CR 72600-2061, Western States Petroleum Association, Glendale, CA, May 1990.

8. *Technical Feasibility Of Reducing NO_x And Particulate Emissions From Heavy-duty Engines*, CARB Contract A132-085, California Air Resources Board, Sacramento, CA, March 1992.

9. G. Marland and R. M. Rotty, *Carbon Dioxide Emissions From Fossil Fuels: A Procedure For Estimation And Results For 1951-1981*, DOE/NBB-0036 TR-003, Carbon Dioxide Research Division, Office of Energy Research, U.S. Department of Energy, Oak Ridge, TN, 1983.

10. A. Rosland, Greenhouse Gas Emissions in Norway: Inventories and Estimation Methods, Oslo: Ministry of Environment, 1993.

11. *Sector-Specific Issues and Reporting Methodologies Supporting the General Guidelines for the Voluntary Reporting of Greenhouse Gases under Section 1605（b）of the Energy Policy Act of 1992*（1994）DOE/PO-0028，Volume 2 of 3，U.S. Department of Energy.

12. G. Marland and R. M. Rotty，*Carbon Dioxide Emissions From Fossil Fuels：A Procedure For Estimation And Results For 1950-1982*，Tellus 36B：232-261，1984.

13. *Inventory Of U.S. Greenhouse Gas Emissions And Sinks：1990-1991*，EPA-230-R-96-006，U.S. Environmental Protection Agency，Washington，DC，November 1995.

14. *IPCC Guidelines For National Greenhouse Gas Inventories Workbook*，Intergovernmental Panel on Climate Change/Organization for Economic Cooperation and Development，Paris，France，1995.

15 大型固定式柴油发动机和所有固定式双燃料发动机

15.1 简述

国内大型固定式柴油发动机［大于 600 马力（hp）］主要用于石油与天然气的勘探与生产。这些发动机 3～5 台为一组，为钻井（转盘）、泥浆泵和起重设备提供机械能，使泵或辅助发电机正常运转。大型固定式柴油发动机还经常用于基础和备用服务的发电。灌溉、起重和核电站应急冷却水泵等小型设备的运转也会用到大型固定式柴油发动机。

双燃料发动机使用少量柴油（5%～6%）引燃天然气，获得压燃点火性能，节约天然气的使用。大型双燃料发动机几乎是常载发电的专属用机。本章涵盖所有双燃料发动机。

15.2 工艺过程说明

所有往复式内燃机都是按相同的基本流程运行的。首先，可燃混合物在活塞头与气缸之间的小空间中压缩；然后点火，燃烧生成的高压产物推动活塞在气缸内往复运动。这种直线运动通过曲轴转换为旋转运动，最后，活塞返回原位，排出废气，然后重复循环。

往复式固定内燃机的点火方式有两种：CI 和 SI。CI 发动机是燃烧空气先在气缸中受热，然后由于空气温度高于柴油的自燃温度，于是喷入高温空气中的柴油自动点燃。SI 发动机是由放电火花产生火焰燃烧。燃料与空气通常在化油器中（汽油）或进气阀附近（天然气）混合，偶尔燃料也会喷入气缸的压缩空气中。尽管所有柴油发动机都是压燃点火、所有汽油和燃气发动机都是火花点火，但也可以先将少量柴油喷入天然气与空气的混合气体中，然后再引燃天然气（天然气与柴油的混合比率不计，一般燃油占 6%～100%），双燃料由此得名。

由于压缩过程中没有燃料，因此 CI 发动机运行的压缩比（一个冲程活塞到达底部时气缸容积与活塞到达顶部时气缸容积的比率）通常比 SI 发动机高，因而也就不会出现过早自燃的危险。压力比（压力比随压缩比变化）越高，发动机的热效率越高，因此 CI 发动机通常比 SI 发动机效率高。这种高效率带来的结果是对负荷变化响应缓慢，而且为了承受高压，其结构比较笨重。[1]

15.3 排放物和污染物控制

内燃机的主要污染物是通过废气排放的，但有一些 TOC 是曲轴箱窜气（经过活塞环从气缸出来后又窜到油底壳的气体）以及油箱和化油器汽化产生的。柴油内燃机废气排放的 TOC 几乎全部都会进入大气中。可燃气体压缩过程中不会生成 TOC，因此曲轴箱窜气很少。由于柴油挥发性低，因此柴油发动机的蒸发损失极小。用气体作为燃料的发动机一般蒸发损失也很少，因为这种发动机是从管道连续接收燃料，而不是通过燃料储存箱和燃料泵。

内燃机的主要污染物有 NO_x、碳氢化合物、其他有机化合物、CO 和颗粒物，其中包括可见排放物（烟尘）和不可见排放物。氮氧化物的形成与燃料中的氮（如果有）含量以及燃烧过程中的高压和高温有直接关系。碳氢化合物（HC）、CO 和烟尘等其他污染物主要是不完全燃烧的产物。燃料的灰分和金属添加剂也是废气颗粒的组成部分。此外，内燃机废气中还包含硫氧化物。含硫化合物（主要是 SO_2）与燃料的含硫量有直接关系。[2]

15.3.1 氮氧化物

氮氧化物的生成机理主要有两个：对于内燃机，第一个也是最主要的生成机理是热力型 NO_x，即燃烧空气高温分解，然后 N_2 与 O_2 分子发生反应形成 NO_x。大部分热力型 NO_x 是燃烧空气中的游离氮离子在火焰的高温区形成的。某些氮氧化物（也称为快速型 NO_x）是在火焰早期氮中间产物与烃基发生反应形成的。第二个生成机理是演变而来的，称为燃料型 NO_x，即燃料中的氮化合物与氧气发生反应。汽油和大部分馏分油中的燃料氮不会发生化学反应，因此基本上形成的所有 NO_x 都是热力型 NO_x。

15.3.2 总有机化合物

归类为碳氢化合物的污染物通常包括多种有机化合物，并在燃烧过程中燃料未燃烧或部分燃烧时排放到大气中。大多数碳氢化合物未燃尽是燃烧过程中燃料液滴流入或喷入淬熄层造成的。淬熄层区域紧挨着燃烧室表面，在这个区域中通过气缸传出的热量会使混合物温度过低而无法燃烧。

碳氢化合物部分燃烧的原因有很多，如空气与燃料在燃烧之前或燃烧过程中混合不均匀（未完全混合）、发动机燃料系统失调引起燃烧过程中气缸的空燃比出错、燃料液滴过大（柴油发动机）、气缸壁冷却过度（淬熄）造成气缸温度过低或燃烧体积膨胀（燃烧完成之前活塞运动引起）的气体冷却过早。[2]

15.3.3 一氧化碳

一氧化碳无色、无臭且偏惰性，是燃烧过程中无法转化为 CO_2 时在废气中形成的气体中间燃烧产物。如果燃烧过程中碳氢化合物（燃料）分子附近缺氧、气体温度过低或在气缸的停留时间过短，就会产生一氧化碳。CO 的氧化率受限于反应动力学，因此只能靠改善空气与燃料在燃烧过程中的混合程度来促进其氧化。[2-3]

15.3.4 烟尘、颗粒物和 PM_{10}

内燃机会排放白烟、蓝烟和黑烟。发动机冷机启动、怠速或低负荷运转状态下，液体颗粒在废气中呈白烟状，是气缸壁附近的淬熄层温度过低无法点燃燃料时形成的。由于活塞环磨损导致润滑油泄漏到燃烧室部分燃烧，发动机就会排出蓝烟。合理维护是防止排放蓝烟的最有效方法，对所有类型的内燃机都适用。黑烟的主要组分是聚集的碳颗粒（碳烟）。[2]

15.3.5 硫氧化物

硫氧化物的排放仅是燃料中含硫量的函数，而不是任何燃烧变量的函数。实际上，所有的硫在燃烧过程中基本上都氧化为 SO_2。SO_2 氧化形成 SO_3，SO_3 继续与水发生反应形成 H_2SO_4，就会造成酸雨。硫酸与基础物质发生反应会生成硫酸盐，即构成 PM_{10} 和降低能见度的细颗粒。硫氧化物的排放还会造成发动机零件的腐蚀。[2-3]

表 15-1 列出了上述污染物的气体排放系数，计量单位是 lb/（hp·h）[磅/（马力・小时）] 和 lb/MMBtu（磅/百万英热单位）。表 15-2 列出了颗粒物和按颗粒大小排列的排放系数。表 15-3 列出了衍生有机化合物排放系数，表 15-4 列出了 PAH 排放系数。列出的系数仅基于一台发动机的测试，因此这些表均未列出完整的衍生有机化合物和 PAH，因而只用于量级的粗略对比。

表 15-5 列出了柴油和双燃料发动机的 NO_x 还原和油耗损失（基于一些可用的控制技术）。用于减排的技术均已得到广泛应用。特定发动机的控制效率取决于每台发动机的具体设计，每种技术的控制效率相差很大。NO_x 控制技术还有很多，但没有在表 15-5 中提及，其中包括内外排气再循环、燃烧室改进、歧管空气冷却和涡轮增压。

15.4 污染物控制技术

发动机的主要污染物是 NO_x 和 CO，所以到目前为止的控制措施就是限制其排放。从 NO_x 控制方面来讲，最大的区别在于不同型号和种类的往复式发动机是富燃料燃烧还是贫燃料燃烧。富燃料燃烧发动机空燃比的操作范围近似化学当量或等于富燃料化学当量，因此废气中没有余氧量或余氧量很少。贫燃料燃烧发动机空燃比的操作范围等于贫燃料化学当量，因此余氧量中等甚至很多。柴油发动机和双燃料发动机最常用的 NO_x 控制技术是改善燃烧过程。SCR 和 NSCR 等燃烧后处理技术也十分常用。CO 控制技术只适用于一部分移动设备。[5]

燃烧改良法包括 ITR、PCC、调整空燃比和降额。将燃料喷入内燃机气缸，燃烧过程开始。延迟柴油喷射正时会导致燃烧过程在做功冲程中滞后，此时活塞向下运动，燃烧室体积不断增加。体积增加，燃烧温度和压力下降，就会减少 NO_x 的形成。ITR 可减少所有柴油发动机的 NO_x 排放，但减少量要具体到每个发动机型号。喷油正时延迟得越多，NO_x 的生成量就越少。[5]

漩涡燃烧室是一种先进的模式，能促进空气与燃料充分混合，其中包括 PCC。PCC 的作用是点燃用于扩散到主燃烧室的富燃料混合物。PCC 出口速度快，这样贫燃料空气燃料混合物就会充分混合完全燃烧，燃烧温度就会下降，因此可以减少 NO_x 的排放。[5]

每个气缸的空燃比都可以通过控制进入气缸的燃料量来调整。空燃比小于化学当量（富燃料），燃烧在缺氧的条件下发生，NO_x 的生成量就会增加（由于含氧量和温度都较低）。降额是指将发动机运行的功率输出限制在正常水平，它可以减小气缸压力、降低气缸温度，因此能够减少 NO_x 的生成率。[5]

SCR 是装在发动机尾部废气流中的附加 NO_x 控制装置，其工作原理是将 NH_3 喷入烟气，然后 NH_3 与 NO_x 在催化剂的作用下发生反应，生成水和氮气。SCR 是否有效取决于燃料品质和发动机工作循环（负荷波动）。燃料中的致污物会污染并遮挡催化剂表面，造成催化剂活动减少或终止。负荷波动会造成排气温度和 NO_x 浓度的变化，引发 SCR 系统的效用问题。[5]

催化剂反应器能同时减少 NO_x、CO 和碳氢化合物（HC），因此 NSCR 被称为三效转化催化剂系统，催化剂通常放在发动机的废气流中。这种反应要求含氧量保持在较低的水平，并且发动机在富燃料空燃比下运行。[5]

表 15-1 大型固定式柴油发动机和所有固定式双燃料发动机的气体排放系数[a]

污染物	柴油（SCC 2-02-004-01）			双燃料[b]（SCC 2-02-004-02）		
	排放系数/[lb/（hp·h）]（功率输出）	排放系数/（lb/MMBtu）（燃料输入）	排放系数等级	排放系数/[lb/（hp·h）]（功率输出）	排放系数/（lb/MMBtu）（燃料输入）	排放系数等级
NO_x						
非可控	0.024	3.2	B	0.018	2.7	D
可控	0.013[c]	1.9[c]	B	ND	ND	NA
CO	5.5×10^{-3}	0.85	C	7.5×10^{-3}	1.16	D
SO_x[d]	$8.09\times10^{-3}S_1$	$1.01S_1$	B	$4.06\times10^{-4}S_1+9.57\times10^{-3}S_2$	$0.05S_1+0.895S_2$	B
CO_2[e]	1.16	165	B	0.772	110	B
PM	0.000 7[c]	0.1[c]	B	ND	ND	NA
TOC［以甲烷（CH_4）为例］	7.05×10^{-4}	0.09	C	5.29×10^{-3}	0.8	D
甲烷	f	f	E	3.97×10^{-3}	0.6	E
非甲烷	f	f	E	1.32×10^{-3}	0.2[g]	E

[a] 基于参考文献 2 和 6-7 中每种燃料的非可控水平。如有必要，假定柴油的平均热值为 19 300 Btu/lb，密度为 7.1 lb/gal。功率输出和燃料输入是相互独立计算的平均值，因为每个数据点使用的是实际有效燃油消耗率（BSFC），而且使用的数据可能只够计算两个排放系数中的一个［例如，计算 lb/MMBtu 信息充足，计算 lb/（hp·h）则信息不足］。系数基于所有制造商和所有工作循环的平均值。特定发动机或特定制造商的实际排放可能会与平均值相差很大。要将 lb/（hp·h）转换为 kg/（kW·h），需乘以 0.608。要将 lb/MMBtu 转换为 ng/J，需乘以 430。SCC 表示源分类代码。

[b] 假定双燃料中天然气占 95%，柴油占 5%。

[c] 参见参考文献 8-26。可控氮氧化物排放是按点火正时延迟计算的。

[d] 假定燃料中的所有硫都转化为 SO_2。S_1 表示燃油中含硫量的百分比；S_2 表示天然气中含硫量的百分比。例如，含硫量为 1.5%，那么 $S=1.5$。

[e] 假定 100%的燃料碳都转化为二氧化碳［柴油含碳量的重量百分比为 87%，天然气的为 70%，双燃料中柴油占 5%天然气占 95%，平均 BSFC 为 7 000 Btu/（hp·h），柴油热值为 19 300 Btu/lb，天然气热值为 1 050 Btu/scf］。

[f] 基于一台发动机的数据，TOC 中甲烷占 9%，非甲烷占 91%（按重计）。

[g] 对于双燃料发动机，假定非甲烷有机化合物占 TOC 的 25%。假定非甲烷气体流的分子量等于甲烷气体流的分子量。

表 15-2 大型非可控固定式燃油发动机的颗粒物和按颗粒大小排列的排放系数[a]

排放系数等级：E

污染物	排放系数/（lb/MMBtu）（燃料输入）
滤过性颗粒[b]	
<1 μm	0.047 8
<3 μm	0.047 9
<10 μm	0.049 6
全部滤过性颗粒	0.062
冷凝性颗粒	0.007 7
全部 PM_{10}[c]	0.057 3
全部颗粒[d]	0.069 7

[a] 基于参考文献 6 中的一台非可控柴油发动机。源分类代码为 2-02-004-01。颗粒物排放数据是用 Method 5 收集，粒度分布是用燃烧源评估取样系统收集。要将 lb/MMBtu 转换为 ng/J，需乘以 430。PM_{10} 表示空气动力学直径小于等于 10 μm 的颗粒物。

[b] 颗粒大小表示为空气动力学直径。

[c] 全部 PM_{10} 是空气动力学直径小于等于 10 μm 的滤过性颗粒与冷凝性颗粒的总和。

[d] 全部颗粒是全部滤过性颗粒与冷凝性颗粒的总和。

表 15-3 大型非可控固定式柴油发动机的衍生有机化合物排放系数[a]

排放系数等级：E

污染物	排放系数/（lb/MMBtu）（燃料输入）
苯[b]	7.76×10^{-4}
甲苯[b]	2.81×10^{-4}
二甲苯[b]	1.93×10^{-4}
丙烯	2.79×10^{-3}
甲醛[b]	7.89×10^{-5}
乙醛[b]	2.52×10^{-5}
丙烯醛[b]	7.88×10^{-6}

[a] 基于参考文献 7 中的一台非可控柴油发动机。源分类代码为 2-02-004-01。信息不足，无法计算 lb/（hp·h）的具体输出排放系数。要将 lb/MMBtu 转换为 ng/J，需乘以 430。

[b] 有害空气污染物在《清洁空气法》中列出。

表 15-4 大型非可控固定式柴油发动机的 PAH 排放系数[a]

排放系数等级：E

PAH	排放系数/（lb/MMBtu）（燃料输入）
萘[b]	1.30×10^{-4}
苊烯	9.23×10^{-6}
苊	4.68×10^{-6}
芴	1.28×10^{-5}
菲	4.08×10^{-5}
蒽	1.23×10^{-6}
荧蒽	4.03×10^{-6}
芘	3.71×10^{-6}
苯并[*a*]蒽	6.22×10^{-7}
䓛	1.53×10^{-6}
苯并[*b*]荧蒽	1.11×10^{-6}
苯并[*k*]荧蒽	$< 2.18 \times 10^{-7}$
苯并[*a*]芘	$< 2.57 \times 10^{-7}$
茚并[1,2,3-*cd*]芘	$< 4.14 \times 10^{-7}$
二苯并[*a,h*]蒽	$< 3.46 \times 10^{-7}$
苯并（*g, h, i*）苝	$< 5.56 \times 10^{-7}$
全部 PAH	$< 2.12 \times 10^{-4}$

[a] 基于参考文献 7 中的一台非可控柴油发动机。源分类代码为 2-02-004-01。信息不足，无法计算 lb/（hp·h）的具体输出排放系数。要将 lb/MMBtu 转换为 ng/J，需乘以 430。

[b] 有害空气污染物在《清洁空气法》中列出。

表 15-5 大型固定式柴油和双燃料发动机的 NO_x 还原和油耗损失[a]

控制方法		柴油（SCC 2-02-004-01）		双燃料（SCC 2-02-004-02）	
		NO_x 还原/%	BSFC/%	NO_x 还原/%	BSFC/%
降额	10%	ND	ND	＜20	4
	20%	＜20	4	ND	ND
	25%	5～23	1～5	1～33	1～7
延迟	2°	＜20	4	＜20	3
	4°	＜40	4	＜40	1
	8°	28～45	2～8	50～73	3～5
空燃比	3%	ND	ND	＜20	0
	±10%	7～8	3	25～40	1～3
注水（水与燃料的比率）	50%	25～35	2～4	ND	ND
SCR		80～95	0	80～95	0

[a] 参见参考文献 1、27-28。所列还原方法均为常用方法，不同的发动机和工作周期，还原方法也不同。SCC 表示源分类代码。BSFC 表示有效燃油消耗率的变化。ND 表示无数据。

15.5 参考文献

1. H. I. Lips, *et al.*, *Environmental Assessment Of Combustion Modification Controls For Stationary Internal Combustion Engines*, EPA-600/7-81-127, U.S. Environmental Protection Agency, Cincinnati, OH, July 1981.

2. *Standards Support And Environmental Impact Statement, Volume I: Stationary Internal Combustion Engines*, EPA-450/2-78-125a, U.S. Environmental Protection Agency, Research Triangle Park, NC, July 1979.

3. M. Hoggan, et al., *Air Quality Trends in California's South Coast and Southeast Desert Air Basins, 1976-1990*, "Air Quality Management Plan, Appendix II-B", South Coast Air Quality Management District, July 1991.

4. *Limiting Net Greenhouse Gas Emissions In the United States, Volume II: Energy Responses*, report for the Office of Environmental Analysis, Office of Policy, Planning and Analysis, Department of Energy (DDE), DOE/PE-0101 Volume II, September 1991.

5. Snyder, R. B., *Alternative Control Techniques Document—NO_x Emissions from Stationary Reciprocating Internal Combustion Engines*, EPA-453/R-93-032, U.S. Environmental Protection Agency, Research Triangle Park, July 1993.

6. C. Castaldini, *Environmental Assessment Of NO_x Control On A Compression Ignition Large Bore Reciprocating Internal Combustion Engine, Volume I: Technical Results*, EPA-600/7-86/001a, U.S. Environmental Protection Agency, Cincinnati, OH, April 1984.

7. *Pooled Source Emission Test Report: Oil And Gas Production Combustion Sources, Fresno And Ventura Counties, California*, ENSR # 7230-007-700, Western States Petroleum Association, Bakersfield, CA, December 1990.

8. *Final Report For An Emission Compliance Test Program On Two Standby Generators Located At American Car Company*, Greenwich, CT, York Services Corp., 1987.

9. *Final Report For An Emission Compliance Test Program On A Standby Diesel Generator At South Central Connecticut Regional Water Authority*, West Haven, CT, York Services Corp., 1988.

10. *Air Emission From Stationary Diesel Engines For The Alaska Rural Electric Cooperative Association*, Environmetrics, 1992.

11. *Compliance Test Report For Particulate Emissions From A Caterpillar Diesel Generator*, St.

Mary's Hospital, Waterburg, CT, TRC Environmental Consultants, 1987.

12. *Compliance Measured Particulate Emissions From An Emergency Diesel Generator, Silorsky Aircraft, United Technologies*, Stratford, CT, TRC Environmental Consultants, 1987.

13. *Compliance Test Report For Particulate Emissions From A Cummins Diesel Generator*, Colonial Gold Limited Partnership, Hartford, CT, TRC Environmental Consultants, 1988.

14. *Compliance Test Report For Particulate Emissions From A Cummins Diesel Generator*, CIGNA Insurance Company, Bloomfield, CT, TRC Environmental Consultants, 1988.

15. *Compliance Test Report For Particulate Emission From A Waukesha Diesel Generator*, Bristol Meyers, Wallinsford, CT, TRC Environmental Consultants, 1987.

16. *Compliance Test Report For Particulate Emissions From A Cummins Diesel Generator*, Connecticut General Life Insurance, Windsor, CT, TRC Environmental Consultants, 1987.

17. *Compliance Measured Particulate Emissions From An Emergency Diesel Generator*, Danbury Hospital, Danbury, CT, TRC Environmental Consultants, 1988.

18. *Compliance Test Report For Particulate Emissions From A Caterpillar Diesel Generator*, Colonial Metro Limited Partnership, Hartford, CT, TRC Environmental Consultants, 1988.

19. *Compliance Test Report For Particulate Emissions From A Caterpillar Diesel Generator*, Boehringer-Ingelheim Pharmaceuticals, Danbury, CT, TRC Environmental Consultants, 1988.

20. *Compliance Test Report For Emissions Of Particulate From An Emergency Diesel Generator*, Meriden-Wallingford Hospital, Meriden, CT, TRC Environmental Consultants, 1987.

21. *Compliance Test Report Johnson Memorial Hospital Emergency Generator Exhaust Stack*, Stafford Springs, CT, ROJAC Environmental Services, 1987.

22. *Compliance Test Report Union Carbide Corporation Generator Exhaust Stack*, Danbury, CT, ROJAC Environmental Services, 1988.

23. *Compliance Test Report Hartford Insurance Company Emergency Generator Exhaust Stack*, Bloomfield, CT, ROJAC Environmental Services, 1987.

24. *Compliance Test Report Hartford Insurance Group Emergency Generator Exhaust Stack*, Hartford, CT, ROJAC Environmental Services, 1987.

25. *Compliance Test Report Southern New England Telephone Company Emergency Generator Exhaust Stack*, North Haven, CT, ROJAC Environmental Services, 1988.

26. *Compliance Test Report Pfizer, Inc. Two Emergency Generator Exhaust Stacks*, Groton, CT, ROJAC Environmental Services, 1987.

27. L. M. Campbell, *et al.*, *Sourcebook: NO_x Control Technology Data*, *Control Technology Center*, EPA-600/2-91-029，U.S. Environmental Protection Agency，Cincinnati，OH，July 1991.

28. *Catalysts For Air Pollution Control*，Manufacturers Of Emission Controls Association（MECA），Washington，DC，March 1992.

附件：

计量单位换算表

单位符号	单位名称	换算系数
Btu	英热单位	1 Btu=1 055.06 J
ft	英尺	1 ft=0.304 8 m
ft^3	立方英尺	1 ft^3=2.831 685×10^{-2} m^3
gal	加仑	1 gal（US）=3.785 43 L
gr	格令	1 gr=0.064 799 g
hp	马力	1 hp=745.700 W
in	英寸	1 in=2.54 cm
lb	磅	1 lb=0.453 592 kg
psi	磅力每平方英寸	1 psi=6 894.76 Pa
scf	标准立方英尺	1 scf= 2.831 685×10^{-2} m^3
ton（US）	短吨	1 ton（US）=2 000 lb=907.184 74 kg